服务三农·农产品深加工技术丛书

农业实用技术百问百答

徐照本 严力蛟 施正侃 徐孝银 编著

中国轻工业出版社

图书在版编目（CIP）数据

农业实用技术百问百答/徐照本等编著. —北京：中国轻工业出版社，2018. 3

（服务三农 · 农产品深加工技术丛书）

ISBN 978-7-5184-0515-2

Ⅰ. ①农… Ⅱ. ①徐… Ⅲ. ①农业技术－问题解答 Ⅳ. ①S-44

中国版本图书馆 CIP 数据核字（2015）第 159773 号

责任编辑：李亦兵 秦 功　　责任终审：劳国强　　封面设计：锋尚设计
版式设计：宋振全　　责任校对：燕 杰　　责任监印：张 可

出版发行：中国轻工业出版社（北京东长安街 6 号，邮编：100740）
印　　刷：北京君升印刷有限公司
经　　销：各地新华书店
版　　次：2018 年 3 月第 1 版第 7 次印刷
开　　本：720 × 1000　1/16　印张：14. 25
字　　数：284 千字
书　　号：ISBN 978-7-5184-0515-2　定价：28. 00 元
邮购电话：010-65241695
发行电话：010-85119835　传真：85113293
网　　址：http：//www. chlip. com. cn
Email：club@ chlip. com. cn
如发现图书残缺请与我社邮购联系调换
180250K1C107ZBW

前　言

随着党中央和各级政府对“三农”工作的重视，农业现代化建设的迅速推进，新农村建设、城乡一体化、信息化服务的深入开展，以及人民生活水平的不断提高，人们对农产品的种类、质量和安全提出了更高的要求，加上农村产业、劳动力、农民文化知识、种养结构的深刻变化，人们更加重视农村生态环境和物质文明建设，力求农产品多样、优质、高产、高效和安全。在此大背景下，农民对农业科学知识和新技术的需求愈加迫切。编者在长期从事农业技术推广和咨询服务，以及结合教学实践、农业科研深入农村、农民的调研过程中，接触到诸多农民提出的农业技术问题，据此归纳出一些具有共性或典型性的问题，以问答形式编写成书，以飨读者。

书中涉及果树、经济作物、粮食作物、蔬菜、花卉苗木等种植技术，畜禽、水产品及特种动物养殖技术和农产品保鲜与加工技术等八个部分。书中对相关品种的特征特性、病虫害症状与发生条件以及部分农艺措施的原理与作用机制，做了扼要的叙述，融技术性、实用性、可操作性与知识性于一体。

由于农业生产受自然条件的影响很大，诸如各种自然灾害，年份之间的气候变化，各地区间的立地条件不同等。所以从技术层面讲，农业生产具有很强的地域性和时效性，特别是农药的使用问题，情况复杂，涉及面广。因此在具体运用时应做到因地、因时制宜，根据当地实际情况灵活掌握。

本书既可以作为农民科学种田的好帮手，也可作为广大农技人员、乡镇及社区干部、相关农业院校学生的参考读物。

值此书付梓之际，特向为本书出版给予大力帮助和支持的浙江大学农业技术推广中心、金华市农业局、金华市农科院植保技术咨询部，以及陈建飞、楼余产、陆旭升、程常红、许晓云、王华新、傅群英、蒋飞荣、包立生、陈乐阳、厉守华、丁祥海、金成兵、胡谷琅、宋子清、陈桂华、王志贤、盛仙俏、程炳林、王惠娟、何锦豪、陈迁进、卢玉琪、吴春金、张根芳等专家致以衷心谢忱！同时还要感谢本书参考文献中的作者，感谢浙江大学生态规划与景观设计研究所研究生赵江、徐媛媛、刘家根、赵倩，杭州创工规划设计研究院员工姜洪、杨亚飞为本书校对等方面工作提供的帮助。

由于本书是根据农民群众在生产实践中的需要提出的问题进行解答，故缺乏系统性与全面性。同时限于编者学识水平，难免有疏漏与错误之处，真诚希望专家和读者批评指正。

编著者
2015 年 6 月 1 日

目　录

第一章　水果种植技术

第一节　柑橘的种植技术

柑橘有哪些优良新品种?

1. 早熟柑橘类

（1）宫本　单果重 160～300 克，果形扁平，果皮薄而光滑，9 月中下旬成熟。

（2）大浦 6 号　单果重 150～350 克，果形扁平，品质优，丰产性好，9 月上中旬成熟。

（3）上野早生　果形稍扁，果皮薄而光滑，浓红橙色，糖度高，10 月上中旬成熟。

此外，还有山川 3 号、市文、崎父宝等品种，果实于 9 月初或中下旬成熟，国庆前上市。

2. 杂柑类

（1）南香　中熟，单果重 200～350 克，果实扁球形，甜度高，不浮皮，果肉浓橙色，无核，抗病性好，10 月中下旬～11 月上旬成熟。

（2）濑户佳　单果重 220～250 克，果实扁圆形，果面光滑，果皮橙色到浓橙色，果皮薄，易剥，不浮皮，肉质柔软多汁，近无核，11 月中下旬着色，翌年1～2月上旬成熟。

（3）天草　单果重 200～250 克，系从日本引进的新品种，树势较强，树姿开张，枝叶密生，结果性好。果实呈扁球形，果皮红橙色，光滑、皮薄、果肉橙色，柔软多汁，浓香无核，含糖量高，风味极佳，金华丘陵地带 10 下旬～11 月上旬开始成熟，在半山区约 11 月中旬～11 月底成熟。抗病、耐冻性好，对疮痂病有较强抗性。

（4）春见　即兴津 4 号，单果重 200 克左右，易剥皮，近无核，有椪柑香味，是目前最优良的杂柑品种之一。

3. 橙类

橙类目前主要品种有卡啦红肉橙，该品种果实圆形，果面光滑，果皮薄，其突出的特征是果肉呈均匀的深红色，而流出的果汁为橙色，味甜无渣。单果重 250～350 克，11～12 月上中旬成熟。

此外有：日本甜夏橙、朋娜脐橙、纽荷尔脐橙、大三岛脐橙、清家脐橙、丹下脐橙、纳维里娜脐橙、白柳脐橙、脐橙 4 号等品种。其耐寒力差，易受冻害。浙中一带属次适宜地区应选择冬季小气候温暖的地段种植。

4. 红橘类

红橘类主要品种有满头红，该品种果实圆滑，皮色红艳美丽，果实风味浓，肉质细软，适应性好，山地、红壤均可种植，抗冻，稳产，大小年不明显。

柑橘品种日南1号、南香、不知火等有哪些主要特性及栽培要点？

日南1号、南香、不知火等品种是当前推广的柑橘优良品种，其特征与栽培技术要点如下。

1. 日南1号蜜柑

该品种是日本从温州蜜柑枝变中选出的极早熟温州蜜柑。单果重120克左右，果形扁圆形，果色深黄色，果面油泡小而密，光滑美观，果实囊壁薄，含糖量10%左右，果实9月中旬开始转色，10月上旬果面完全转色，成熟期比宫本、市文早7天。

栽培要点：

（1）园地选择与栽植密度　种植地宜选择冬季无冻害、避风向阳的低丘或砂质平地。为了早投产，开始种植时按1.5米×2米种植，当树冠枝条封行后，逐步间伐成3米×4米，即每667平方米种50株左右。

（2）定干与整形修剪　定植后的幼苗，在主杆20～30厘米处定干，留4～5个壮芽，抽生春梢，确保每树培育3个主枝。幼树以整形为主，培养树形，扩大树冠。初结果树，对主枝进行短截，回缩；副主枝、侧枝分枝角度小的进行疏剪或拉枝，以缓和树势，提早结果。成年树的修剪与早熟温州蜜柑相似。

（3）疏果　第一次在6月中下旬左右，第二次在7月中旬。叶果比掌握在20:1以内。

（4）病虫害防治　病虫害防治与早熟蜜柑相似，该品种易发生日灼和褐腐病，要及时防治，同时应注意对疮痂病，以及红蜘蛛、锈壁虱、蚧壳虫和吸果夜蛾等的防治。

2. 南香杂柑

该品种系从日本引进的杂柑类柑橘新品种。果形近扁圆形，部分果实梗部稍有凸起，顶部大多有小脐。单果重200～350克，平均单果重130～140克。该品种甜度高，不浮皮，糖度13度左右，果肉深橙色，无核，甜酸适口，风味佳，口感细腻无渣，有红橘的香味，品质佳。果面油泡较大，但有光泽，外形美观，果皮薄，与果肉包着较紧易剥，耐贮运性良好。中熟，10月中下旬～11月上旬成熟，果实10月初开始转色，12月中下旬完熟，抗病性好，且有高抗溃疡性，对炭疽病、疮痂病抗性也较强。

该品种结实性强，但果实整齐度欠佳，畸形果率较高。栽培上应注意疏果，一般分三次进行，疏除畸形果、特小或特大果和结果太密的果，叶果比保持在（12～15）:1的水平。由于南香产量高，在与温州蜜柑同等管理水平情况下，施肥量应增加20%左右，并注意后期增施钾肥。

3. 不知火橘橙

该品种系从日本引进，是三清见与椪柑的杂交种。果实圆球形、倒卵形或近梨形，单果重180～300克，一般200克左右。果面橙黄色，多凹点较粗糙，基部有短颈，果顶部圆钝，顶浅凹，皮薄或中厚，较易剥离，无浮皮。果肉深橙色，肉质脆嫩多汁、化渣、酸甜适口、风味浓郁、无核。不知火的花为完全花，但花粉量少，单性结果强，成片种植时为无核，若与有核品种混栽，则有少量种子。其萌芽、抽梢、开花等物候期与温州蜜柑相同，12月上中旬开始着色，12月中下旬完全着色。浙江省象山地区于12月底～翌年1月初采摘。该品种对溃疡病抗性强，耐贮运，是目前杂交柑橘中品质最好、最有发展前途的品种之一。

栽培要点：定植密度一般为3米×4米。为了提高品质，冬季要注意果园控水和增施有机肥。该品种较抗溃疡病和疮痂病，但易患炭疽病，特别是苗期，春、夏梢抽发期，要注意防治。

以上三个品种均从日本引进，可能带有衰退病毒，在生产上应推广使用无病毒或弱病毒系苗木。且仅宜在温州蜜柑主产区推广，而对衰退病毒敏感的橙类、柚类主产区应注意防止随意扩散。苗木生产须用对衰退病毒不敏感的大叶大花枳作砧木。南香、日南1号两品种抗寒性较差，易受冻害，适宜在小气候较温暖的地区和向阳、南坡的地方种植。

金柑有哪些优良品种？

1. 圆金柑

果圆形，单果重10克左右。制作蜜饯，质优美观，鲜食品质不如金弹。宁波栽培较多。

2. 金弹

果较大，圆球形或卵圆形，单果重12～15克，果皮较厚，质脆，味甘甜，可鲜食又可加工蜜饯。浙江镇海栽培较多。

3. 山金柑

果小，除作蜜饯和盆景外，栽培很少。山金柑一般嫁接定植后3～4年开始结果，于11月中下旬成熟。

柑橘何时移栽为适期？

成年橘树移栽，春植或秋植均可。一般宜于春植，于3月中下旬气温回升时；秋植于9～10月进行。栽种前可先进行挖好种植坑，施足基肥覆土，做成土墩等准备工作。起苗时需带土球直径60厘米左右，将主根、侧根伤面修整光滑。同时根据整形要求修剪枝叶，剪去弱枝、嫩枝、病虫枝，适当疏叶，保留1/10叶片以减少水分蒸发，利于提高成活率。栽后用“兰月生根粉”1包兑水15～25千克浇施，促进成活。

大龄香柚树可以移栽吗？

可以移栽。在移栽前1个月先进行断根处理，使之促发新根后，再移栽。一般在10～11月或者3～4月上旬移植较好。

金柑适宜哪些地区种植？

金柑原产于广西，浙江宁波栽培较多，也适宜浙中地区种植。主要品种有宁波金弹，俗称金橘。果型呈椭圆形，单果重10～13克，果皮厚，呈橙黄色或金黄色。果肉微酸，味甘甜，少核，原产地于11月中下旬成熟，宜鲜食和加工蜜饯。

柑橘树冬剪何时进行？

柑橘冬季修剪一般于采果后至春季芽萌发前进行，冬季温暖地区修剪宜早。成年橘树冬季宜轻修剪，主要疏除枯枝、病虫枝、衰弱枝和交叉枝，对一些衰退的结果枝和结果母枝进行回缩修剪，尤其要剪除树冠上部的荫蔽枝。

椪柑修剪时徒长枝是否剪掉？

椪柑植株修剪时对徒长枝一般应予剪除，但如果不破坏树形或还存有空间，可以培养成结果母枝。

早熟柑橘采后可以剪枝吗？

早熟柑橘采收后可以进行整枝。剪去有病枝和枯枝，过密枝可少量剪除，晚秋梢可以剪去。

柑橘如何施用冬肥？

柑橘施肥应根据树龄、品种、树势、产量等情况确定。成年结果树的施肥一般全年施三次，即催芽肥、定果肥和采果肥。采果肥又称冬肥、基肥，在采收前后施。早熟品种在采后施，中熟品种边采边施，迟熟品种在采前7～10天施。以有机肥为主，每667平方米施有机肥2000千克加复合肥50千克左右，开环状沟施入；也可分两次施，先施速效肥，然后在一个月内再施一次迟效肥。如施过采果肥的，冬季可以不再施肥。对树势弱的或者土质瘠薄的果园则可适当增施有机肥。

种植柑橘时能否施过磷酸钙？

过磷酸钙含有游离酸，肥效较快，通常作追肥。若直接施用与根系接触会造成伤根，所以应在成活后在根部旁边挖穴施入或者预先与有机肥堆沤后施用。钙镁磷肥属碱性化肥，肥效相对稳长，通常作基肥，可拌泥后进行穴施，施后浇水再种橘树。

严冬季节如何加强柑橘防冻措施？

冬季常会受到强冷空气影响，日最低气温便会降到0℃以下，并出现严重冰冻现象，这对于脐橙、椪柑等耐寒性较弱的柑橘品种，容易造成冻害，必须加强防冻措施，具体方法如下。

（1）防寒保护　橘树主杆用稻草捆扎防寒，根部培土增高土堆，树盘保持一定湿度并覆盖杂草或薄膜等，以达到保温、保湿和防冻的目的。

（2）酌施肥料　在寒潮来临前后用0.3%～0.5%尿素加0.3%磷酸二氢钾溶液进行根外追肥1～2次，以增强树体抗寒能力。

（3）喷防护剂　寒潮之前树冠喷布抑蒸剂或自制的防冻液及其他保温液。

（4）熏烟增温　在有严重霜冻来临迹象的傍晚在橘园进行熏烟增温。

（5）摇雪　若遇到大雪天气应及时摇雪，以免枝叶积雪压断枝干或枝叶直接受冰雪冻伤。

（6）搭棚　对于1～2年幼龄橘树耐寒性更弱，可采用整株搭棚，即用竹竿搭成三角支架，三面围扎稻草或薄膜进行保温，南面留着以接受阳光。

柑橘苗落叶是什么原因？

1. 病害引起落叶

例如柑橘苗期溃疡病发生严重时，会造成落叶，甚至枝干枯死。

2. 土壤干燥或渍害引起落叶

苗圃土壤过于干燥，植株供水不足，造成落叶。地下水位过高和排水不良等引起渍害也会造成落叶。

3. 缺肥或缺素等营养障碍引起落叶

例如，缺少氮肥，使叶片发黄引起落叶；又如硼、铁等微量元素缺乏，也会引起落叶，如碱性较重的石灰性土壤和石灰性紫砂土等会引起缺铁，造成叶片黄化进而变成白叶，提早落叶；在干旱缺硼的情况下，会引起黄叶、枯梢，而后黄叶逐步脱落等。

防治措施：根据具体落叶原因，采取针对性措施。例如，及时防治病虫害、合理施肥、做好水分管理、做好开沟排水；如果缺肥、缺素，可增施有机肥，缺硼喷施0.2%～0.3%硼砂，缺铁用硫酸亚铁拌有机肥施用等。

柑橘、胡柚树是否可以嫁接天草？如何提高嫁接成活率？

柑橘、胡柚树作砧木均可以嫁接天草。胡柚嫁接，必须用天草的芽或枝。胡柚树先嫁接黄岩蜜橘作为中间砧，然后再用天草的芽或枝，进行第二次嫁接更好，这样对其长势、抗冻性都有利。

提高嫁接成活率的方法，主要是掌握适宜的嫁接季节，一般以春季嫁接为好，因春天气温由低转高，有利于嫁接伤口愈合，从而提高成活率；秋天适宜嫁接时间为9月下旬～10月上旬，若嫁接时间太迟，由于气温下降，不利于伤口愈合，成活率下降。嫁接后若下雨或连续阴雨天，也会影响成活率。所以嫁接后最好要有5～7天的晴天。再者，嫁接时应包扎好塑膜、接穗成活后及时松膜，重新包扎好，以提高成活率。

此后，要注意整枝、打顶等各项管理工作。

胡柚可否嫁接椪柑？其对品质有何影响？

胡柚可以嫁接椪柑。

至于对品质有怎样的影响，尚未见到有关报道，一般来说不会有太大的影响。对于品质较好的胡柚品种，不必进行嫁接。对于品质不好的品种，例如果皮粗糙、皮厚，果肉水分少、干燥等，可以进行换种嫁接。

甜橙作砧木，高嫁接特早熟橘对品质等有何影响？

柑橘嫁接目标的实现与基砧、中间砧和接穗的配组有重要关系。甜橙高接特早熟柑橘品种，因甜橙不耐寒，因此嫁接时宜选择耐寒、抗冻的柑橘品种作接穗较好。

如何预防天草落果？

天草结果量较大，有的虽然经过疏果，但果树留果仍然偏多，树体营养供应跟不上，因而会落果。再者，一般来说，柑橘果实膨大期日最高气温大于30℃持续4～5天，或日最高气温大于34℃持续2～3天，均会使根系吸收养分困难，树体养分运转缓慢或受阻。同时叶片蒸腾作用加大，使得根系吸水能力不能满足幼果生长膨大对水分的需求，从而引起幼果缺水而产生落果严重。

补救措施：进行灌水抗旱或树冠喷水，增加树体吸水能力。对未施壮果肥的，应在大暑前施以氮、钾肥为主的速效化肥与腐熟有机肥或饼肥相配合的肥料，以及进行根外追肥，用天然芸苔素1包（5毫升）兑水20千克，或细胞激动素1克兑水30～40千克（或按包装说明浓度）进行喷雾，连喷2～3次。

如何防止脐橙落果？

落果是果树的正常生理现象，试验表明：强树势的脐橙，落果率一般约28.9%。盛花期后25～30天为第一次生理落果（带果梗脱落），盛花期后40～50天为第二次生理落果期（不带果梗脱落）。

预防落花落果，应采取综合措施，例如：加强栽培管理，培养高产稳产树势，合理修剪，调节营养生长与生殖生长的关系如疏蕾、疏花；果实膨大期前进行疏果，以及对旺树进行曲枝、圈枝、扭梢、环割等。对落果严重，导致减产的，可采取对应措施，在第二次生理落果始期用45毫克/千克浓度的赤霉素，或用细胞激动素1克兑水30～40千克，或用喷施宝1毫克/千克浓度的水溶液喷布幼果，隔10～15天1次，连喷2～3次；在第二次生理性落果后，施“稳果肥”，在树盘挖放射状沟，用尿素以每株0.3～0.4千克的量兑腐熟粪肥水浇施。

柑橘开花多、结果少是什么原因？如何保花保果？

柑橘开花多，结果少，主要是落花落果严重所致。引起落花落果的主要原因：

（1）养分供应不足、不平衡，碳氮比（C/N）失调，产生缺素等营养障碍　柑橘花的发育需要充足的氮、磷、钾营养，一旦养分供应不足或不匀衡，则落花、落果多，甚至引起缺素症。例如缺硼会引起黄叶、枯梢，而后黄叶逐步脱落和花器发育不全，出现露柱头花（称荸荠花）、小形花，花柱短缩、开裂，开花后不受精即落花。

（2）花期低温、低湿或高温，使花器发育不良　花期低温、阴雨，受精率低；若空气相对湿度低于70%，则落花加剧。或花期高温，当气温高于28℃连续2天以上，花的柱头，子房易干瘪萎缩。有的年份，因气候反常，偶有“花而不实”现象。

（3）幼果期长期阴雨或高温干旱，造成营养障碍　幼果期长期阴雨，叶片转绿慢，根系积水，引起霉根；6～7月连续高温干旱，日最高气温大于30℃持续4～5天，或日最高气温大于34℃持续2～3天，则导致树体养分运转受阻，使幼果失水等，引起落果加剧。

（4）病虫害或药害等因素　花果期病虫害防治不及时或药害、肥害、渍害等而导致落花落果，也是造成开花多、结果少的重要原因。

保花保果措施：

（1）加强管理，改进肥水管理　实行冬肥秋施，采果前7～10天施用，以利恢复树势，提高花质。在盛花期喷施0.3%尿素加0.2%磷酸二氢钾和硼砂溶液2～3次。在抹除夏梢时适当控制肥水，采取断根、拉枝等措施，对防止幼果脱落有明显作用。在花期和幼果期注意抗旱、防高温，梅雨期及时排水防渍。

（2）喷施保果剂　①花后幼果期用1克细胞激动素加水25～50千克；②用植物健生素500～800倍液，叶面喷雾，隔半个月1次连喷2～3次；③用滴滴神叶面肥（橘、柚、橙专用保果型）20～25克兑水15千克，或滴滴神20克加生长素（如保禾丰4克），兑水15千克，于花后幼果期喷雾1～2次。以上保果剂选其中一种即可。

柑橘能用“九二〇”保果吗？

柑橘使用“九二〇”保果一般应在花期进行，结合根外追肥喷施1～2次，浓度为24～35毫克/千克。在幼果期，若用“九二〇”保果，则容易引起柑橘粗皮、大果，导致品质下降，所以不宜使用。建议采用细胞激动素保果，浓度为1克细胞激动素兑水25～50千克。

如何进行柑橘苗圃化学除草？

柑橘苗圃化学除草方法有：

（1）枳壳种子播种出苗之前　用50%乙草胺乳油每667平方米用80毫升，兑水50千克喷雾。

（2）出苗后或苗期　用5%精喹禾灵乳油每667平方米30～50毫克兑水50千克喷雾。但对阔叶杂草较多的苗圃，应先进行人工除草，然后用24%果尔乳油每667平方米30毫克加50%乙草胺乳油120毫克兑水喷雾，以抑制杂草产生。

橘园进行冬季清园用什么农药？

橘园冬季清园一般可用0.8～1波美度石硫合剂加0.5%洗衣粉，或8～10倍的松碱合剂喷雾。冬季清园新农药有清保园，其对各种蚧壳虫、红蜘蛛有特效，而且对多种病菌及地衣、苔藓、蜗牛均有效。

使用方法：在冬季低温寒潮来临之前，用45%清保园可湿性粉剂80～100倍液喷雾。在气温较低的情况下使用浓度可适当降低，施药后应至少10～15天后，才能使用冠菌清、冠菌铜或柴达乳油等药剂，以免引起后者失效。

如何防治柑橘炭疽病？

柑橘炭疽病是由真菌侵染引起的柑橘常见病害之一，几乎全年均会发生，4～5月侵染嫩梢和幼果，6～7月危害枝梢，8～9月叶片发病严重。低温阴雨、高温多湿、冻害等均有利病害发生与蔓延。

症状表现：叶片病斑为圆形、半圆形或不规则形，淡褐色，边缘深褐色，病斑两面有黑色小粒点，受害病叶容易脱落。枝节梢发病，初期为淡褐色，由上而下逐渐枯死，枯死枝条呈灰白色，有黑色小点。幼果发病常变黑脱落，橘果从蒂部开始发病，使果实表皮出现黑褐色斑块，稍凹陷，以后逐渐扩展使整个果实腐烂。

（1）预防措施　栽培上增施钾肥和有机肥，修剪病枝和清除落叶、落果，集中烧毁。采果后喷施0.8～1波美度的石硫合剂，可减少病虫发生。

（2）药剂防治　可选用10%世高水分散剂1500～2000倍液，或25%使百克（菌威）乳油1000～1500倍液，喷雾2～3次，每隔10～15天1次。保护药剂可用78%科博可湿性粉剂600倍液喷雾。

如何防治柑橘疮痂病？

柑橘疮痂病俗称癞头橘，主要危害柑橘的嫩叶、新梢和幼果。

症状表现：受害叶片初期为油渍状小点，以后扩大成木栓化，在叶片背面突起，叶面凹陷，严重时叶片畸形扭曲。新梢症状和叶片相似。果实受害前期呈茶褐色，随后果面普遍着生疮痂，提早脱落或发育不良，对产量和品质均有很大影响。

药剂防治：

（1）花前防治　①选用50%康痂可湿性粉剂800倍液喷雾，兼治柑橘溃疡病；②用53.8%可杀得2000干悬浮剂1000倍液；③用50%龙克菌可湿性粉剂1000倍液。以上药剂任选1种，喷施2次。

（2）幼果期防治　①用24%粉锈星可湿性粉剂1200倍液；②用70%甲基硫菌灵可湿性粉剂加25%菌威乳油1500倍液，喷雾2次，可兼治炭疽病。

如何防治柑橘溃疡病？

柑橘溃疡病是柑橘检疫对象病害。

症状表现：发病初期叶片背面呈现黄色、针头大小的油渍状斑点，后逐渐扩大成圆形木栓化的病斑，在叶片两面同时隆起，叶背比叶面隆起更明显。病斑有放射状裂口，周围有黄色或黄绿色晕环，或有褐色油光边缘。并会引起受害叶片脱落。嫩梢发病，病斑隆起比叶片上的更为明显，更木栓化，常连成不规则病块，浅黄色，有褐色油光边缘。果实受害病斑木栓化更强，更坚实，中央凹陷破裂，病斑边缘有油光。受害轻的果面带有病疤，影响品质；受害重的引起落果和腐烂。

（1）预防措施　加强苗木、果实和接穗的检疫和管理工作，建立无病苗圃。

（2）药剂防治　① 50% 消菌灵 1000 倍液；② 5% 菌毒清（复配剂）300～400 倍液；③ 20% 龙克菌 100～600 倍液；④ 2.12% 铜高尚 500～600 倍液。上述药剂任选 1 种喷布树冠。对幼年树及苗木，在每次抽梢后 20 天、30 天各喷 1 次；成年树在花谢后 10 天、30 天、50 天各喷 1 次。

柑橘防病时在波尔多液中可否加入其他农药？

波尔多液属碱性农药，多用于防病，而防治病害的农药多数属酸性农药，因此波尔多液一般不可加入其他农药，而与个别碱性或中性农药，则可以混用。

脐橙 3～4 月有哪些病虫害？

3～4 月脐橙主要虫害有：蚧壳虫孵化盛期和花蕾蛆及红蜘蛛发生期。

防治方法：

（1）治蚧壳虫兼治花蕾蛆　4 月 15 日前后用 30% 力蚧乳油 800～1000 倍液喷雾。

（2）防治花蕾蛆为主，兼治蚧壳虫、红蜘蛛　4 月 25 日前后，用 50% 辛硫磷乳油 800～1000 倍液，加 4.5% 高效氯氰菊酯乳油 800～1000 倍液喷雾。

3～4 月脐橙主要病害有：疮痂病、溃疡病。预防适期 3 月下旬至花前，开展药剂防治。

防治方法：

（1）防溃疡病　用 53.8% 可杀得 2000 干悬浮剂 800～1000 倍液喷雾。

（2）预防疮痂病　用 50% 康痂可湿性粉剂 800～1000 倍液喷雾。

春季胡柚、椪柑有什么病虫害？

胡柚、椪柑春季病害主要有：幼果期的疮痂病、炭疽病；虫害主要有：矢尖蚧、锈壁虱、潜叶蛾、红蜘蛛等。

（1）防治疮痂病　药剂可用：① 20% 仙保可湿性粉剂 1200～1500 倍液；② 50% 康痂可湿性粉剂 1000 倍液；③ 20% 病菌灵可湿性粉剂 1000～1500 倍液喷雾，同时可达到兼治炭疽病的效果。

（2）防治虫害　5 月中下旬是一年之中防治矢尖蚧的最佳时期之一，药剂可选用：① 40% 杀扑磷乳油（防治蚧类害虫的专用药，效果好）1000～1500 倍液；② 30% 力蚧乳油 1000 倍液；③ 30% 蚧螨双除乳油 1500 倍液；④ 30% 龙剑乳油 2000 倍液喷雾，可达到兼治红蜘蛛的目的。

如何防治柑橘红蜘蛛？

柑橘红蜘蛛于 3～5 月危害最严重。柑橘叶片、枝条、果实均可被害。被害处出现许多灰白色斑点，严重时常造成大量落叶。对苗木幼树危害较重。

药剂防治：① 73% 克螨特乳油 3000 倍液；② 20% 优螨朗 3000 倍液；

③ 20% 螨克乳油 1500 倍液；④ 15% 哒螨灵乳油 1500～2000 倍；⑤ 20% 新锐乳油 2000 倍；⑥ 15% 扫螨净可湿性粉剂 1600～2000 倍液；⑦ 25% 三唑锡可湿性粉剂 1500 倍液等。上述药剂任选 1 种，交替使用，喷布树冠，通常隔 7～10 天再喷一次。

柑橘采收前防治红蜘蛛用什么药？

柑橘将要采收前防治红蜘蛛的农药，应选用安全间隔期相对较短药剂。例如，10% 苯丁锡乳油 1500 倍液（采收前 14 天用）或 30% 休螨可湿性粉剂 3000～3500 倍液（采收前 7 天使用）。

柑橘防治红蜘蛛用石硫合剂有效吗？

石硫合剂是属于杀菌剂农药，用 1～1.5 波美度石硫合剂进行柑橘清园对防治红蜘蛛也有一定效果，隔 15 天再喷一次。防治红蜘蛛一般选用 73% 克螨特乳油 3000 倍液，或 20% 优螨朗 3000 倍液等农药喷雾，隔 7～10 天再喷一次。

如何防治柑橘卷叶蛾？

卷叶蛾俗称青虫。柑橘卷叶蛾对新梢、嫩叶、花蕾、花、幼果及果实等均可产生危害。幼虫常将 4～5 片叶缀在一起取食。幼果被害可引起落果，幼虫可钻入果内。

药剂防治：① 4.5% 高宝 2000 倍液；② 20% 速杀灵 1000～2000 倍液；③ 2.5% 百得利乳油 1000～1500 倍液喷布。

如何防治柑橘花蕾蛆？

柑橘花蕾蛆又名橘蕾瘿蝇，俗称包花虫、花蛆、花卵虫等。主要危害柚类，幼虫在花蕾内孵化，使受害花蕾比正常花蕾短，不能开花，而横径显著增大，花瓣上有绿色小点。

药剂防治：用 90% 敌百虫原粉 200 倍液，喷布地面；80% 敌敌畏乳油 1000 倍液喷布树冠，或 3% 辛硫磷颗粒剂每 667 平方米用量 4 千克，拌细泥 20 千克撒施。

如何防治柑橘矢尖蚧？

柑橘矢尖蚧对叶片、枝条、果实都能寄生，引起叶片发黄脱落，严重时树势衰弱，甚至全株死亡。

防治方法：

（1）农业防治　修剪时剪去虫枝，集中烧毁，以减少虫口基数；保护和利用天敌。

（2）药剂防治　① 40% 速扑杀乳油 1000 倍液；② 25% 蚧死净乳油 800～1000 倍液；③ 40% 速扑蚧 1500 倍液，从卵孵化盛期开始防治，隔 10～15 天 1 次，连续喷施 2～3 次。

如何防治柑橘长白蚧和黑刺粉虱？

柑橘长白蚧和黑刺粉虱危害时，害虫主要集中在叶片、枝干等部位，吸取汁液，使叶片产生许多小白点，严重的全株 80% 以上叶片都有，虫量多时可盖满叶片、树干，造成树势衰弱，叶片脱落，枝干枯死甚至整株死亡。

防治方法：

（1）农业防治　结合修剪剪除病虫枝，集中烧毁，以减少虫口基数。保护和利用天敌。

（2）药剂防治　一般应抓住第一代若虫盛孵期进行喷药，药剂可选用：① 40% 速扑磷可湿性粉剂 1000 倍液；② 10% 蚜虱扫光 1500 倍液；③ 5% 高效大功臣可湿性粉剂 2000 倍液；④ 40% 速扑杀乳油 1000～1500 倍液；⑤ 3% 金世纪 2000 倍液；⑥ 40% 乐蚧松乳油 2000～3000 倍液；⑦ 1% 虫螨杀星乳油 2000～2500 倍液加 10% 绝虱净 1500 倍液，每隔 10 天喷药一次，药剂交替使用，连用 2～3 次。也可在防治蚧、螨或其他害虫时，每背包（15～16 升药液）加入 2.5% 消虱蚜可湿性粉剂或 10% 吡虫啉可湿性粉剂 1 包（8～10 克）进行兼治。

如何防治柑橘红蜡蚧？何时是防治适期？

柑橘红蜡蚧俗称红橘虫虱、红蚰。害虫在小枝条、叶片、果梗等处吸取液汁，使叶片变小，果实变小，新梢短小或不长，严重时常形成大量枯枝，甚至整株死亡。柑橘红蜡蚧于 6 月上旬～6 月下旬为 1 龄若虫期。

（1）药剂防治适期　掌握在孵化高峰至 1～2 龄幼虫高峰期，一般在 6 月中下旬，少数在 7 月上旬。

（2）药剂防治　① 40% 速扑杀乳油 800～1000 倍液（成蚧）；② 40% 杀扑磷乳油 1000～1500 倍液；③ 25% 力蚧乳油 800 倍液；④ 20% 龙剑乳油 800～1000 倍液；⑤ 25% 蚧死净乳油 800～1000 倍液；⑥ 25% 伏乐得可湿性粉剂 1000～1500倍液；⑦ 35% 快克 800 倍液。上述药剂任选 1 种喷雾，10～15 天 1 次，连喷 2～3 次。

（3）冬季清园　结合冬春清园、修剪，进行人工抹杀或剪除虫枝，集中烧毁，以减少虫源。

如何防治柑橘褐天牛？

褐天牛或星天牛危害柑橘树主要是幼虫钻食枝干或钻入根部蛀食茎干基部和根茎。在虫洞外面堆有木梢，虫洞多时导致树势衰弱，叶片发黄，树干易断；如果蛀食基部，严重的可致使植株枯死。

防治方法：

（1）农业防治　① 捕捉：成虫发生期是 4～6 月最多，在日落后成虫出洞至晚上 8～9 时虫出洞最多时，进行人工捕捉。② 刮杀：6～8 月检查树干，发现虫卵或幼虫，用刀刮杀，并涂以浓石硫合剂与泥土混合物，防止再次危害。③ 涂白：成虫产卵时期在树干基部的 1.3 米以内用石灰水涂白，以防产卵。

（2）药剂毒杀　当幼虫蛀入木质部或茎基部深处时，用 80% 敌敌畏乳油或 40% 乳油的 10 倍液蘸脱脂棉花，当棉花吸足药液后塞入虫洞内毒杀，然后用泥土封闭洞口。

第二节　桃的种植技术

桃有哪些大果型晚熟品种？

大果型晚熟桃主要品种：

（1）中华寿桃　成熟期10月下旬，单果重300～350克，果实粉红色或红色，果肉脆嫩、味甜、粘核，品质极优，果肉硬度强，极耐贮运。

（2）国庆桃　成熟期8月下旬～9月初，单果重300～350克，果肉脆、味甜，果型美观。

（3）大红桃　属中晚熟品种，成熟期7月中下旬，平均单果重250克，果皮粉红色，果型美观，果肉白色，质细脆、离核，耐贮存。

（4）红桃　成熟期7月中下旬，单果重300克左右，果肉硬，果皮鲜红色，果型美观。

（5）莱山蜜桃　该品种由山东蓬莱桃树研究所选育。成熟期在当地9月份，平均单果重326克，最大900克。

（6）中都圣桃　成熟期9月下旬，平均单果重500克。

油桃和蟠桃有哪些优良品种？

油桃类主要品种：

（1）超早红油桃　成熟期5月上旬。果实近圆形，平均单果重60～80克，果面光洁，全面着鲜红色，果肉金黄色，味酸甜适口，口感佳。在南方种植不裂果，半粘核。树长势中等，花芽分化很好，坐果率高，丰产稳产。需疏花疏果。

（2）早红油桃　成熟期5月中下旬。果实近圆形，平均单果重100～120克，大果可达150克。果面光洁，全面着鲜红色，果肉金黄色，纯甜少酸，味美多汁，含可溶性固形物11%左右，极少裂果。该品种长势旺，花芽分化好，坐果率高，抗病力强。栽培上应及时控梢，防止旺长，适当控制肥水。

（3）中油桃6号　成熟期5月底左右。果实近圆形，果面红色，外观美观，平均单果重120～145克，果肉黄色，有香气，丰产，极耐贮运。

（4）红宝石甜油桃　果面艳丽，外观美观，丰产易栽培。

（5）巨红早油桃　成熟期5月下旬。单果重120克左右，果面淡红色，鲜艳美观，果肉黄色，品质优良。丰产稳产，适宜于山区栽培。

蟠桃品种主要是蟠桃2号。属蟠桃类，成熟期5月下旬，果形扁平，平均单果重95～130克，大果250克。果皮向阳面艳红色，果肉白色，肉软多汁，味香甜，含可溶性固形物11%左右，核小，可食率高。

桃品种大观1号、金华大白桃有哪些特性？

大观1号、金华大白桃，属水蜜桃类品种。其主要特性：

（1）大观1号　6月初～6月上旬成熟。平均单果重110克，最大350克，果面红晕，外观美、产量高。

（2）金华大白桃　成熟期早，在6月初成熟。果实近圆形，果顶平，单果重150～350克，不裂果。果皮白色，向阳面着色红晕，果肉乳白色，松脆质细，肉软多汁，味香甜，品质佳，含可溶性固形物11%～12%。无花粉，种植需配置授粉树。

如何进行幼龄桃树修剪？

刚定植后的幼龄果树修剪，应以培养树型为主。首先是进行定干，即在距嫁接口40～50厘米处剪去。无分枝的桃苗，上部整形带内要有5～10个好芽；有分枝的树苗，副梢细弱的，定干后将副梢全部去掉，留副梢基部的侧芽；副梢粗壮的，在副梢好芽处剪截。一般采用三主枝自然开心形整枝，当新梢长50～60厘米时，选定3个新梢作主枝培养，各主枝着生部位要错落分开。其余的枝条，过密的疏删，有的摘心，以抑制生长。此后主枝上抽发的枝梢，过密的适当疏删。到8月下旬，可将副梢摘心。定植后第一年冬季，主枝剪留40～70厘米。强的应拉枝，拉开角度，适当短剪，减少枝量。弱的主枝要抬高角度，长放枝条，增加枝量，使主杆上的3个主枝均衡发展。主杆上过旺过低的辅养枝宜删去，只留少数有花芽且生长较弱的枝。

定植后第2年的幼苗桃树修剪，在第一年修剪的基础上，于第2年4月下旬～5月上旬，当新梢长到10厘米左右时，进行抹芽，每个主枝留一个向外延伸枝。5月下旬～6月上旬再次夏剪。4～5年内的幼树，修剪的任务主要是尽快扩大树冠，形成基本树形，缓和树势，促进早丰产。

桃、布朗李坐果率低是什么原因？如何解决？

影响桃和布朗李坐果的主要原因：

（1）授粉树数量不够　桃和布朗李是异花授粉植物，容易出现自花授粉不结实和结果率不高的现象。若配置的授粉树数量太少，也会影响结果。

（2）果园施肥管理不当　氮肥施用过量，长势偏强，营养生长过于旺盛，或施肥不足，营养不良，树体偏弱。

（3）整形修剪不合理　修剪过重或过轻都会影响坐果率。

（4）病虫害严重也会影响坐果率。

提高坐果率的方法：

（1）花期进行人工辅助授粉，或在果园放蜂。

（2）改善栽培管理　旺树上半年少施或不施氮肥，只施磷钾肥；弱势树在花前15～20天增施速效氮肥和根外追肥。

（3）合理修剪　采取夏重冬轻为修剪原则，以改善光照条件。

（4）及时防治病虫害，雨季做好排水防渍害工作。

桃树如何施用多效唑？

桃树使用多效唑有基施和叶面喷施两种方法。

（1）基施　可促使树势矮化，节间变短，减轻夏季修剪量和促进花芽分化，方法是：一般结合施用春肥，根据不同树龄每株用15%多效唑可湿性粉剂1～4克，在树冠基部四周挖环状沟，进行沟施，施药后覆土、浇水。

（2）叶面喷施　可促进恢复树势，积累养分和秋季保叶。方法是：可在果实采收前、采收后，用15%多效唑可湿性粉剂100～200倍液喷雾。

如何防治桃树炭疽病？

桃树炭疽病主要危害果实，也可危害叶片和新梢。幼果发病后果面呈暗褐色，发育停滞、萎缩僵果，残留枝上经久不落，病菌可经过果梗蔓延到结果枝。致使新梢在当年或翌年春季枯死。果实膨大期发病，初期果面产生淡褐色水渍状病斑，后发展成圆形或椭圆并凹陷的病斑。近成熟期果实染病，病果软腐、脱落。新梢受害出现椭圆形、暗褐色病斑。天气潮湿时，病斑表面会产生深红色小点，致使其在当年或翌年春季枯死。

防治方法：

（1）农业防治　①冬季清园：宜销毁带病残枝、落叶及果实；②合理修剪：改善果园通风透光条件，落叶后宜深翻果园，以保持土壤疏松和通透性；③合理施肥：做到以腐熟有机肥为主，调整碳氮比，增施钾肥，以防止偏施含氮肥料。

（2）药剂防治　①冬季清园时销毁带病残枝、落叶及果实，并喷施5波美度石硫合剂；②花芽萌动时用0.8%～1.0%倍量式波尔多液喷雾（展叶后禁用）；③开花后用50%托布津可湿性粉剂500倍液，或50%多菌灵可湿性粉剂500～800倍液喷雾，或25%使百克乳油1000～1200倍液喷雾；④桃幼果上发病，用炭疽福美（福美双、福美锌）可湿性粉剂800～1000倍液喷雾每7～10天1次，直至套袋为止。

如何防治桃褐腐病？

桃褐腐病，又名菌核病，由灰霉病菌侵染致病。

（1）症状　主要危害果实、花和叶片，枝梢也可发生，以危害果实最为严重，病斑呈褐色、圆形，果实受害发生烂果，然后脱落，严重影响品质和产量。

（2）药剂防治　①50%万霉敌可湿性粉剂1000倍液；②20%灰霉疫克可湿性粉剂800倍液；③50%腐霉利可湿性粉剂1000倍液；④适乐时1200倍液；⑤80%绿亨2号可湿性粉剂800～1000倍液。在落花后10天左右喷雾1次，隔10～15天再喷1次。防治果实时尽量喷在果实上，雾点要细，施药后3～5天可采果。采果后再喷施1～2次，有利保叶，促进花芽分化，也可减少流胶病和降低越冬病菌，减轻翌年病害发生。

如何防治桃树缩叶病？

桃缩叶病主要危害叶片或花、嫩梢及幼果。

（1）叶片症状　桃树萌芽后嫩叶刚抽出即呈红色，卷曲状，以后叶片皱缩变褐色、变脆，后期病叶表面生出一层灰白色粉状物，最后叶片干枯脱落。在早春气温10～16℃，土壤高湿度的情况下最易发生，4～5月为盛发期。

（2）药剂防治　展叶后用：① 80%大生可湿性粉剂500～600倍液；② 70%普得丰可湿性粉剂500～600倍液；③ 80%喷克可湿性粉剂600倍液；④ 70%百病净可湿性粉剂600～800倍液；⑤ 70%甲基托布津可湿性粉剂1000倍液，喷雾树冠。对受害严重的病叶剪除集中销毁，并及时补施肥料。但为防止农药残留，必须按农业部门规定，严格掌握农药安全间隔期。

桃树流胶病如何防治?

（1）症状　桃树主干和主枝受虫害或机械损伤后分泌汁液，然后呈现许多茶褐色树脂胶块，引起桃树流胶病，使树体衰弱，严重者造成整株死亡。

（2）防治措施　注重调整生态环境，保持土壤不过于潮湿，以增加桃树抗逆力，同时宜选择雨后桃胶遇水变软，进行刮胶，此时刮胶不会损伤树干。把刮除的桃胶清理出桃园。再用5波美度石硫合剂或402杀菌剂100倍液，或40%福美砷50～100倍液，涂抹患处。此外，应及时防治枝杆病虫害及避免人为造成枝干创伤。自4月下旬开始，每隔半月喷1次50%多菌灵可湿性粉剂800～1000倍液，直至6月下旬止，连喷4～5次，可基本控制该病发生。

桃、李果树防治细菌性病害能否用可杀得农药?

可杀得农药用于防治细菌性病害及部分真菌性病害效果较好，但由于它是无机铜制剂，对桃、李等果树较敏感，应尽量避免使用。拟改用农用链霉素300万单位兑水15千克，或用20%叶青双可湿性粉剂300～500倍液等防治细菌性病害专用药剂较好。对于其他无机铜杀菌剂也要尽量避免在桃、李等敏感作物上使用。

第三节　李的种植技术

布朗李有哪些优良品种?

（1）红美丽　美国品种，系特早熟、品质优、丰产，果实心脏形，果顶稍平，果面艳红色，果粉薄，外观艳丽，以长、中、短果枝结果，自交结实率为4.3%左右，自然坐果率10%左右。4年生树株产16千克，与琥珀李、密思李互为授粉树。疏果后单果重60克，大果120克，肉淡黄色，肉质细嫩，甜酸适口，浓香型，含可溶性固形物12%～14%，粘核，核小，一般在5月底成熟。

（2）井上李　日本品种，果实近圆形，全果鲜红色，果粉少。单果重80～100克，最大果150g，味浓甜，风味佳，含可溶性固形物14%左右，耐贮性好，较丰产，6 月初成熟。

（3）李王　日本品种，果实近卵圆形，果皮淡黄，全果浓红色，果粉少。单果重 70～150 克，果肉橘黄色，味美质细，口感佳，风味浓，含可溶性固形物 14%，6 月中旬成熟。

（4）秋姬李　日本品种，果实圆形，果顶平，全果浓红色，单果重 150 克，大果 200 克，果肉黄色致密，多汁味美、浓甜，含可溶性固形物 12%～14%，核极小，离核，极耐运输，8 月中下旬成熟。

（5）女神（西梅）　果实长卵形，全果面蓝黑色，果粉多。单果重 125～200 克，果肉金黄色，成熟时甜香味浓，有特殊果香味，肉质较硬，含可溶性固形物 16%～18%，极耐贮运，丰产性好，8 月下旬成熟。

（6）早美丽　日本品种，早熟，果皮鲜红，果形呈心脏形，单果重 40～70 克，果肉淡红至淡黄，含可溶性固形物 14% 左右，有香味，顶点微突，6 月初成熟。

（7）密思李　果皮紫红色，果实圆形，果顶圆滑，果肉淡黄色，完熟时紫红色，色泽鲜艳，香气浓，品质好，粘核，单果重 50～100 克，6 月上中旬成熟。

（8）紫琥珀　美国品种，又名黑琥珀。果形扁圆形，果顶平，果形大，平均单果重 100～200 克，果皮呈紫黑色，有果粉，果肉乳色，肉质细嫩，含可溶性固形物 15% 左右，味甜可口，风味清香，耐贮存，属中熟品种，6 月下旬～7 月初成熟。

（9）皇家宝石　美国品种，果面紫黑色，美观，扁圆，果形大，单果重 85～150克，最大可达 200 克以上，果肉紫红，肉质细嫩，果味芳香，含可溶性固形物 12.5%～14%，甘甜爽口，香味浓郁，品质极好，果实耐贮运，属晚熟品种，通常在 8 月下旬成熟。

种植布朗李要否配置授粉树？

布朗李为异花授粉果树，定植时必须配置不同品种相应花期的授粉树，一般主栽品种与授粉比例为 5∶1，至少不要少于 8∶1。通常黑宝石与皇家宝石可互作授粉树进行种植。

布朗李、桃形李应在何时进行修剪？

布朗李、桃形李修剪，在秋季李树落叶后至翌年 2 月抽芽之前，均可进行修剪。

布朗李如何施用多效唑控长？

布朗李生长势较旺，容易陡长，常会造成只开花，不结果。施用多效唑可以达到控梢、促花保果的效果。

布朗李使用多效唑控梢，应根据树势、树龄、产量、品种等因素综合考虑，确定用量。使用时期在秋、冬季为宜，按照中等树势一般用量，每株用 15% 多效唑可湿性粉剂 3～5 克，开穴或开沟，兑水浇施。叶面喷施时期一般在开花后20～30天使用，浓度根据树势、树龄、产量、品种而定，一般浓度以 200～400 毫克/千克为宜（即 15% 多效唑可湿性粉剂 20～40 克，兑水 15 千克）。喷施后 10～15 天检查控梢效果，若未达到控梢效果，可再喷 1 次，隔 10～15 天喷 1 次，连喷 2～3 次。

布朗李为何只开花不结果？预防措施有哪些？

布朗李只开花不结果的主要原因：

（1）没有配置授粉树　布朗李通常异花授粉，自花授粉往往结实率很低或者不结实。

（2）修剪不妥　树体枝条过密，造成树冠荫蔽，影响光照。

（3）肥害　氮肥施用过量，碳氮比失调，长势过旺，造成徒长。

（4）病虫危害　如李实蜂幼虫穿食花托和花萼，蛀食花肉和幼果；金龟子成虫食害嫩芽、叶片、花、花蕾和果实，造成花而不实。

预防措施：

（1）配置授粉树　种植时搭配不同品种相同花期的授粉树，一般可选栽红美丽、早美丽、密思李、圣玫瑰、红肉李等互为授粉品种，比例以 5∶1 较佳，一般应不少于 8∶1。

（2）栽培措施　采用自然开心形修剪，使树冠光照充足；合理施肥，增施有机肥料，做到氮、磷、钾相配合；及时防治病虫害等。

（3）花期进行放蜂或人工辅助授粉。

布朗李保花保果用什么农药？

布朗李保花保果提高坐果率的方法是：在开花前和开花后至幼果期喷施营养素，药剂宜选用：① 植物龙（普通型）1500～2000 倍液；② 用兰月细胞激动素 1500 倍液；③ 爱多收（日本进口）3000～4000 倍液，喷雾 2～3 次。在开花期喷，花量多的浓度可浓些，花量少的可稀些，喷雾时间于上午 9 时以前或下午 4 时以后，但需避开花授粉期。

此外，在花芽萌动期、盛花期及幼果期，喷施 0. 3% 硼砂 +0. 2% 磷酸二氢钾 +0. 3% 尿素溶液各一次，或在谢花时喷 30 毫克/千克浓度的 PCPA 可提高坐果率；幼果期喷 50 毫克/千克浓度的九二〇 + （1～1. 2）毫克/千克叶面宝喷雾，也可减少落花、落果和促进果实膨大。

布朗李开花期遇到天气差，如何保花保果？

布朗李开花期若遇到连续阴雨天气，则对授粉、坐果造成不良影响。预防措施：喷施 0. 2% 硼砂、0. 2% 磷酸二氢钾水溶液或 10 毫克/千克浓度的细胞激动素，以减少落花落果。此外，在开花结束后，立即喷施 80% 大生可湿性粉剂 500～800 倍液、75% 百菌清可湿性粉剂 500～700 倍或农用链霉素等杀菌剂，以达到防病效果。

布朗李细菌性溃疡病用什么药防治？

布朗李细菌性溃疡病也称穿孔病和黑斑病。主要危害叶片，也危害果实和枝梢。病叶症状：初始在叶背产生淡褐色水渍状小斑点，逐渐扩大为圆形至不规则形，叶色紫褐至黑褐色，后期病斑干枯，边缘产生裂纹或脱落穿孔，若干病斑相连形成大的孔洞，严重时叶片提早脱落。果实染病症状：初始在果面上产生褐色小圆斑，稍凹陷，后扩大呈暗紫色，病斑上或其周围产生小裂纹，严重的引起果实腐烂。病果枝条染病后常发生溃疡，导致枝条枯死。

防治方法：

（1）农业防治　结合冬季修剪进行清园，深翻土壤，对土壤黏重的增施栏粪等有机肥，或增添沙性客土，以改良土壤；增施磷、钾肥和有机肥，控制氮肥，以增强树势，提高树体抗病力。

（2）药剂防治　① 12% 绿乳铜 600～800 倍液；② 53.8% 可杀得 2000 干悬浮剂 1000～1200 倍液；③ 25% 龙克菌可湿性粉剂 600～800 倍液。任选 1 种喷雾，隔 7 天喷 1 次，连喷 2～3 次。

布朗李树如何使用石硫合剂？

布朗李使用石硫合剂方法：在李树发芽前用浓度为 3～5 波美度石硫合剂喷雾，或在蚧壳虫若虫孵化盛期喷雾，隔 5～6 天喷 1 次，连喷 2 次，能有效杀灭初孵蚧壳虫若虫。同时对李袋果病（囊果病）有良好的防效。

如何防治桃形李桑白蚧？

桑白蚧又称桃蚧壳虫，除危害李树外还危害桃、梅等多种果树。在李树枝上越冬的蚧壳虫卵，于 5 月下旬～6 月上旬开始孵化，经 1～2 天，其第 1 代若虫，聚集在树枝上吸食液汁，分泌蜡质物经 5～10 天后形成蚧壳，致使树势衰弱，重则枯死。

防治方法：

（1）修剪　在尚未发芽前及时进行春季修剪，剪除有虫枝条，并集中烧毁，以减少越冬虫源。李树萌芽前喷施 5 波美度石硫合剂预防。

（2）药剂防治　在 5 月中下旬，第 1 代若虫孵化盛期，若虫尚未分散转移，末形成蚧壳之前，进行喷药。药剂选用：① 40% 速扑杀乳油 1000 倍液；② 蚧死净 1000 倍液。隔 7～10 天喷雾 1 次，喷 2～3 次，以后各代，可结合其他病虫害防治，加入对口农药兼治。

第四节　杏的种植技术

杏有哪些优良品种？

（1）红丰　从山东引入，早熟品种，成熟期 5 月 25 日左右，早熟、丰产、果大、质优。含可溶性固形物 16%～18%，适应性广，抗晚霜、抗旱、抗寒，一般土壤均可种植。单果重68.8克，大的可达90克。肉质细嫩，具香味，果实外观红色艳丽，商品性极好。

（2）凯特杏　原产美国，山东省果树研究所1991年从美国加利福尼亚州引入，成熟期早、抗性强、耐瘠薄、抗盐碱、耐低温、耐阴湿丰产性好、自花授粉，受精率和坐果率高，离核，含可溶性固形物12.7%，6月上旬成熟，果皮橙黄色，单果重100～110克，品质上乘，耐贮运。

（3）金太阳　又名金光杏。原产美国，特早熟，山东省果树研究所1994年从美国引入，含可溶性固形物15%左右，风味极佳，树姿平展开张，是杏换代品种，耐低温。自花授粉率高，丰产，果皮金黄色，味浓甜，有清香，单果重65～70克。

杏和桃是否为同科树种，种过桃的果园可否种杏？

杏、桃、梅都属蔷薇科，核果类，桃李属果树，桃是桃亚属，梅、杏是李亚属。由于这几种果树亲缘关系相近，它们所用的砧木基本相似，如果进行连作将会严重诱发病虫害，特别易患根癌病。因此，种过桃的果园通常不宜再种杏树。

杏只开花不结果是何原因？

杏为单性花，若只种植雌株或雄株则只开花不结果。

防治措施：种植杏时必须搭配授粉树，按雌、雄株10∶1比例配置雄性授粉树。

杏树如何使用多效唑控梢？

杏、梅、李类果树对多种农药较敏感，使用不当容易产生药害。

杏树应用15%多效唑可湿性粉剂作为控梢有一定效果，但要掌握适时使用，控制适宜的浓度，一般浓度为150～300毫克/千克。同时要根据土壤肥力、施肥水平、树龄、树势强弱、产量以及使用时的气温等因素灵活掌握，对土壤较肥，施肥水平高，树势强，产量高和壮年树等适当增加浓度，反之则稀些，使用时间于5～6月或8～9月。

第五节　梨的种植技术

梨有哪些优良品种？

（1）翠冠梨　当前种植面积较大的品种之一，系浙江省农科院园艺所与杭州果树研究所以幸水为母本，杂交单株6号（杭青×新世纪）为父本杂交选育而成。树势强健，树姿较直立，萌芽率和发枝力强，幼年树以长果枝结果为主，成年以短果枝结果为主，短果枝连续结果能力弱。树皮光滑，成熟枝深褐色，一年生新梢绿色，新叶橙红色，成叶较大，长圆形。果实高圆形，果大，果顶凹陷较大，果皮光滑，黄绿色，底部绿色，果面分布有锈斑，果点分布较稀疏。

果肉白色，肉质松脆、细嫩、味甜、汁多，含可溶性固形物 11% ~12% 。果心小，质特优，是砂梨系统中肉质最好的早熟优良品种之一。抗裂果性较强，单果重 230 克左右，大果重 450 克。树势强，丰产稳产，抗病性强，成熟期 7 月上旬 ~8 月初。

（2）西子绿　由原浙江农业大学园艺系育成。树势中等，花芽易形成，易栽培、丰产。果实圆形，果皮浅绿色，充分成熟转黄色，果面光滑，有蜡质，外观美。果肉白色带浅绿，质细而脆，多汁，味甜酸适口，品质优。平均单果重 120 克，最大可达 350 克。丰产性好、抗病性强，7 月下旬 ~8 月上旬成熟。

（3）绿宝石　果皮绿色，果点稀少，果面光滑，果肉白色，质脆嫩，汁多味甜香，稳产，抗病。平均单果重 230 克，最大可达 520 克，7 月中旬成熟。

（4）圆黄梨　果实圆形或扁圆形，果形端正，平均单果重 260 克，大果重 450 克。果皮黄色，果面光洁，果点小，无锈斑，果心小。果肉洁白，细腻松脆，含可溶性固形物 12% 左右，品质优，8 月上旬成熟。该品种树冠圆锥形，萌芽率高，成枝率低，干性强。以上两品种自花授粉结实率低，需配置授粉树。

翠冠梨适合什么环境种植？

翠冠梨适应性广，耐瘠薄，一般在年平均气温 15 ~17℃ 的地区，酸性红黄壤和丘陵山地等均可种植。定植时需配置相应花期的配种树，如新世纪梨、清香梨和黄花梨等品种。主栽品种与授粉树品种比例一般为 4∶1 左右。

翠冠梨树苗如何修剪？

翠冠梨树苗种植第 2 年就可以进行修剪，梨树修剪，宜采用疏散分层形整枝。如果还未定干的，在主干高 60 ~70 厘米处定干。第 2 年选留分布均匀的 3 个长枝作主枝，于 60 厘米左右处剪截，中心干在 1/2 处剪截。第 3 年，主枝延长枝选择方位好的枝条于 1/2 ~2/3 处剪裁，剪口芽朝外，继续延伸，竞争枝剪除，并选留与中心干距离 50 厘米以上的枝作副主枝适度短截，其余生长枝可拉平作辅养枝；中心干延长枝选第 2 或第 3 枝于 1/2 ~2/3 处短截换头延伸，其余着生在中心干上的长枝全部剪除。第 4 年，主枝继续延伸，并培养第 2 副主枝；中心干上选距离第 1 层主枝 1 米左右的生长枝 1 ~2 个作第 2 层主枝培养，中心干延长枝去强留弱，去直留斜，换头延伸。如此按树体结构要求逐年培养，至第 5、第 6 年树型基本确立。

黄花梨何时修剪为宜？

梨树修剪时期，一般于冬季果树落叶后的休眠期，即 12 月 ~翌年 2 月上旬，在果树体液开始流动之前进行修剪。黄花梨一般种植密度较稀，其整形修剪提倡采用疏散分层形修剪。一般定植后当年在主干 40 ~50 厘米处定干。其上分生 3 ~4 层，第 1 层主枝 3 ~4 个，第 2 层主枝 2 ~3 个，第 3 层主枝 1 ~2 个，全树共有主枝 5 ~8 个。

梨树春梢过长要否修剪？

梨树春梢过长需要修剪，修剪时应根据不同树体长势而定，例如进行拉枝，摘心控梢等。要求应在专业技术人员或有经验的果农指导下进行修剪。

如何提高梨树的坐果率?

提高梨树的坐果率可采取异花授粉方法，用其他梨品种的花粉进行人工授粉。授粉时间在开花后5~7天内均有效。但越早越好，以3天以内为宜。授粉适宜气温15~20℃，花期若遇低温，待中午气温回升到12℃左右时进行。气候不良时授粉2次。同时喷施0.2%~0.3%的硼砂水溶液也可提高坐果率。

单棵梨树只开花不结果是什么原因？该怎么办?

梨是异花授粉果树，其自花授粉高度不结实，梨树单棵种植，因没有授粉树，得不到其他梨树的授粉故不会结果。

解决办法：配置授粉树。一般以新世纪、翠冠、清香、脆绿、黄花梨等品种，作为相互授粉品种，主栽品种与授粉树比例为（2~3）:1。鉴于是单株梨树，可采取高位嫁接2~4枝相近花期的其他梨品种，作为授粉枝。或者采取暂时性措施，在开花时，采摘一部分相同花期的其他品种梨枝条，插在盛水的瓶上，挂在树枝间，供作授粉枝条。

梨如何预防裂果、烂果?

（1）梨裂果　主要原因：果实在进入膨大期后遇连续阴雨天气，或土壤水肥较充足，特别是果皮较薄的品种更容易引起。梨裂果是一种生理性病害。其预防措施：当果实进入膨大期后，喷施含钙丰富的叶面肥，例如补钙将军、钙宝、富力钙等，也可喷施腐殖酸肥或氨基酸叶面肥，浓度按包装说明书，一般喷施2~3次即可达到效果。

（2）梨烂果　原因有多种，主要是果实发病，尤其是果柄发病。应根据不同病因选用对应药剂，及时进行预防，才能达到防止烂果的效果。

梨黑星病的症状与防治方法是什么?

梨黑星病，又称疮痂病、黑霉病。可侵染梨树的绿色幼嫩组织如：花序、叶片、叶柄、新梢、芽梢和果实等，以叶片、果实为主。

（1）症状　果实受害，初期为淡黄色斑点，逐渐扩大长出黑霉，以后病部凹陷木栓化，坚硬并龟裂，停止生长并呈畸形，果实味苦不能食用易脱落；幼果受害果面生黑色斑块，继而木栓化成为畸形果，易脱落；叶片受害，严重时，整个叶片布满黑色霉层；叶柄、果梗症状相似，出现黑色椭圆形或长条状的凹陷斑，病部覆盖黑霉，失水干枯，致叶片或果实脱落。叶片受害多发生在叶背，沿叶脉扩展长出黑色霉斑，叶正面为多角形或圆形褪绿黄色病斑，严重时叶正、反面都长满黑色霉层，致使叶片干枯而脱落；嫩梢发病除形成条状霉斑外，后期皮层龟裂呈粗皮状的疮痂。整个生长季节均可发病，而以4~5月最重。雨水多，湿度大则病重。

（2）防治方法

①清除病源：秋末冬初清除落叶和落果，早春梨树发芽前结合修剪清除病

梢，集中烧毁。防治重点应抓住初次侵染前，铲除越冬菌源。在梨芽膨大期用5% ~7% 尿素溶液，加45% 代森铵水剂800 ~ 1000 倍液喷洒枝条。发病初期摘除病梢和病花簇。

②药剂防治：在萌芽期或叶片开展后和落花后可选用：a. 10% 杜邦福星乳油5000 倍液；b. 30% 除菌可湿性粉剂800 ~ 1000 倍液；c. 62. 5% 仙生可湿性粉剂800 倍液；d. 10% 晴菌唑乳油3500 倍液；e. 80% 大生可湿性粉剂500 ~ 800 倍液。各喷雾1 次，之后，在新梢生长期和果实生长期再各喷1 次。

如何防治梨树胴枯病？

（1）症状　主要危害枝叶和干，常发于春夏多雨季节，病原菌从伤口侵入，初始有黑褐色下陷小斑点（分生孢子器），如未套袋者则以病斑为中心腐烂，但无明显的轮纹斑。因管理不当，排水不良，结果过多，树势弱，或者氮肥过多、枝条徒长、受冻害等则易发病。但品种间有差异。一般来说黄花、菊水、新水较轻，而幸水、丰水较重。症状是枝干发生黑斑，韧皮部坏死，刚抽出的芽即枯死。

（2）防治方法　重点是加强管理，增强树势，冬季修剪时注意对病变枝条的截剪，截除病枝后用石灰浆、托布津涂抹伤口等保护措施。同时做好清园、消毒工作。

如何防治梨树锈病？

梨锈病（又称梨赤星病）病菌的寄主植物为桧柏、龙柏及塔柏等。当春季气温达到15℃以上时，越冬孢子在借风雨传播侵染危害梨树，主要危害叶片和新梢，重者危害幼果。初始在叶片表面发生橙黄色或橙红色有光泽的近圆形斑点，有黄绿色晕环，随着病斑扩大，病部叶肉组织变厚稍硬正面凹陷，背面稍隆起并产生长约4 ~5 毫米的毛状物。之后病斑渐变黑，严重时叶片枯萎脱落。幼果发病症状与叶片相似。其病斑及周围果肉硬化，病果呈畸形，易提早脱落。其发病规律：1 年发生1 次，春季气温逐渐升高，3 月开始冬孢子萌发，随风雨漂染到梨树上造成危害。若遇连续阴雨或时晴时雨天气，空气相对湿度大，容易诱发梨锈病。

防治方法：

（1）保护措施　① 梨园5 公里以内，尽量不栽种桧柏、龙柏等，或3 月上中旬在桧柏、龙柏上喷1 ~3 波美度石硫合剂；② 喷药保护：开花前喷1∶2∶200（硫酸铜∶石灰∶水）波尔多液；③ 清除落地病叶，防除其他病害的发生，以及疏果和采取喷施叶面肥，增施钾肥等综合措施。

（2）药剂防治

① 在梨树发芽期开始至盛花期喷药，药剂选用：百理通可湿性粉剂3000 ~ 3500 倍液；32. 5% 梨黄金可湿性粉剂2000 ~ 2500 倍液；43% 好力克悬浮剂4500 ~5000 倍液；25% 敌力脱乳油3000 倍液；12. 5% 腈菌唑乳油2000 倍液喷

雾。上述药剂任选1种，轮流使用，每隔10～15天喷1次，连喷3～4次。

② 谢花后可用：15%三唑铜（粉锈宁）粉剂，或20%乳油1000～1500倍液；40%杜邦福星乳油8000～10000倍液（注意：酥梨在嫩叶期不宜使用）；保胺乳剂1000倍液或70%甲基托布津可湿性粉剂1600～800倍液，在梨谢花后喷布。10天1次，连续2～3次，喷后下雨转晴后补喷。

如何防治梨黑斑病?

梨黑斑病主要危害果实、叶片、新梢和树枝。初起成黑色小斑点，后逐渐扩大，呈圆形，凹陷，有时可见同心环纹。果实病斑不规则，易龟裂，落果。以菌丝体在病叶、病果、病枝上越冬，翌春产生分生孢子，借风雨传播。气温24～28℃、相对湿度在90%以上时发病重。地势低洼、通风透光不良、缺肥或者偏施氮肥可加重病情。

药剂防治：在搞好冬季清园、科学施肥、细微修剪的基础上，抓紧在发病初期用20%仙保可湿性粉剂1200～1500倍液喷雾，还可兼治梨黑星病和梨锈病。喷药时要做到细雾匀喷，提高施药效果。

如何防治梨木虱和蚜虫危害?

梨木虱以若虫或成虫刺吸梨树的芽、花蕾、嫩叶的汁液，并分泌黏液引起煤病，重者造成落叶。危害梨的蚜虫称“梨二叉蚜”，俗名蚰虫、梨蚜，1年约发生5代，第1若虫在芽缝或卷叶中危害，第2代群集叶片上危害。主要吸食芽和叶片的汁液叶受害后向正面纵卷成筒状，甚至落叶。4月中旬～5月上旬梨叶被害严重，黄花梨由于萌芽早，易被危害，应注意及时防治。

药剂防治：① 30%硫氰乳油或35%龙剑乳油800～1000倍液喷雾，该药击倒力强，速效性好；② 1%阿维菌素乳油（虫螨杀星）1500倍液加10%吡虫啉可湿性粉剂1500倍液喷雾。该配方特效性好，药效可达20天以上。

如何防治梨瘿蚊?

梨瘿蚊主要危害叶片，使之增厚、变硬、发脆，直至发黑枯萎、脱落。1年发生3 ～4代，以老熟幼虫在土壤及枝干裂缝中越冬。各代成虫盛发期分别为3月底、5月初、5月底、6月下旬，以5月初的第2代幼虫发生量最大，危害最重。在靠近杂树林地及低洼阴湿处发生较多。

防治措施：对已被害虫卷曲的叶片剪除并集中烧毁，同时进行药剂防治：① 40%毒死蜱1000倍液；② 75%灭蝇胺可湿性粉剂5000倍液；③ 2.5%雷司令乳油3000倍液，喷布树冠。

第六节　枇杷、杨梅、柿、枣的种植技术

枇杷有什么优良品种?

(1) 大红袍　属全国著名的红砂品种，也是塘栖枇杷的主栽品种，以及

鲜食和制罐头兼优的良种。根系不发达，但水平分布较广，生长势偏弱，树冠开张，中心主干不明显，树冠呈扁圆头形。发枝力弱，分枝角度大，嫩枝绿色，毛茸短密。充分成熟的 1 年生枝呈浅红色。叶小，色较淡。花芽易形成，花穗中等大，始花迟，花期长，大小年不明显。适应性广、抗性好、果大，果皮厚，易剥离。果肉浓橙色，组织致密，汁液中等，浓甜少酸，含可溶性固形物13% ~14%，品质上等，耐贮运。在浙江约在 6 月上旬成熟，鲜食和制罐兼优。但耐瘠、耐涝能力弱，易感染叶尖焦枯病，栽培上需重视管理及防病工作。

（2）洛阳青　又名“青嘴”，也属红砂品种。浙江各地均有栽培。特点：树势强健，树冠开张，枝梢旺盛，春、夏、秋梢均可形成结果枝，耐旱、耐瘠、耐贮运、丰产稳产。果皮易剥，肉质硬实，易去皮、去核，宜加工制罐出口。肉质硬质较粗，酸甜适口，耐贮运。单果均重 36 克左右，最大可达 66.7 克，含可溶性固形物 9.2% ~10.8%，一般于 5 月中下旬成熟。

枇杷品种早钟 6 号适宜哪些地区种植？

枇杷早钟 6 号是福建育成的品种，要求在温暖地区种植。冬季气温偏低，易发生冻害，在江浙地区一般不适宜种植。若要引种应选择特殊的小气候环境，如避风、向阳、暖坡、富含钙质的地带种植。引种前应先了解其品种及栽培特性，进行少量试种。

何时适宜进行枇杷苗移栽定植？

枇杷定植宜在春、秋季进行。寒冷地区一般以 3 月中旬 ~4 月，在树苗发芽前进行移植最佳，5 ~6 月多雨季节也可移栽。秋季移植不宜太迟，以避免遇到霜冻而不易成活甚至被冻死；同时起苗时必须带土球，以提高成活率。定植株距 4 ~5 米，每 667 平方米栽种 30 ~40 株，栽植时穴施堆肥或草木灰作基肥，由于枇杷树叶面积大，水分蒸发量大，栽时应将叶片剪去 1/3 ~2/3，以减少水分蒸发，有利成活。

如何进行枇杷疏花疏果？

枇杷疏花、疏果自 10 月中旬 ~翌年 3 月下旬。疏花穗于 10 ~11 月末进行，凡是花穗过多的树，早行疏删，疏去树冠密生花穗，宜早不宜迟。疏去花穗量以全树新梢总数的 50% ~60% 带有花穗为度。疏穗的同时进行疏花（蕾），一般摘去下部的 2 ~3 个小花梗，与全轴的先端部，而留中部的 3 ~4 个小花梗。在寒害多的地区，对晚开的花穗留其顶部晚开的部分，剪去中下部花梗。而对早开的花穗留早开花的下部小花梗，从而使开花期延长，有利于预防寒害。疏果于 2 ~3月下旬进行，无冻害年份幼果形成后疏果，受冻害的枇杷树，待寒潮过后进行。一般每穗留果 2 ~8 个，大果品种少留，一穗留 1 ~3 个，小果品种多留一穗留 4 ~6 个；大年多疏，小年少疏；树冠顶部多疏，中下部少疏多留；强壮果枝多留，弱的少留；同一果穗疏上下，留中间。如果套袋可结合疏果同时进行，在疏果定果后，全园进行一次病虫害防治，2～3天便进行套袋，根据实际情况，采用单果套袋或整穗套袋。

如何进行枇杷采后管理？

做好枇杷采摘前后管理，是争取翌年多挂果、结好果的关键措施，主要应抓好以下几项工作：

（1）施足夏肥　枇杷树经过结果之后，其养分已被大量消耗，为了促使树势迅速恢复，应普施1次夏肥。于5月下旬～6月初，在枇杷采收结束前后1星期内，施1次肥料，以氮肥为主，每株树施腐熟粪肥30千克，或尿素0.5～1千克，或饼肥3～4千克。此次肥料有利于促进夏梢生长和花芽分化，为次年多挂果打下基础。施肥后，割除杂草覆盖根部，可避免树草争肥和减少土壤水分蒸发，达到抗旱保墒效果。

（2）合理修剪枝条　枇杷采收结束后，及时剪去枯枝、病虫枝、细弱枝、徒长枝、交叉枝和离地面50厘米以下的下垂枝，使营养集中以利夏梢生长健壮。

（3）进行果园秋季深翻　于9月上中旬，进行土壤深翻，通过深翻土壤，以扩大根系伸长范围，增强根系生长活力。对生长一般的枇杷果园，可采取辐射状深翻，每棵树开4～5条，宽40～50厘米，深约30厘米的条沟。对于失管果园，应全面深翻，深度20～30厘米，靠近主干周围适当浅翻，以不伤根为度。

（4）重施基肥　基肥又称秋肥、花前肥。于9月初结合深翻施用，以有机肥、栏肥为主，配施磷、钾肥，每株施栏肥或其他有机肥30千克左右，加尿素0.75～1千克，化学磷肥、钾肥各0.3～0.5千克，对缺硼的土壤加硼砂20～30克。以促进花芽充实，增强花、果抗寒能力和提高结果率。

枇杷树可否使用“九二〇”防冻？

枇杷防冻使用“九二〇”效果不明显，一般很少用。建议采用细胞激动素防冻，1包（有效成份0.5克）兑水15千克喷雾和增施钾肥，或在入冬后至次年2月中旬，每旬喷1次0.3%～0.4%的尿素或硼砂水溶液。在12月若遇冬旱伴随寒冷或西北风时，及时灌水和树冠喷水，可起到较好的防冻作用。

“九二〇”可以用于促进枇杷果实膨大，于2月份，用200毫克/千克浓度的“九二〇”加5～10毫克/千克浓度的吡效隆溶液浸果，有较好的效果。

杨梅如何进行播种？

杨梅砧木实生苗播种育苗技术：

（1）种子处理与播种　杨梅种子一般可以随采随播种。即种子从果实中取出，洗净附着的果肉和胶粘物后就可以进行播种。若经过贮存的，可进行冬播，在11～12月播种。苗床可选择砂质黄壤或红壤土，以新开地为好，如果用熟地，应在地表铺一层15厘米厚的黄泥心土。采取宽幅横条播或撒播，播种时在整好的苗床上，挖出横条宽10厘米的浅播种沟，沟距15~20厘米，种子均匀播在播沟里，播后覆土，覆盖稻草之类覆盖物，再搭小拱棚盖膜保温保湿。

（2）出苗前管理　宜保持土壤湿润，若遇干旱需3~5天浇水1次，但不能过湿，以防种子霉烂。当有1/3种子萌发出土时，抽出部分覆盖物，当2/3种子出苗时，抽去70%~80%覆盖物，留下少量，以防止幼苗弯曲或黄化，并保持土壤湿润，抑制杂草滋生。

（3）出苗后管理　注意控制棚内温、湿度，棚内温度超过30℃时应掀膜通风降温，晴热天气开两头通风。当苗长2~3片叶时，将幼苗过密的间疏，补栽到缺苗处，间疏2~3次，定苗时保持株距6~10厘米。次年4月后揭开棚膜。撒播的进行移栽大田继续培育，行株距20厘米×6厘米。在年内追肥2~3次，次年春季即可进行嫁接。

大龄杨梅树能否进行嫁接？

大龄杨梅树可以进行高位嫁接。在嫁接前必须先进行修剪，根据树势，修剪20%~70%，以增加透光，促进内膛抽发新枝。然后在开春后约4月初~4月上旬，杨梅树体液开始流动，但接穗还没有开始生长时，在新抽出的枝条上进行嫁接。不论采取那种方法，嫁接的技术要点是砧木与接穗的“形成层”必须对准和缚牢。

如何防治新种的杨梅树只开花而不结果？

杨梅幼苗栽植后要经4~5年才开始结果。幼龄树虽然已经会开花，但坐果率很低。再者，杨梅大小年现象比较明显，一般情况下，小年坐果率也明显下降。如已经能够开花，只要加强管理，适当增加施肥量，大年一般能正常挂果。

柿有哪些优良品种？

栽培柿的主要优良品种：

（1）兰溪大红柿（无核大方柿）　原产兰溪，特点是耐瘠，抗逆性强，适应性广，丰产稳产。单果重100~125克，果面光亮，脱涩后果皮果肉呈大红色，色泽鲜艳，果肉柔软多汁，味极甜微香，品质佳。硬熟期于9月下旬。

（2）永嘉无核长柿　原产永嘉，又称东皋无核红柿，其特点是适应性和抗逆性强，耐旱抗冻，结果早，丰产稳产，具有单性结果能力。果大，呈四棱长方圆形，果顶圆，果底部平，单果重170克左右，最大可达250克。无核，需人工脱涩，果皮橙红色，皮薄而韧，易分离，果肉橙黄色，味甜而香，无核，含可溶性固形物16%~18%，品质佳。成熟期在10月底~11月上旬。

（3）牛心柿　主产新昌和浦江山区。适应性广，对土壤要求不严，耐旱耐热，丰产，适宜山区栽培。果形似牛心美观整齐，果大而均匀，果顶渐尖，横断面呈四方形，单果重120克左右，果皮薄橙黄色，果肉多汁味甜，无核。成熟期9月下旬~10月上旬，宜作烘柿。

此外，还有江山无核柿、高脚方柿、淳安无核柿、永康方山柿、浦江扁花柿、玉环长柿等，均为涩柿类型品种。还有从国外引入的诸如次郎、富有、伊豆、前川次郎、一木系次郎、松本早生、骏河、花御所等完全甜柿品种，以及西村早生、赤柿、禅寺丸、甘百日、正月、山富士等不完全甜柿品种。由于品种特性不同和对栽培条件要求较高，宜通过小量试种，成功后再引种扩大种植。

我国是否有日本甜柿和黑柿的品种？

日本甜柿，浙江曾有引进栽培。但由于日本甜柿与某些野柿嫁接有不亲和现象，且抗病性弱，经3～4年后树体便衰退死亡。同时日本甜柿不适应我国广大消费者的食用口味，所以近年来已很少种植。

我国没有种植黑柿这个品种。

甜柿开花多结果少是什么原因？

果树落果是正常生理现象。柿的栽培种多数是仅有雌蕊的单性花，虽然单性花也能结果，但落果很严重，尤其是甜柿单性结果能力差，因此甜柿落果更为严重，表现花多果少。如果落果过多，势将导致产量下降，因此采取保花保果措施是关键所在。除加强肥水管理外，在盛花期喷100～200毫克/千克浓度的赤霉素；在幼果期喷500毫克/千克浓度的赤霉素，并于6月中旬喷0.5%尿素和0.2%～0.3%磷酸二氢钾溶液。此外，配置授粉树，混栽20%～25%的有雄性花品种，或多品种混栽，以提高结果率。

大雪枣、梨枣有什么特性？

（1）大雪枣　鲜食枣果品种，枣树的珍稀变异种。适应性强，抗逆性强，抗寒、抗旱、耐瘠不易发生冻害。坐果率高，丰产性好。不裂果，果实大，单果重30克左右，成熟时向阳面有红晕，外观美丽，红而光亮，果肉口感脆甜，品质佳。极耐贮运，耐冷藏。晚熟，在北方关中地区于11月上中旬成熟。

（2）梨枣　系名贵鲜食大枣品种，由陕西省农科院育成。适应性强，结果早，坐果稳定，特丰产，果实生育期110天左右，9月中下旬成熟。果实特大，短圆形或长圆形，单果重35克，最大果重80克。果梗细长，梗洼窄，较深，果顶广。果皮薄，红色，果点小而明显，果肉厚，白色，质地松脆，味甜，汁多，含可溶性固形物27.9%，鲜食品质上等，果核纺锤形，核肉无种子。

台湾青枣、冬枣有什么特性？适宜什么条件种植？

（1）台湾青枣　又名毛叶枣，属热带、亚热带常绿小乔木果树，主要品种有高朗1号、脆蜜等。果实大小如小鸡蛋，单果重约100克左右，表皮鲜绿青翠，呈椭圆形。台湾青枣要求在较高的气温条件下种植，最适宜生长温度为20～35℃。在常年平均气温18℃以上的地区种植表现良好；15℃以下生长缓慢；冬季气温在0℃左右时，对树体、花果生长将会产生不良影响。当气温降至1～2℃时，青枣叶片、果实即会明显受冻脱落。因此，原则上说，台湾青枣并不适合浙中地区栽培。如果采取大棚栽培，宜选择光照较好的平坡和向阳坡。但由于气候关系，热量不足，长出的果实变小，口味变差，品质明显不如原产地。

浙中地区可推广种植梨枣、冬枣，无需大棚栽培，适合鲜吃，肉质松，品质好。

（2）冬枣　鲁北地区的一个晚熟鲜食品种，结果早，嫁接当年就能结果，10月上中旬成熟，果实近圆形，果面平整光洁，果形酷似小苹果，单果重14克左右，含可溶性固形物38%左右，宜鲜食，浓甜微酸，品质极上，果实生育期125天左右，产量中等，不裂果，果皮深红光亮，营养丰富。

此外，枣的品种大体上有北方枣和南方枣两大类型。浙江宜选择南方枣品种。适宜加工与鲜食兼用的品种有义乌大枣和鹅蛋枣，而最适宜加工南枣或蜜枣的品种有南京枣、团枣、马枣和宣城尖枣。各地可通过引种试种，因地制宜推广种植。浙中低丘红壤地区以及其间偶有分布着的紫色土地段，也是发展枣树林的极好空间，有利于提高低丘红壤地区的综合生产力。

枣树如何施肥？

成年枣树施肥方法：

（1）秋施基肥　于采果后至10月间施用，以有机肥料为主，一般每株施腐熟粪肥或厩肥50千克左右，配施速效磷肥1.5千克，或三元复合肥2千克，施肥深度为30厘米左右，旨以促进恢复树势。

（2）芽前肥　于春季3月下旬~4月上中旬，发芽前后施，以氮肥为主，适当搭配磷、钾肥。株施尿素1千克，或腐熟栏肥50千克。促使枣树早发芽、多结果。

（3）花前肥　5月中旬施，以速效氮肥为主，一般每株施尿素0.5千克，以减少生理落果，提高坐果率。

（4）壮果肥　6月底~7月初施，每株施尿素0.5千克，过磷酸钙1千克，钾肥0.5千克。促使果实膨大，提高品质。

此外在6月~7月于盛花期、幼果期，进行根外追肥，用0.3%尿素，或0.2%磷酸二氢钾加0.2%硼砂（或硼酸）喷洒树冠。对保花保果，增进品质有良好效果。

第七节　葡萄的种植技术

葡萄有哪些优良新品种？

我国栽培葡萄品种有500多个，依用途又分鲜食和酿酒两大类。南方鲜食葡萄品种总的发展趋势是：早熟、优质、大果、无核的品种。能满足上述条件的品种主要有：无核早红、矢富罗莎、奥古斯特、京玉等。

1. 特早熟品种

（1）无核早红　该品种系欧美杂交种，叶大而厚，叶柄紫红，果穗中大，平均穗重350克，呈圆锥形，单粒重6克左右。果粒附着力强、不脱粒，不裂果。颗粒短椭圆形，果皮紫红色，果肉硬而脆，无核，风味好，含可溶性固形物14%左右。适应性强，丰产、抗病，成熟期早，7月上中旬成熟，比巨峰早熟28天左右。

（2）京秀　又称早熟提子、特早红提，属欧亚种。系北京植物园以潘诺尼亚为母本，杂种60－33为父本的杂交后代。果穗圆锥形，穗重400～500克，果粒着生紧密，果粒椭圆形，单粒重6克左右，成熟果呈玫瑰红或紫红色，果肉厚硬而脆，味甜，含可溶性固形物18.2%，品质上等。生长势强，抗病性中等，很少发生日灼病，坐果率高，不裂果，极耐贮运，适于大棚栽培。成熟期6月中下旬。但丰产性嫌不足。有关科研单位从中选育出的京秀97－8株系，6月上旬成熟，果鲜红，表现丰产、优质、耐运输。

2. 早熟品种

（1）京玉　又名青提，属欧亚种，四倍体。1990年北京植物园从黑沃林实生苗中选育出的新品种。树势中强，枝较细，老熟早，每个结果枝上着生2～3个果穗，栽培特似巨峰。叶中大，心形或者近圆形。果穗圆锥形，穗重500～750克。果粒大，特早熟，果粒椭圆形，果皮黄绿色，皮薄，半透明，果肉厚且硬而脆，带草莓香味，味甜多汁，风味好，含可溶性固形物13%～17%，稍偏酸，单果重8～10克，最大18克，不易落粒，不裂果，耐贮运。较抗黑痘病、炭疽病、白腐病，果实着色较一致。栽培上宜加强肥水管理，及时疏果，以增大果粒。6月下旬～7月上中旬成熟，采摘期弹性大，适宜于大棚栽培，也可露地栽培。

（2）矢富罗莎　又名粉红亚都密、兴华1号。该品种属欧亚种，1993年从日本引入。较抗病，果穗特大，一般穗重750～1200克，最大可达2500克。果粒长圆形，单果重8～12克，果色粉红至紫红色，果皮薄，果肉硬而脆，味甜，含可溶性固形物18%左右，风味佳，不裂果，不脱粒，口感好，耐贮运，抗病性强。适宜大棚避雨栽培，也可露地栽培，成熟期：露地6月下旬～7月上旬，大棚6月中旬成熟，是很有发展前途的早熟葡萄品种。

（3）无核奥迪亚　果粒圆锥形，果皮紫黑色至蓝黑色，皮厚肉脆，果粒牢固，不裂果，果穗重450～800克，单果重3～4克，早熟，抗病。

（4）维多利亚　粒长椭圆形，果皮黄绿色，单果重10克，果肉硬而脆，7月中旬成熟。

3. 中熟品种

（1）翠峰　果皮黄绿色，果长椭圆形，果穗重500克，单果重10～14克，无裂果，7月中旬成熟，抗病性强。

（2）无核白鸡心　属欧亚种，果穗呈圆锥形，单穗重500克以上，颗粒鸡心形，单粒重7克左右。果皮薄，成熟后黄绿色，皮可食，味甜，有玫瑰香味。含可溶性固形物17.3%，无核，品质极上，耐贮运。适宜大棚、小棚或篱架栽培。

4．晚熟品种

（1）红高　果粒短椭圆形，果皮鲜红色至紫红色，皮厚，肉质脆，不掉粒，不裂果，果穗重550～700克，单果重8～12克，成熟期8月中旬，较抗病，耐贮。

（2）美人指　属欧亚种。1994年从日本引入。树势旺，新梢伸长快，副梢多，树冠易形成，叶片五裂呈五角形。果皮薄有韧性，单穗重480克，呈圆锥形。单粒重10克左右，果皮薄有韧性。果肉脆爽甜，品质优，含可溶性固形物16%。成熟期8月上中旬。栽培上宜增施有机肥，及时疏去副梢；开花前宜进行果形整形，即一般留20个小穗坐果后摘除无核果和小粒。由于抗病性差，宜进行避雨栽培。

（3）红地球　又名晚红、大红球、晚熟红提等，原产美国，属欧亚种。1992年引入我国。幼叶稍带红色，叶背有稀疏绒毛，叶成五裂、绿色、较薄、光滑无绒毛。一年生枝浅褐色。果穗长圆锥形，果穗重500～650克。果粒大而圆，淡红色至紫红色，美观秀丽，单粒重12～14克。果皮中厚，易剥皮，果肉硬脆，汁多，味甜可口，含可溶性固形物14%～16%，品质佳，不落粒，耐拉粒、耐压、耐贮运。9月初～9月中旬成熟。但易感葡萄炭疽病，花芽不易形成。宜避雨设施栽培。

葡萄品种“8611葡萄”有什么特点？

“8611葡萄”是巨峰作母本和郑州早红葡萄作父本杂交育成的三倍体无核葡萄品种。果粒近圆形，成熟果实为紫红色至紫黑色，平均果穗重200～500克，单果重4～6克，穗粒密集。该品种生长势强，抗病性强，早熟丰产。是特早熟品种，成熟期比巨峰早40多天，外观与巨峰相似。

成年葡萄树应如何进行冬季修剪？

葡萄定植后3年已进入结果期，其冬季修剪旨在调节生长与结果、地上部与地下部的关系，使枝蔓保持年轻健壮。

（1）修剪时间　修剪适期12月底～2月中旬。枝蔓剪切时，应距剪口芽上端1～2厘米处剪截，以防剪口失水而影响萌芽和新梢生长。

（2）修剪长度　结果母枝新梢修剪，分为短梢修剪（剪留4个芽以下）、中梢修剪（4～7个芽）、长梢修剪（8个芽以上）、超短梢修剪（1～2个芽）、超长梢修剪（12个芽以上）；以及短、中、长梢兼施的混合修剪。

（3）结果母枝数　根据枝蔓成熟度、粗细及栽培管理水平等因素综合确定。例如巨峰系大粒品种以每平方米棚架面积留3.5～4个结果母枝或20～23芽眼为宜。冬剪后至萌芽前宜进行枝蔓引缚，使之均匀受光，增强树势。

京玉葡萄可以用砧木“SO”嫁接吗？

“G. M. PSO”是普遍推广的葡萄嫁接专用砧木，其具有抗线虫、抗湿、抗盐碱、易上色、丰产稳产等特点。京玉可以用“SO”作砧木进行嫁接。嫁接后栽植密度要稀些，每667平方米栽种80株左右（不用SO作砧木的一般栽种密度200株）。

无核葡萄希姆劳特适合哪些地区种植？

希姆劳特品种在20世纪90年代初期就已经在浙中地区种植过，成熟期较早，口味也还可以，但果粒小，单果重8克左右，商品性不太好，市场销售价格不高，销路不畅，以后便很少种植。

如何制作葡萄盆景？

制作盆景葡萄，首先宜选择果型大、果色鲜艳、观赏时间长的两性花葡萄品种，如巨峰、玫瑰香、红富士、黑奥林、黑大粒等品种。采用压条套栽法可当年上盆，当年结果。

操作方法如下：在葡萄发芽前，上架时选取离地面1米左右，长40~60厘米，茎粗1.5~2厘米的结果母枝，在距顶部第5~6芽节下边2~3厘米处环剥表皮1厘米宽左右，然后用口径30厘米以上的泥瓦花盆，将环剥的枝条从盆底排水孔穿入盆中，环剥部位置于盆中上部，盆底垫导水豆石，再在盆中填实培养土，花盆用铁丝挂在固定支架上。此后经常浇水，保持盆土湿润。经环剥的枝条依靠母枝的营养，在适宜的温度条件下，便能正常抽枝，开花结果，并很快长出新根。上盆2个月后，即可在花盆底排水孔外将结果母枝切断一半，到7~8月份果实成熟时，将结果母枝完全切断，就成为一株挂有2~3个果穗的盆景葡萄。当葡萄充分成熟采收后，施采果肥，继续经常浇水，秋季随气温下降可逐渐减少浇水次数和水量。冬季当盆土干燥时浇透一次水，并注意防冻；12月~翌年2月中旬前根据观赏要求进行整形修剪，其他可参照常规栽培管理方法。当生长2~3年后需换大盆或更换部分老土，去除根圈周围部分老根，填入新土。

葡萄园施用菜籽饼能否与石灰混合使用？有什么更好的肥料？

施用饼肥一般不要与石灰混用。可将菜籽饼深施入土壤中，然后将石灰撒在表面。其他更好的肥料如进口复合肥、优质栏肥等。此外，葡萄对硼肥敏感，施用硼肥效果好，在采果后施采果肥时，每株混施50~70克硼砂。

栽种葡萄青提品种采用什么架式较好？

栽种葡萄一般采用篱架栽培为好，其挂果数量易于控制，且通风、透气性均好，阳光可以充分照射到植株。青提同样适用篱架栽培，但产量不如棚架高。

哪些葡萄品种适宜大棚栽培？何时是扣棚适期？

鲜食葡萄采用大棚栽培可提前成熟，提早上市，经济效益好。适宜大棚栽培的葡萄品种，可选用早熟、抗病、粒大的欧美杂交种，如京亚、京优、金星无核等。也可用欧亚种，如京秀、京玉、凤凰51、巨星、矢富罗莎等。大棚栽培一般可提前1~2个月成熟。

扣棚覆膜时期宜在春节前后，即1月下旬~2月下旬，休眠结束时进行，为了打破休眠期，可用20%石灰氮浸出液或用大蒜汁在结果母枝冬芽处涂抹，促使在春节前休眠结束。扣棚后，棚内温度应根据葡萄不同生育阶段严格调控。在萌芽前，一般棚内温度掌握在20~25℃，夜间保持7℃左右。其间，每天上午9点左右通风15分钟；萌芽至开花，白天温度25~28℃，夜间保持10℃左右；开花及结果期，白天25~30℃，夜间保持15℃。在各生育阶段大棚内温度若超过上限时，必须进行通风降温。同时要保持土壤潮湿，不宜过于干燥。

葡萄避雨栽培有哪些好处？哪些品种适宜避雨栽培？

葡萄避雨栽培的好处：

（1）能减轻病害，有利于生产无公害葡萄　由于避雨后叶片不会直接被淋雨，能减少病害发生，例如，黑痘病、炭疽病、霜霉病便很少发生，可大大减少打药次数，使果品的农药残留量下降，符合无公害食品要求。同时节约农药和劳力成本。

（2）避雨栽培可以结合保温促成栽培　避雨栽培冬、春季节棚内温度比外界温度要高，可使植株提前1个月发芽，提早成熟7~10天，而且果粉好，外观美，提高商品品质，售价高，经济效益好。

适宜避雨栽培的葡萄品种有：

（1）早熟品种奥古斯特、矢富罗莎。果实约7月上旬成熟。

（2）中熟品种有京玉、维多利亚等。

（3）晚熟品种有金锋、红地球、红高等。成熟期8月底~9月上中旬。

如何进行葡萄园秋季、冬末初春管理？

1．葡萄秋季管理工作

（1）及时施采后肥　果实采收后，一般于8月底施用，以有机肥为主，如人粪肥加少量复合肥为宜。

（2）治病保叶　可用78%科博可湿性粉剂600倍液或波尔多液1∶1∶180防病保叶。

（3）适时修剪　疏去过密枝、病虫枝，及时摘心。

2．冬末初春管理工作

（1）继续进行冬季修剪　一般要求在2月中旬前冬剪结束，结合修剪，剪除病虫枝、病穗，扫除落叶，将病枝残叶带出园外集中烧毁。同时收集剪下的枝条作插穗扦插育苗。

（2）抓紧施用基肥　对入冬后未施基肥的应抓紧施肥，最迟应在2月底前结束。开春后葡萄出现伤流后，则不可再施基肥。

3．春季田间管理

（1）葡萄园消毒　葡萄萌芽前用3~5波美度石硫合剂喷施地面土壤及树干，消灭越冬病菌，地面撒施生石灰每667平方米用25~50千克。

（2）施催芽肥　在3月初～3月上旬当芽开始膨大时，或3月中下旬萌芽时进行，以速效氮肥为主，促使萌芽整齐、均匀，促进枝叶、花穗发育。一般每667平方米用尿素或复合肥10千克左右。藤稔葡萄浇施复合肥1次，每667平方米用量10千克；巨峰葡萄如秋季施过基肥，可不施催芽肥。但对幼年旺树则不可施用催芽肥。

（3）引缚枝蔓　及时维修篱、棚架，绑枝；篱架栽培的可把结果母枝拉平，以利萌芽整齐、均匀。使枝叶能均匀受光，增强光合作用，促进树势。引缚枝蔓工作一般要求在植株萌芽前结束。

（4）病虫草害防治　3月上旬进行一次中耕除草；冬芽萌动见青前，再进行一次清园，可用3～5波美度石硫合剂和10%硫酸铵水溶液喷洒。以消灭越冬病菌和虫卵。灭草可用10%草甘膦乳油100倍液喷施杂草。

如何进行葡萄开花前、后管理？

葡萄正常年份开花期在5月初。若遇到暖冬或回春较早，天气晴好的年份，则花芽发育提前，便可能提早在4月下旬初开花。

花前管理：

（1）摘心疏花穗　开花前1周进行结果枝摘心，除副梢，去卷须；疏花穗（剪除几个副穗和剪去1/3穗尖），并做好开沟排水。

（2）防病　在葡萄芽鳞膨大期未展现绿色时，向树体及地面喷施3波美度石硫合剂或200倍倍量式波尔多液（芽前用半量式）1～2次。展叶后花前、花后均可用10%世高胶悬剂100倍液，或80%大生可湿性粉剂600倍液，或10%福星胶悬剂300～500倍液喷雾1～2次，以预防灰霉病及黑痘病。

花后管理：

（1）防治病害　开花后重点是防治霜霉病、炭疽病、缩果病兼治黑豆病、白腐病。①防治霜霉病可用：50%克菌丹可湿性粉剂800倍液、78%科博可湿性粉剂600倍液、80%大生可湿性粉剂600倍液、50%安克可湿性粉剂1500倍液、60%灭克可湿性粉剂800～1000倍液、50%霜停可湿性粉剂800～1000倍液、72%霜克可湿性粉剂800倍液，以上药剂任选1种交替使用，每隔6～7天1次，连续2～3次；②防治炭疽病：除了用50%克菌丹可湿性粉剂800倍液、10%世高水分散剂1000～2000倍液、20%粉锈星可湿性粉剂1000～1200倍液外，同时还须用2000倍“402”杀菌剂进行地面消毒；③防治缩果病：在花后10～40天，喷施美林高效钙，主要喷果实，隔7天1次连喷3次。

（2）摘心控梢　对顶端副梢留2～3叶连续摘心控梢，其余副梢应全部抹去，因为幼嫩叶很容易发生黑豆病、霜霉病，若减少幼叶便可以减少其感染机会。

（3）保果与增大果实　对树势旺、单性果多的葡萄树如：藤稔、京亚等品种，应使用兰月吡效隆浸果2次，第1次于花后3～5天，每瓶（10毫升）吡效隆兑水0.75～1千克浸果，促进单性果膨大；第2次于花后15～20天，每瓶吡效隆兑水1～1.5千克并加50～200毫克/千克浓度的“九二〇”（即1克“九二〇”兑水10～20千克）浸果促进果实膨大。树势中庸、单性果少的树一般仅用1次，于花后15～20天，每瓶兑水1～1.5千克浸果。巨峰葡萄单性果多，可用兰月吡效隆每瓶兑水3～4千克喷果，隔7天1次连喷2次。

（4）施肥　幼果膨大期可连续追施复合肥，每次每667平方米15～20千克，可采用浇施，硬核期可用氯化钾每次每667平方米20千克浇施，隔10天1次连浇2次。

如何进行葡萄套袋？

葡萄果穗套袋可以避免病虫及鸟害，尤其对预防果实黑痘病、炭疽病效果显著，同时可避免食果害虫和葡萄夜蛾、金龟子的危害，减少用药次数，减少与农药的接触，降低农药残留；还可以防雨淋，减轻日灼病，减少裂果，保持果面清洁，果粉完整，果皮着色均匀，果面光洁，外表美观，商品性好，从而提高果实品质；此外，连袋采摘运输，可延长运输时间和距离等。总之葡萄果穗套袋栽培好处很多，符合无公害生产的要求，已被广泛应用。

套袋方法：

（1）整穗　花前疏穗，打副穗，使果穗紧凑美观，花后疏穗、疏果、疏去畸形果、病果、单性果和穗型不整齐果粒，一般每果穗留30～50粒果实。

（2）喷药　套袋前喷1次防霜霉病、炭疽病、白腐病的杀菌剂。

（3）套袋　套袋一般于6月上旬，当幼果绿豆大小时进行。材料有的用旧报纸，或葡萄专用袋。以专用袋为佳（报纸袋虽省成本，但油墨本身有毒性，不环保），其不怕雨水淋湿，且袋纸附有杀菌剂，有防病保鲜效果。套袋时将袋口合于枝蔓上缚牢、而不能缚在果梗上，以免引起落穗，同时袋口要扎紧，以防渗水，袋底要透气，防日灼。

（4）卸袋　采收前20～25天把袋卸下，使果穗接受阳光，充分着色。也可将果袋留存起来，待果穗采下后再套上，以利贮藏与运输。

如何做好葡萄采后田间管理？

葡萄采摘的月份仍是高温季节，同时是雷阵雨和台风多发时期。为确保花芽粗壮，必须保证叶片健康成长，由于此时期天气变化较大，高温、高湿有利病害发生蔓延，特别是葡萄霜霉病、褐斑病。因此，必须经常检查，做好适时适药适法防治。不过，由于季节不同，气候差异，用药也有所区别。

（1）霜霉病的防治　药剂选用：①进口的10%科佳悬浮剂2000～2500倍液喷雾，隔7～10天1次，连续防治3次，具有预防与治疗作用；②50%安克可湿性粉剂1500倍液连喷3次，但喷药必须药量和水量充足，并喷得均匀，尽可能做到不重喷、不遗漏。

（2）褐斑病的防治　药剂选用：①50%美酚安可湿性粉剂800～1000倍液；

② 80%大生可湿性粉剂600~800倍液，隔7~10天1次，连用2~3次。

葡萄园如何施用石灰氮？

石灰氮用于葡萄可以采取条施或撒施，然后通过中耕松土翻入土中。如果穴施先将石灰氮与泥土或有机肥混合堆积1~2周再施，以免伤根。石灰氮宜用于酸性或中性土壤，不适用于碱性土、砂土、草炭土及微生物活动弱的土壤，也不宜与腐熟的有机肥混用。

如何进行石灰氮浸出液葡萄涂枝？

使用石灰氮（一氰氨化钙）浸出液涂抹葡萄结果母枝冬芽处，有打破休眠期，提早萌芽的效果。采用浓度一般为20%石灰氮浸出液，涂枝时间：大棚栽培于1月下旬~2月初，露地栽培于2月中下旬即雨水前后进行。

葡萄果长不大怎么办？

葡萄结果后，幼果长不大有两种情况：一是幼果干瘪而死果。二是单性花结的果实。幼果干瘪则与土壤干燥、植株供水不足有关，应及时喷水或灌溉，以确保植株正常生长和果实膨大提供充足的水分。若是单性花结的果实，可用四川农科院兰月公司生产的兰月牌“吡效隆”进行浸果穗2次。第1次于开花后3~5天未出现落果前，用吡效隆每瓶（10毫升）加水1.5~2千克，再加“九二〇”（1克“九二〇”加水20千克）浸果。第2次于开花后15~20天疏果后，用吡效隆每瓶（10毫升）加水1~1.5千克，阴天或雨后每瓶加水0.75~1千克,再加“九二〇”（1克“九二〇”加水10千克）浸果。以上方法可起到使无核果增大和拉长果穗，提高坐果率的效果，以及对肥水充足，长势旺盛的葡萄品种有增大果实，提早成熟的作用。

如何使葡萄果穗变得疏松？可否用增大灵拉长花穗？

使葡萄果穗变得疏松的方法：

（1）对果穗较紧的品种，在葡萄发芽期间，使用“九二〇”喷施，浓度为5~10毫克/千克，可以使新梢、花序显著伸长，使果穗变得较疏松，果枝伸长。

（2）采用早施肥方法　在3月上旬芽开始膨大期施速效氮肥，每667平方米用尿素10千克左右，可促进芽眼萌发整齐和花穗发育，促使新梢、花序伸长，从而适当拉长花穗，使果穗变得较疏松。

（3）喷施美果露　于开花前7~10天和开花期、幼果期喷施美果露，浓度一般为800倍液。可使果穗拉长，变得疏松。此外，使用美果露还有减少落果，提高抗寒和抗旱能力等作用；果实成熟期隔5~7天喷施1次美果露，有促进着色，提早成熟，提高品质等效果。该药可与杀菌剂混合喷布，但不可与碱性农药混用。使用美果露后不必再用其他微量元素或生长素，以免产生交互作用，使药效相互抵消。该药会有沉淀，使用时应经常摇匀。

一般不采用增大灵拉长花穗。

如何用吡效隆进行葡萄保花保果？

使用兰月牌吡效隆进行葡萄保花保果，使用浓度：因品种不同，药液浓度也不同，例如：巨峰葡萄，每瓶吡效隆（10毫升）兑水5～6千克，藤稔、京亚品种，每瓶吡效隆兑水3～4千克。用药时期：于盛花结束时进行喷花。隔10天后喷幼果，连喷3次，喷雾浓度同第1次。当气温高于35℃时，应于下午5点钟后喷雾。

葡萄施硼应何时使用？

葡萄对硼元素相当敏感，容易发生缺硼症。缺硼会使花序附近的叶片发黄，严重的导致叶片脱落，还会使新梢生长不良，细瘦，节间缩短，然后先端枯死。并且影响花器官的发育，致使子房及柱头发育不好，受精困难，造成不坐果或少坐果，并出现多量未受精的无核小果。因此，葡萄施硼效果明显。特别是有机肥料不足、严重干旱年份，土壤缺硼更为明显。施硼时间在4月上旬开花前后，叶片喷施浓度为0.2%硼砂溶液，有利授粉受精和提高坐果率。施硼也可在9月～10月上旬，结合施基肥时施用，每667平方米用硼砂3～4千克。

葡萄受冰雹袭击后如何采取补救措施？

葡萄遭受冰雹袭击损伤，可采取以下补救措施：

（1）修剪断枝枯叶　使营养集中，促进健康枝条生长。

（2）喷施杀菌剂保护伤口防止病害蔓延　用10%福星悬浮剂3000倍液，或25%仙保可湿性粉剂1200倍液，或70%百病净可湿性粉剂800～1000倍液喷雾预防黑痘病；用60%灭克可湿性粉剂600～800倍液，或72%霜康可湿性粉剂600～800倍液，或72%霜疫净可湿性粉剂600～800倍液喷雾可预防葡萄霜霉病。

（3）喷施叶面肥　喷施0.2%～0.3%磷酸二氢钾或尿素水溶液及芸苔素等，以促进植株恢复生机。

如何防治葡萄缩果病？

葡萄缩果病是生理病害，主要在葡萄成熟前发病。病状表现是果实表面凹陷进去，变成褐色，果粒缩小，成熟时形成硬块，果肉变酸，不能正常成熟和食用。发病原因主要是植株水分供应失调，例如前期连续干旱，促使根系向下深扎，后期遇雨水增多，使深层根系死亡，此时若浅层根系受肥害或药害而损伤，则影响对肥水的吸收。在雨后晴天，叶面水分蒸发加快，造成果实局部失水而下陷。

预防措施：

（1）天气大晴或大旱时应及时浇水，防止土壤水分急剧变化；雨季应做好清沟排水工作，防止渍害，增大*Eh*值（土壤氧化还原电位），协调土壤水、肥、气、热关系，避免根系因缺氧而腐烂。

（2）在避免偏施氮肥的基础上，宜在根部附近表层覆盖杂草或腐熟栏肥，以增加土壤保水性能，促进根系生长。如果根系受损伤，可浇施低度中国林科院出产的生根粉，以促进发根。

(3) 久雨天晴后，对嫩叶生长过于旺盛的果园，则应及时进行摘心，减少叶片水分蒸发，并喷施矮壮素，以控制新梢生长。

(4) 叶面喷施缩果克星及补钙王等预防缩果病药剂。

(5) 对于发病后的高产田块，可适当剪去发病果穗或待果粒开始着色时疏去病果，以使养分供应集中。

如何预防葡萄叶片发焦？

葡萄叶片发焦的主要原因是：葡萄如果氮肥使用偏多，引起植株叶片生长过于柔嫩，经连续大风大雨，叶片受病菌侵染寄生，再遇突然晴热天气，阳光强烈照射后，使叶片局部脱水、失绿，呈现不规则斑块枯焦。

(1) 预防措施　在栽培上控制氮肥用量，增施磷钾肥，喷施 0.2% ~0.3% 磷酸二氢钾，做好开沟排水和旱季及时浇水抗旱。

(2) 喷药保护　① 20% 粉锈星可湿性粉剂 1000 ~1200 倍液：② 25% 菌威乳油 1000 ~1500 倍液；③ 25% 使百克乳油 2000 ~2500 倍液；④ 25% 施保得可湿性粉剂 2000 ~2500 倍液进行喷雾。

如何防治葡萄褐斑病？

葡萄褐斑病主要症状：此病有大、小褐斑两种，多数地方以大褐斑病为主，不同品种发病症状有所不同，但均有不规则的褐斑出现。发病初期叶脉间呈多角形或近圆形褐色小病斑，以后逐步扩大，病斑边缘褐色，中央为黑褐色环状纹，在空气湿度大时叶背面病斑即有一层暗褐色的霉状物。严重时病斑连成一片，病叶干枯脱落。一般在 6 ~10 月可多次重复发病，多雨季节病害会迅速蔓延。在管理粗放或多雨的年份，常引起葡萄早期落叶，影响树势和产量。

(1) 预防措施　① 结合清园清除病叶并集中烧毁；② 做好开沟排水，及时进行夏季修剪，以利通风透光。

(2) 药剂防治　① 80% 扑海因悬浮剂 1000 倍液；② 80% 新万生 500 倍液；③ 50% 多菌灵可湿性粉剂 600 倍液喷雾，每隔 10 ~15 天喷 1 次，药剂交替使用，一般可结合其他病害进行防治。

如何防治葡萄灰霉病？

葡萄灰霉病主要危害花穗、花蔻、穗梗、叶片，也危害果实。灰霉病主要在花期感染，谢花后发病。染病初期呈淡褐色，以后变暗褐色软腐，表面密生灰色霉。花序染病后，萎缩干枯脱落。花穗梗染病后，稍微振动就会断落。果实受害初现凹陷病斑，迅速扩展至全果而腐败，其上长出鼠灰色毒层。一般 4 月中旬开始先在叶片上出现症状，雨后天晴迅速形成叶缘干枯。葡萄结果前期若遇阴雨连绵，空气湿度大，则灰霉病发生率高。

(1) 农业防治　以预防为主，采取高架栽培，加强果园管理，冬季彻底清园；做好夏季修煎，降低架面湿度，以减少病菌侵染；增施有机肥和磷、钾肥，适当控制氮肥；以及合理修剪，适时摘心控梢，防止枝蔓徒长；及时剪除发病花穗等综合预防措施。

（2）药剂防治　① 30% 斯佳乐胶悬剂 1000 倍液；② 50% 农利灵可湿性粉剂 600 ~ 750 倍液；③ 48% 灰力克可湿性粉剂 800 ~ 1000 倍液；④ 30% 灰霉大夫可湿性粉剂 800 ~ 1000 倍液；⑤ 50% 霉特灵可湿性粉剂 800 倍液。防治时间一般于花期在下午 4 时后用药喷雾，避免在早晨或中午时间用，以免伤害花粉。每隔5 ~ 6 天1 次，药剂交替使用，连喷 2 ~ 3 次。

如何防治葡萄黑痘病？

葡萄黑痘病主要浸染幼果，幼叶等幼嫩部分，老熟器官不感病。果实发病初期果面呈褐色小圆点斑，后渐扩大，病斑稍凹陷，中央呈灰白色，边缘紫褐色。后期病斑硬化或龟裂，无食用价值。嫩梢、穗梗受害后，呈深褐色长椭圆形病斑，严重时病梢、病穗、果梗干枯。该病 4 月上中旬发病，4 月中旬 ~ 6 月上旬为盛发期。雨水多，湿度大，通风透光差和氮肥偏多时，发病重。

（1）预防措施　以预防为主，加强果园管理，冬季彻底清园；增施有机肥和磷、钾肥，控制氮肥，以及适时摘心控梢，合理修剪等综合预防措施，以增强树体抗病能力。

（2）药剂防治　① 10% 福星胶悬剂 3000 ~ 5000 倍液；② 10% 世高水分散剂 1000 ~ 2000 倍液；③ 70% 百病净可湿性粉剂 800 ~ 1000 倍液；④ 30% 爱苗乳油 3500 ~ 4000 倍液；⑤ 50% 扑海因胶悬剂 1000 ~ 1500 倍液喷雾。药剂交替使用，每隔 7 天 1 次，连用 2 ~ 3 次。

如何防治葡萄霜霉病？

葡萄霜霉病主要危害叶片、果实和新梢等。叶片发病初期，产生水渍状、淡黄色、形状大小不一的病斑，随后逐渐变为黄褐色，呈多角形病斑。在气候潮湿条件下，病斑背面产生灰白色霜霉状物，叶片则早期脱落。幼果病斑初期呈暗褐色，变硬下陷，上着生白色霉状物，后皱缩脱落；中、大果粒受害呈暗褐色，而果面很少产生霉状物。果穗被侵染后引起严重落果。葡萄霜霉病在多雨、高湿条件下极易发生，最早于 4 月底发生，梅雨季节，台风时期发病最盛。

（1）预防措施　以农业防治为主，清理果园，剪除病枝病叶，做好果园清沟排水，降低田间湿度，以及增施硅、钙肥，对酸性土壤增施石灰，以增强植株抗病能力。

（2）药剂防治　预防药剂可选用：① 10% 科佳悬浮剂 1000 倍液；② 80% 大生 M - 45 可湿性粉剂 600 倍液；③ 12.5% 千菌可湿性粉剂 1500 倍液；④ 20% 天地铜乳油 1000 倍液。

已发病的治疗药剂：① 50% 安克可湿性粉剂 1000 倍液；② 50% 霜停可湿性粉剂 800 ~ 1000 倍液；③ 72% 美而乐可湿性粉剂 800 ~ 1000 倍液。以上药剂交替使用，隔 6 ~ 7 天喷雾 1 次，连用 2 ~ 3 次。

如何防治葡萄炭疽病?

葡萄炭疽病主要危害果实，也危害叶片、新梢、花序等。发病初期，果面出现针头大小的赤色斑点，以后病斑扩大下陷，色较深，并密生轮状的黑色小斑点，天气潮湿时出现橘红色黏状液。病果干缩易脱落，雨天易裂果；病叶呈圆形褐色小病斑，严重时焦枯破碎。该病在7月中旬出梅前后发生，以7月下旬~8月上旬发病最重，由于气温高、田间湿度大，极易引起迅速蔓延。该病宜以预防为主。

（1）农业措施　加强果园管理，冬季彻底清园，科学施肥，及时摘心控梢，合理修剪等综合预防措施。

（2）喷药预防　6月中旬葡萄进入葡萄膨大期时，开始进行喷药，药剂选用：①10%世高水分散剂1000倍液；②30%爱苗乳油3000~5000倍液；③25%火肥可湿性粉剂1000~1500倍液；④16%炭疽清清胶悬剂800~1000倍液。隔5~7天喷雾1次，连喷2~3次。

如何防治葡萄白腐病?

葡萄白腐病主要危害果实，穗轴、果梗、枝叶也会发病。接近成熟的果实最易受害，果穗发病常先从小穗梗或穗轴开始，呈现水渍状病斑，逐渐向果粒蔓延，使果粒变为褐色腐烂；果皮下密生灰白色小粒点，果梗干枯缢缩。严重时全穗腐烂，果粒易脱落。新梢一般在伤口处发病，严重时病部干枯，并与木质部分离。在潮湿的情况下，有特殊的霉烂味。病原菌冬季在土壤中或地上病果、病蔓上越冬，开春后病菌经风、雨水及灌溉水传播感染，5月中下旬开始发病，7月下旬~8月上旬发病严重。

（1）预防措施　①土壤消毒处理：用20%地菌灵粉剂每667平方米2~3千克，于花前喷雾土壤表面以杀死地面病菌。②及时剪除病果、病枝，将病残体深埋或集中烧毁。

（2）药剂防治　①用70%甲基硫菌灵可湿性粉剂800~1000倍液；②50%果菌速净可湿性粉剂800倍液；③50%葡丰安可湿性粉剂800倍液。以上药剂任选1种喷雾，隔7~8天1次，连喷2~3次。

如何防治葡萄穗轴腐烂?

葡萄穗轴发病有两种情况：一是葡萄灰霉病危害。葡萄结果前期若遇梅雨期，空气湿度大，有利灰霉病发生，穗轴被感染后，便会发生霉烂。预防措施可参考灰霉病的防治方法。二是葡萄穗轴褐枯病。药剂防治可用50%扑海因胶悬剂1000~1500倍液（安全间隔期10天）或用70%甲基托布津可湿性粉剂800~1000倍液（安全间隔期5天）喷雾。

如何防治葡萄透翅蛾危害?

葡萄透翅蛾的老熟幼虫于9~10月钻进枝条内越冬，翌年4月化蛹，经羽化、产卵，5月中下旬幼虫开始从叶柄蛀入新梢危害，造成枝条枯死。

药物防治：① 25% 杀虫双水剂 500 倍液；② 50% 杀螟松乳油 1000 倍液；③ 80% 敌敌畏乳油 1000 倍液；④ 90% 敌百虫晶体 1000 倍液。以上药剂任选 1 种喷雾。

第八节　草莓的种植技术

草莓丰香品种有什么特征特性？

草莓丰香是日本引进的品种，属设施促成栽培的专用品种。植株长势强，株型半开张，叶圆大而厚，分枝力中等，早熟丰产。保温促成栽培于 11 月下旬 ~ 12 月上旬可采摘，至翌年 6 月上旬结束，供应期长。果实为短圆锥形，果皮鲜红，富有光泽；果实大，第一花序果重为 32 克左右；果肉淡红，汁液多，香味较浓，味酸甜适口，以甜为主；果实硬度大，耐贮运；植株抗黄萎病、萎凋病。当植株生长过旺，且土壤和空气湿度过大时，果实着色不良，不抗白粉病。

草莓章姬品种有什么特征特性？

草莓章姬是日本引进的品种。表现长势旺盛，植株直立，叶色浓绿，叶呈长圆形，匍匐茎粗。花芽分化对低温要求不太严格属设施栽培品种。果实为长圆形，端正整齐，畸形果少，果色鲜红；单果重 18 ~ 19 克，第一花序果重 32 克左右，最大可达 51 克；果肉软，多汁味甜，含可溶性固形物 14%，果实充分成熟时品质极佳，但耐贮运性差。对白粉病、叶斑病、黄萎病、芽枯病、灰霉病的抗性比丰香强。

草莓保温栽培宜用什么品种？何时定植？

草莓大棚保温促成栽培，能使采收期提早在年内 11 月下旬开始上市。陆续采收至次年 5 月底 ~6 月初，采收期达 7 个月。

适宜促成栽培的品种，宜选用适应性广、浅休眠性、早熟、抗病、优质、耐运输、低温下着色好的品种。以丰香、章姬、明宝等品种较好。定植时期以 9 月中旬为宜，此时花芽已基本分化完成，若过早定植反而会推迟结果。

草莓双层保温栽培何时盖膜？如何控温控湿？

草莓保温促成栽培适宜的保温开始期为 10 月下旬 ~ 11 月下旬，当夜间气温降至 10℃左右时即开始扣棚保温，过早会影响花芽分化，太迟保温，植株易进入休眠，一旦休眠，则很难打破其休眠期，甚至会造成植株矮化，影响前期产量与上市时间。地膜覆盖可在大棚扣棚后进行，地膜覆盖采用满园式，包括畦沟都进行覆盖，这样可降低大棚内空气湿度，减轻病害。第二层膜覆盖时期为 11 月下旬 ~ 12 月初，暖冬年份稍迟几天，二层膜只是在晚间覆盖，白天除掉，以利光照。

草莓保温栽培不同生育期对温度、湿度要求有所不同，应做好调控工作。具体要求如下：

（1）保温初期至发蕾期 大棚内温度白天掌握在30℃，夜间15℃以上，每天上午9时~下午3时要进行通风换气、降湿，棚内相对湿度控制在80%以下。

（2）现蕾开花期至果实肥大期 白天温度掌握在摄氏22~25℃，中午温度超过30℃则要通风换气，避免超过35℃而导致产生畸形果和花而不实，夜间控制在8~10℃，特别要注意保持夜间温度，相对湿度保持在45%~60%。以45%左右为好，利于授粉与抑病。

（3）果实肥大至成熟期 白天温度掌握在20~24℃，夜间6℃左右，相对湿度60%左右。此间夜间若超过8℃，虽然果实成熟早，但果实肥大不良，糖度低，商品性下降。

此外，大棚栽培，棚内空气流动相对减少，为了有利传粉提高结实率，花期可采取放蜂，以利于授粉，防止产生畸形果。意蜂需在14℃以上放蜂，中蜂要求6℃以上。棚内放蜂，先通过少量试放，逐步增多，使蜜蜂有一个适应过程，避免到处碰撞致死。

草莓果实不会变红什么原因?

草莓果实不会转色，不变红，主要原因：

（1）生长过于繁茂，叶片太多，挡住果穗受光面，使果实光照不足。因此要控制氮肥使用，防止生长过旺。

（2）连续阴雨天气，棚内温度偏低、光照不足，也会影响果实着色。解决办法是将果穗拉出，接受阳光照射，同时做好膜内温、湿度调控，顶花序开花以后，棚内温度夜间应保持不低于5℃，白天掌握在23~25℃。连续阴雨天气，注意通风排湿，降低棚内湿度。

（3）农药速克灵使用浓度过高，或次数过多，均会影响果实着色，所以应严格控制使用浓度，尽量少用或不用速克灵。

对其他农药的使用也应严格按照农药安全使用标准（准则）进行用药，严格控制药量和使用浓度，避免造成药害和环境污染。同时要注意用药安全和“安全间隔期”，防止引起人、畜中毒和农产品农药残留量超标。

草莓田用什么除草剂?

草莓田间除草一般应在草莓定植后次日（杂草萌发前）施药；药剂可用33%施田扑乳油，每667平方米150毫升，或50%丁草胺乳油每667平方米100~150毫升，兑水40~50千克喷施。待10月下旬~11月初覆盖地膜前，少量杂草可采取手工拔除，盖膜后便能有效抑制杂草生长。

草莓喷施多效唑过量怎么办?

草莓喷施多效唑过量的补救措施：

（1）施生长激素如叶面宝，或喷施灵、广增素802、天然芸苔素等促使恢复生长。

（2）可用草木灰浸出液或碱性化肥兑水浇根，以加速多效唑降解。

如何防治草莓灰霉病？

草莓灰霉病是低温型病害，一般在12月开始大量发生。主要危害花瓣、花萼，果实、叶片也能发病。灰霉病主要在花期感染，病菌侵染花瓣后，停留在果萼之间，一旦湿度在80%以上，病菌就大量繁殖，使花瓣及萼片产生紫色病斑，然后果实也开始病变。果面发生褐色斑点，逐渐扩大，并出现一层灰霉，使果实软腐减产，严重时使整植株枯死。

防治方法：

（1）做好开沟排水，注意大棚通风排湿。

（2）药物防治　花前用：①50%速克灵可湿性粉剂1000倍液；②50%克菌丹可湿性粉剂800倍液喷雾，7~10天1次，连用2~3次。

初见病斑时可用：①进口50%农利灵可湿性粉剂1000~1500倍液；②30%斯佳乐胶悬剂1000倍液喷1~2次，既有预防也有治疗效果。

花期选用：①进口50%扑海因胶悬剂1000~200倍液；②50%霉特灵可湿性粉剂800~1200倍液；③30%施佳乐胶悬剂1000~1500倍液；④50%翠贝悬浮剂3000倍；⑤48%灰力克可湿性粉剂800~1000倍液。于始花期至终花期喷2~3次，施药时间在8点以前或下午3点以后，避开8点~12点授粉时间施用。

中期可用：①32.5%粉霉清可湿性粉剂1000~1200倍液；②30%灰霉大夫可湿性粉剂1000倍液喷雾。

如何防治草莓炭疽病？

答：草莓炭疽病是由种苗带菌和土壤残留病菌侵入引起。大棚栽培草莓，当棚内湿度大，温度适宜时，便容易诱发炭疽病，发病初期叶片、叶柄上散生暗红色小病斑，以后扩大蔓延，一旦病菌进入茎基部后，草莓苗白天枯萎，傍晚恢复，使茎髓部变红色或暗红色，3~5天后全株枯死。主要发病时期在10月上中旬，在气温28℃以上，相对湿度在80%以上的条件下，则可严重发生。

防治方法：

（1）预防措施　做好园内开沟排水，及时摘除黄叶。

（2）药剂防治　①25%火把可湿性粉剂1000~1500倍液；②50%百克可湿性粉剂1000~1500倍液；③10%世高水分散粒剂1000~1200倍液；④30%爱苗乳油3500倍液；⑤78%科博可湿性粉剂600~800倍液喷雾，5~7天1次，连喷2~3次。

如何防治草莓白粉病？

草莓白粉病病菌为专寄生病菌，其仅在草莓植株上能存活，不会经其他作物或土壤传播。主要于10～11月及翌年3～4月份发生。防治方法应以预防为主，其发病严重与否，同移栽后对白粉病的预防好差有密切关系。

（1）预防措施　在育苗时，选择无病植株，移栽时可采取带药移栽。方法是：将留种植株用药液① 40%福星乳油5000倍液；② 25%田田绿乳油4000倍液；③ 应得悬浮剂2500～3000倍液，浸透后再种。对留在圃内种苗，用药液喷雾，全株喷透，隔10天1次，连喷2～3次，梅雨期过后再喷1～2次。

（2）药剂防治　移栽本田后，必须抓好10月上旬移栽活棵后的药剂预防。药剂可选用：① 40%福星乳油3500～4000倍液；② 25%田田绿乳油4000～5000倍液；③ 30%爱苗乳油3500倍液；④ 43%好力克悬浮液5000～6000倍液喷雾，7～10天一次，连喷2～3次。喷雾时要求叶片正反面都要喷到。

（3）大棚管理　做好大棚的通风排湿，及时摘除老叶、黄叶、病叶。

草莓黄枯病如何防治？

草莓黄枯病，又名细菌性枯萎病。初发病时，茎叶白天萎蔫，傍晚复苏，2～3天后凋萎枯死。病菌是从根部或基部伤口侵入，一般5月上旬～6月中旬为盛发期。草莓连作时，发病易加重，乃至成片发病。

防治办法：宜采用综合防治措施，如实行轮作，加强田间管理，增施磷、钾肥，控制好棚内温、湿度，病株及时拔除并集中烧毁。若通过药剂防治，可用丽果可湿性粉剂600倍液喷雾。

如何防治草莓线虫病？

草莓线虫病是由线虫危害引起，主要症状：心叶呈丛生红叶状，并变为畸形，不会抽花茎，不开花，不结果。在多年栽培区发病严重。

防治方法：用90%晶体敌百虫1000倍液喷雾，隔5～7天1次，连喷2～3次。

草莓斜纹夜蛾如何防治？

草莓斜纹夜蛾对草莓苗危害较重，症状表现：不仅蚕食叶片、叶肉有的甚至吃光叶心，使植株成为无头苗。

药剂防治可选用：① 25%锋芒乳油1000倍液；② 奥绿1号乳油1000倍液；③ 50%速打乳油1500～3000倍液喷雾，药剂交替使用，注意田间检查，根据虫情，若发蛾量大，蛾蜂多，药剂至少连用3～4次。

如何防治草莓红蜘蛛？

草莓红蜘蛛主要在叶背吸食液汁由于其体小，不易发现，严重者使叶片呈锈色，造成大量减产。

药剂防治可用：① 15%达螨灵乳油2000倍液；② 10%果螨红悬浮剂3000～4000倍液；③ 1.8%虫螨杀星3000倍液；④ 15%扫螨净1000倍液；⑤ 1.8%海正灭虫灵乳油3000倍液喷雾。隔7～10天一次，连喷2～3次。

如何防治草莓蚜虫？

草莓蚜虫危害不仅造成植株严重失去营养液，而且还会传染病毒，或因大量分泌物招致霉菌大发生而污染叶片。大棚栽培，棚内的草莓苗发生会更加严重。

药剂防治用：① 25% 铁拳可湿性粉剂 1000 ~ 1500 倍液；② 10% 比其乐可湿性粉剂 1000 ~ 1500 倍液喷雾防治。

第九节　西瓜的种植技术

西瓜有哪些优良品种？

西瓜优良品种有多种类型，有适宜高山种植，大棚种植，露地种植等不同栽培方式和环境条件的品种，以及小型瓜和大型瓜等类型。选择西瓜品种首先要考虑地区性，是在高山还是平原栽培，或在市郊区还是在周边市县栽培。其次是栽培方式，是大棚还是在露地栽培。同时考虑市场需求，是小型瓜还是大型瓜，瓤肉是红色，还是黄色等，根据具体情况选择适合的瓜种进行栽培。大棚栽培的西瓜要在 12 月下旬 ~ 1 月播种，露地西瓜要在 3 月下旬至清明前播种，高山西瓜一般要在 4 月底 ~ 5 月初播种。现将主要品种介绍如下：

（1）拿比特　日本引进，杂交 1 代小型西瓜。早熟品种，坐果后 3 个月左右成熟；适宜采用大（中）棚等保护地高畦栽培，也可秋季栽培。果实呈椭圆形，花纹清晰，果型整齐，果肉鲜红，肉质细嫩、甜脆、爽口，果皮极薄，糖度 12° ~ 13°；易坐瓜、易栽培，单瓜重约 2 千克。以春栽为主，也可秋季种植，但栽培上宜采用大（中）棚等壮苗栽培，宜适量施肥，尤其是要控制氮肥和减少基肥用量；采用人工辅助授粉；当果实长到如鸡蛋大小时疏果，每株留果 2 只。

（2）早红玉　日本引进，极早熟品种，适宜大棚栽培。在低温和弱光照下易坐果，果型椭圆型，花皮，皮极薄，纤维少，糖度高，品质特优，瓤色浓桃红色，单果重 2 千克左右，单株可连续结果 3 ~ 5 只。

（3）红小玉　日本品种，杂交 1 代小型西瓜。适宜日光温室或大棚栽培。果皮薄，底色鲜绿，上着细而鲜明的浓绿条纹。果实为高球型，果重 2.5 千克左右。果肉桃红色，平均糖度 13°以上。栽培上要控制基肥中的氮肥用量，对肥沃土壤则需避免因用肥过量而造成徒长，追肥宜适量多次。

（4）小兰　台湾品种，杂交 1 代小型西瓜。适宜大（中）棚设施栽培。极早熟，丰产，果实圆球型或高球型，皮色淡绿，底色青色着有窄条斑，条纹清晰亮丽，玲珑可爱；瓤色黄色晶亮，肉质细嫩无渣，种子小而少，单果重 1.3 ~ 2.0 千克。若早春栽培，结果能力仍很强。由于容易裂果，一般不宜露地栽培。

（5）特小凤　台湾品种，杂交 1 代小型西瓜，适宜于大（中）棚等设施栽培。极早熟，丰产，果皮极薄，果肉晶黄色，主要特点籽特少，单果重 1.5 ~ 2.0 千克。在高温多雨时期结果稍易裂果，应注意灌排水及尽可能避免果实在雨季发育。

（6）黄小玉　日本品种，杂交1代小型西瓜。极早熟，适宜大棚栽培。长势适中，雌花早熟性好，茎叶细，在少日照情况下，花粉发育良好，易坐果、易栽培。果型高球型，果皮薄且富有弹性，果肉浓黄色，肉质脆沙，少籽，比同类型其他品种籽少30%～40%，食用方便。中心糖度12°～13°；单瓜重2.3千克左右。不易裂果，较耐贮运。成熟天数：早熟栽培4月下旬收获的约40天左右；5月下旬收获的约37～40天。

（7）秀兰　台湾品种，杂交1代，特早熟。单果重1.5～2千克，肉色晶黄，汁多味甜，纤维少，口味佳，中心糖度13°左右。果实圆球型，果型整齐。果皮淡绿色，底有青色细条斑，果皮极薄。坐果率高，果纤维少，口味佳。

（8）黑美人　适宜露地栽培，为早熟小型西瓜，也可秋季栽培。果实长椭圆形，果皮墨绿色有不明显的黑色斑纹，皮薄而坚韧，耐搬运，不易空心，外观美观。果肉深红色，肉质细嫩多汁，中心糖度12°左右，高的可达14°，单果重2.5～3千克，尤其靠皮部与心部同样爽口甜美，且第2次所结的瓜品质仍优，适应性广。通常在高温期栽培更能发挥其优点，果实也大。

（9）京欣1号　杂交1代大型瓜，系北京市蔬菜研究中心与日本西瓜专家森田欣一合作育成的早熟种，适宜露地栽培。长势强，叶型小，耐潮湿，抗枯萎病，也适秋茬栽培。坐果性好，果实发育期30天，全生育期90天。坐果性好，整齐。果实近圆形，单果重4～5千克。皮绿，覆多条墨绿齿带，有腊粉；瓤色桃红，肉脆嫩，不空心，汁多，纤维少，风味佳，含糖量11%～12%。种子黑灰色，千粒重45～47克。若用设施栽培，要求肥水充足，坐果率高，果实生长快。为提早成熟，宜采用小棚扣盖，育苗移栽。轮作困难的市郊宜用抗病砧嫁接，整枝以留3～4个蔓为宜，不压蔓，每667平方米栽800株为度。皮薄不耐贮运，适宜城市郊区栽培。

（10）浙蜜2号　系原浙江农大园艺系育成的常规种，适宜露地栽培。大型瓜，果实圆形，皮墨绿色，瓤红色，中心含糖量10.5%以上，梯度小，风味佳，坐果性好，耐湿抗病，耐贮运，通常产量每667平方米3000～3500千克。

（11）浙蜜3号　系原浙江农大园艺系育成的杂交种，适宜露地栽培，也适合高山种植。大型瓜，果型圆形，皮深绿色，瓤色大红，中心含糖度10.5%以上。汁多味佳，品质上乘，坐果性好，抗病性、耐湿性中等，可长途贮运。通常产量每667平方米3000千克以上。

（12）84－24　又名早佳。系新疆维吾尔自治区农科院园艺所等合作育成的杂交1代早熟品种。植株长势中等，果实发育期约需30天。果实圆球形或略扁花皮，浅绿底色覆有墨绿条纹，外观美。剖面好，瓤色大红，肉质松脆，较细、多汁，风味好，折光含糖量11.1%，高的12%以上。单果重2.5～3千克。皮厚1厘米，较耐运输，但抗性较差。栽培上宜适当密植，每667平方米栽830～930

株。采用双蔓或者三蔓式整枝。坐瓜选留第 2 ~3 朵雌花。坐瓜前严格整枝，坐瓜后停止打杈，任其生长。

此外，还有适宜大棚栽培的小型西瓜麒麟瓜，露地栽培的西农 8 号、浙蜜 1 号等。

大棚西瓜如何播种育苗?

西瓜大棚栽培育苗，春季栽培，如果有电热加温苗床，一般于 1 月上中旬播种为宜。品种宜采用优质小型西瓜，如拿比特、早红玉、红小玉等，苗床土经过消毒。播种后至出苗前苗床温度控制在 28 ~30℃，出苗后白天土温 22 ~25℃，夜间 18 ~20℃，出真叶后土温可提高到 23 ~25℃。从定苗前 7 天开始将土温降至 15℃进行炼苗，与大棚土温相近。无电热加温大棚苗床，于 1 月中下旬对育苗营养土进行消毒。适宜播期为 2 月下旬 ~3 月初。播前大棚苗床浇足底水，种子催芽后播种，播后苗床铺上薄膜，搭小拱棚，夜间加盖防冻草帘，出苗前棚内温度保持白天 30 ~35℃，晚上 18 ~20℃（寒冷天气可用电灯泡加温）。当 1/3 苗出土后，揭去地膜，出苗至定植前温度控制：白天 25 ~30℃，超过 35℃需通风降温，夜间保持 15 ~18℃，如低于 10℃则要增温，苗床宜保持干燥，以利培育矮壮瓜苗。

西瓜嫁接有哪些砧木?

西瓜幼苗嫁接，砧木一般选用瓠瓜、南瓜、冬瓜以及野生西瓜等，以瓠瓜和南瓜较为常用。新育成的“超丰 F1”是由中国农科院郑州果树研究所选育的西瓜砧木新品种，是用优良自交系“GY -1”和“CY -4”杂交育成。品种特点：苗中胚轴不易徒长，短而粗，嫁接成活率高，亲和力好，嫁接幼苗在低温下生长快，坐果早而坐果率高。

秋西瓜何时播种适宜?

秋茬西瓜播种期一般于 7 月初 ~7 月 20 日，最佳播种期 7 月 15 日左右。品种宜选用耐热性强、抗病性好的中、小型西瓜品种。例如，拿比特、黑美人、花仙子、京欣 1 号、早佳（84 -24）等。

西瓜阴雨天坐果率低怎么办?

西瓜花期遇到持续阴雨、低温，则会影响正常授粉，导致授粉率低，结瓜率低。提高坐果率的措施：

（1）使用植物调节剂促进结瓜、坐果　例如用 0. 1% 强力坐果灵可湿性粉剂 100 ~150 倍液（1 包 5 毫升兑水 0. 5 ~0. 75 千克），用微型喷雾器均匀喷瓜胎。

（2）天气转晴后进行人工辅助授粉　方法是：摘下雄花，剥去花瓣，将雄花花蕊在雌花柱头上摩擦，授粉后 2 天，若雌花瓜柄弯曲，说明授粉成功。若直立，则表明未授粉，仍需补喷坐瓜灵。

（3）为了提高坐果率，用保禾丰 4000 倍液加滴滴神水剂 500 倍液喷雾　可单用保禾丰喷1次，或单用滴滴神喷2~3次。

（4）花前尽量少施氮肥，避免叶片徒长

种西瓜能否覆盖黑地膜？

种植西瓜，用黑地膜覆盖具有抑制杂草生长，减少土壤水分蒸发，达到除草、保墒的效果。并能减轻病虫害和增强土壤团粒结构，减少泥土板结，改善土壤质地，具有良好的增产效果。由于覆盖黑地膜需要增加投资，为此目前主要在种植秋西瓜上推广应用。方法是：首先做好施足基肥、土壤消毒、整畦、化学除草，然后将黑地膜平铺覆盖畦面，四周用泥土压紧，防止被风吹起。再进行打孔种植西瓜。田间管理可参照常规栽培技术。

西瓜前茬是毛芋，要注意什么？

前茬是毛芋田，种植西瓜应做到：

（1）选用抗病良种　如早熟的京欣1号、抗病早华蜜、华蜜早红宝等，中熟的浙蜜2号、3号等品种。

（2）实行种子消毒　用40%福尔马林100倍液浸种30分钟，洗净催芽播种。

（3）土壤消毒　芋田地下害虫较多，可用3%米乐尔颗粒剂每667平方米3~5千克拌土撒施，防治线虫、蛴螬等害虫。

（4）药剂防治　移栽时用50%多菌灵可湿性粉剂，每667平方米500克拌细泥穴施，或用绿亨1号乳油3000倍液灌根；生长期用80%绿亨2号可湿性粉剂600倍液喷雾防治。瓜田施肥与田间管理参照常规栽培。

西瓜田可否用丁草胺除草？

西瓜田不能用丁草胺除草。可选用20%敌草胺乳油每667平方米150~200毫升兑水45千克于杂草萌芽前喷洒，或西瓜移栽后喷雾。该药杀草谱广，可防除多种单子叶杂草和一部分阔叶杂草，但对由地下茎发生的多年生单子叶杂草无效。施用时土壤温度高，效果好，对干燥地块应加大喷水量，或浇施。但要注意用药量不宜过大，否则其残效对后作玉米、水稻等禾本科作物易产生药害。对菠菜、莴苣、芹菜也比较敏感，使用时应特别注意。

如何防治西瓜蔓割病？

西瓜蔓割病发病初期茎蔓开裂或肿大，并流出红褐色汁液，也可在叶片上发生，叶缘变黑色，逐渐蔓延到叶柄，呈水渍状后腐烂。往往导致茎基部干枯开裂，有流胶，以后整株枯死。防治上倡导嫁接苗是个好办法。

（1）预防药剂可选用　30%爱苗乳油4000倍液，或10%科佳胶悬剂800倍液喷雾茎蔓及基部预防。

（2）药剂防治　用78%科博可湿性粉剂300倍液，或20%地菌灵可湿性粉剂400倍液，涂抹病处1~2次。

如何防治西瓜枯萎病？

西瓜枯萎病症状表现根及茎基部发病，根先呈褐色，然后往茎基部发展，发病后呈褐色。茎蔓白天枯萎，傍晚恢复，不久后整株枯死。该病较难防治，主要是做好农业预防措施：

（1）实行轮作　避免连作，例如与水稻水旱轮作等，水作后第1年种西瓜就可有效减少该病害的发生。

（2）嫁接栽培　有条件、有经验的专业户或者家庭农场，可以倡导嫁接苗的方法。

（3）药剂防治　发病初期用5%西瓜诺康可湿性粉剂750～1000倍液（小苗浓度低些）或15%好友可湿性粉剂750～1000倍液喷雾。

（4）土壤消毒　用80%腐根灵500倍液浇根，栽前1次，栽后2～3次。

西瓜炭疽病用什么农药防治？

西瓜炭疽病对苗、成株、果实均可产生危害。幼苗受害表现在近地表的茎基部变为黑色，病部缢缩，致使幼苗猝倒死亡；蔓和叶柄发病，初期上面出现黑色圆形或纺锤形病斑，稍凹陷，而后上部的叶和蔓就会枯死；叶片发病出现紫黑色或红褐色近圆形病斑，外围有紫黑色晕圈，有的会出现同心轮纹，严重时病斑汇合成大斑块，叶片干枯死亡；幼果受害后发育不正常，多呈畸形或全果变黑皱缩腐烂。果实发病，病斑圆形呈水渍状，褐色至黑褐色，病果畸形或凹陷、腐烂。当气温25～30℃、空气潮湿，排水不良时发病严重。

防治措施：

（1）农业防治　①实行水旱轮作或与非瓜类作物轮作3年以上，以减少病菌侵染源。②种子处理：将种子用10%的401抗菌剂500倍液浸种30分钟，捞出待用，能杀死附在种子上的炭疽病等多种病菌，以减少初侵染源。③土壤消毒：结合浇定根水，用70%敌克松可湿性粉剂1000倍液灌根，进行土壤消毒。④对偏酸性土壤用生石灰每667平方米100千克进行灌水溶田20～30天，可消除越冬菌源和调节土壤酸碱度。

（2）药剂防治　在发病初期可用：①25%菌威1500倍液；②75%达科宁600倍液；③25%使百克可湿性粉剂1500倍液；④10%世高水分散剂1500～2000倍液；⑤43%好力克悬浮剂5000倍液。以上药剂任选1种喷雾，交替使用，5～6天1次，连喷2～3次。

西瓜病毒病如何防治？

西瓜病毒病是由种子带毒或且昆虫特别是蚜虫为传毒媒介而引起。在秋季西瓜上发病较多。其症状表现：新生叶片变为狭长，皱缩扭曲，生长缓慢；植株矮化，不易伸长，有的植株顶部簇生不长；花器发育不良，不能坐果，即使结瓜，瓜也很小。发病较晚的病株，果实形成畸形瓜或不结瓜，有的瓜面凹凸不平，果小，瓜瓤暗褐色，对产量和质量影响很大。

防治方法主要是坚持预防为主，采取综合措施，以消除病毒感染源。

（1）农业防治　① 种子消毒：播种前用55～60℃热水烫种20分钟，或用10%磷酸三钠溶液浸种20分钟，然后催芽播种。② 在苗期彻底防治蚜虫等传毒害虫。当西瓜出苗后立即用5%高效氯氰菊酯2000倍液，或1.8%海正灭虫灵乳油2000倍液，或5.7%天王百树乳油2500倍液防治，隔7天喷1次，连喷2～3次。③ 铲除瓜田及周围杂草，及时拔除病株。在进行整枝、授粉等田间操作过程，尽量避免对植株的损伤。在病株上操作过的用具及手要用80%浓度酒精消毒后再在健株上工作。④ 对已发病植株区别对待。若在结瓜前感病的，必须拔除，在结瓜后上部叶片或蔓顶感病的，可在结瓜部位上部留2～3叶片后剪除烧毁。

（2）药剂防治　发病初期选用：① 20%病毒A可湿性粉剂500倍液；② 1.5%植病灵乳油1000倍液；③ 5%菌毒清水剂300倍液；④ 20%病毒克星（进口，有治疗效果）300～500倍液。上述药剂可任选1种，交替使用，每隔7天喷1次，连喷2～3次。

如何防治西瓜斜纹夜蛾？

斜纹夜蛾是蔬菜、瓜果主要害虫之一。高温干旱季节（7～8月）有利于该虫发生蔓延。斜纹夜蛾以危害瓜菜下部叶片为主，幼虫群集叶背啃食表皮和叶肉，幼虫常变换体色，通常为黑褐色，2龄以后开始分散取食，夏天以西瓜、冬瓜表皮、番茄果实为主要食料。

防治方法：

（1）勤检查，掌握防治适期　由于发生期处在夏季高温季节，世代重叠严重，给防治上带来很大难度。为了掌握在初孵1～2龄幼虫分散危害之前及时用药防治，所以特别要经常进行田间检查、观察，掌握幼虫防治适期。

（2）药剂防治　① 奥绿1号悬浮剂800～1000倍液；② 25%锋芒乳油1000倍液；③ 5.7%天王百树乳油1000～1500倍液；④ 4.5%欧迈克乳油1500～2000倍液喷雾，隔7～10天1次，连喷2～3次。

如何防治西瓜根结线虫病？

西瓜等瓜类根结线虫病，是由根结线虫寄生于植株基部引起，使根部产生许多大小不一的根瘤，即瘤状虫瘿。根瘤初为白色，如米粒、豆粒大小，以后增粗，集结成大的瘤状物，受害植株生长衰弱，根系由于逐渐失去吸收、运输水分和养分的能力，导致植株地上部生长缓慢，叶片变黄、变小，结瓜少而小，后期根部腐烂，使产量降低，品质变差，严重的则整株枯死。

防治措施：主要是农业防治，诸如种子采用温汤浸种；采取轮作，增施有机肥；加强田间管理，以增强植株抗病能力；播种或移栽前要深翻土壤，并用3%米乐尔颗粒剂，每667平方米用量3～4千克消毒土壤。如果该种植地往年有发生作物根部发病情况，则要用50%辛硫磷乳油1500倍液灌根、淋蔸。发现发病植株整株连根拔除并集中烧毁。

第十节　板栗、香榧的种植技术

板栗适宜什么时候播种?

板栗正常播种期以开春后3月下旬为宜。秋季采收的种子可随即秋播，于立冬至小雪即11月播种。板栗收后，若错过播种适期，可将种子进行砂藏。砂的用量为种子量的3～4倍，砂的含水量3%～4%（以能捏成团，摊开能散为度）。砂与种子分层堆放或混合堆放，堆的高度不超过50厘米，堆上可覆盖塑料薄膜。以后每隔15天检查1次，并注意调节干湿度，以保持种子不干枯，不霉烂，待翌年开春后再进行播种。板栗若采用实生苗繁殖，则结果晚，产量低。现在多采用嫁接繁殖，砧木利用本砧。

板栗秋冬如何管理?

（1）施采后肥　一般在采收结束后3～5天，叶面喷施0.3%尿素溶液。在10月上中旬施基肥，每株施腐熟有机肥100～150千克，配施适量磷肥、硼肥、锌肥等，采取环状或放射状沟施，有灌水条件的全园撒施基肥后深翻10～15厘米，施后随即灌水。

（2）清园　将园地上散落的枯枝、虫害果粟、刺苞壳、病虫苞等及时清理带出园外集中烧毁；清除园内杂草或翻耕进行间作，以减少越冬虫源。

（3）冬季修剪　剪除树冠内部病虫枝、细弱枝、交叉枝、重叠枝及主干、主枝上无用徒长枝，回缩更新衰弱结果枝。

（4）防治粟干枯病　刮除粟干枯病病斑至活组织皮层，涂5%菌毒清水剂50～100倍液等杀菌剂，并及时清除重病树和重病树枝集中烧毁。

板栗树高位处蚜虫如何防治?

（1）树顶喷药　选用低毒农药10%吡虫灵乳油或3%喷定（定虫咪）可湿性粉剂1500倍液用机动喷雾器或长喷杆背包喷雾器进行喷雾。将喷头定向在树顶喷洒一定时间，以确保树顶有足够的药量。

（2）塞药棉球　用内吸传导性强的药剂如40%乐果乳油浸棉球。药液浓度一般兑水3～5倍，大树也可用原液药浸棉球。然后在树干基部打小洞孔，每株树打洞孔2～3个，深度以达到木质部为宜，再将浸药棉球塞入洞孔内，塞棉球后洞口扎上塑料布或涂上湿泥，以防其他动物接触而产生毒害事件。

香榧适宜何种环境种植?

香榧又称榧子、玉榧、玉山果等，属红豆杉科，榧属果树。香榧原产于我国东南部，是我国珍贵干果，香榧油是优良的木本油料，有降血脂、预防血管硬化等功能，在食品和日用工业上用途广泛。香榧喜凉爽、多雾、空气湿润的环境，幼树喜阴，但结果期需有较强光照。对土壤适应性强，更适宜于土层深厚的砂质壤土或石灰性土壤，以及临风向阳或地势较高的地区种植。丘陵平原地区，生长虽好，但产量不高。浙江省主要分布在会稽、天目、四明山山脉，其中以诸暨枫桥为中心产区。浙中地区以东阳市的虎鹿、白溪、八达，磐安县的山环、窈川、双溪等乡镇有较多种植。

香榧如何播种育苗？

香榧种子育苗一般以春播为宜。9 月份成熟果实采回，在阴凉处堆放 7～10 天左右，剥取种子在避风向阳的平地、坡地或通风的室内用湿砂层积后熟，其间返藏 2～3 次。其种子发芽时间约有 1～2 个月之差。贮藏的种子，一般于 11 月下旬开始发芽，到 3 月发芽率可达 90%。当胚根长到 0.5～1 厘米时，分批拣出播种。未发芽的可洗净晒干作食用。苗圃选择土层深厚、向阳避风、排水、保水性能良好的轻砂性黄泥土。施足腐熟有机肥，深翻整平做成苗床，采取条播行距 40 厘米，株距 5～10 厘米，播种时种子横放，胚根向下，播种量每 667 平方米播 50～80 千克，播后盖细泥 2 厘米厚，再覆盖稻草保湿。4 月下旬～5 月上旬陆续出苗。香榧苗期不耐高温，应搭阴棚遮阴，并及时除草、施肥，当年苗高可达 15～20 厘米，经留养 2～3 年后，即可定植或作砧木。

香榧为何落果严重？如何提高坐果率？

1．香榧落花落果原因

香榧从开花到果实成熟要经过 17 个月的风风雨雨和自然灾害，造成落花落果严重的主要原因是：

（1）受精不良　香榧树是古老物种，90% 左右是雌雄异株，开花后需雄树花粉授粉后，在雌花柱头上花粉萌发成花粉管，并进入子房形成了接合体（胚芽），方称为受精，然后再经过性细胞的多次分裂增生及染色体细胞的减数分裂，再逐渐发育成果实与种子。然而榧树林雄树比例只占 1%～2%，且分布不均，雌树花很难得到授粉机会或受精不良。再者榧树开花期在 4～6 月，多阴雨天气，也影响雌花正常受精。

（2）生理落果严重　香榧雌树有的虽然结果很多，但因树体营养不良，其生理负担能力，不能满足开花结果和果实发育对营养的需求而导致落果；有的榧树林通风不良，湿度过大，致使树体短期内水分生理失调，导致大量落果。香榧一般要经两次落果，第 1 次在授粉后 10 天左右，幼果便开始发黄不久即脱落，5 月中旬～6 月上旬是落果高峰，落果量占总落果量的 25% 左右；第 2 次落果是翌年 5～6 月，落果量为上年存果量的 70%～80%。其实每年 5～6 月既要落掉当年的 25% 幼果，又要落去上年留存的 70%～80% 的大果。

2．提高香榧坐果率的措施

（1）加强对榧树的管理抚育　每年施肥 2～3 次，以有机肥为主，少施化肥，配施磷、钾肥。结合基肥深施，清除杂草，深翻土壤；在 5 月上中旬，施以磷、钾肥为主的保果肥，在香榧采收后的 9 月中下旬，施以适量的速效肥，加快树势恢复，为翌年的开花结果打下基础。

（2）种植、嫁接授粉树（枝） 通过种植一部分雄榧树，增加授粉树的数量，或在雌香榧树的顶枝上嫁接 2～3 个雄花枝，以满足自身授粉的需要。逐步达到能满足自然授粉所需的雄树数量。

（3）人工辅助授粉 在雌树开花后 5～7 天内，采集雄花枝或花蕾，将其放在室内通风干燥处的旧报纸上，花粉经 1～3 天会自动撒出，阴雨天会迟些。每千克花蕾可获得 0.4 千克花粉，在常温下花粉生活力可保持 15 天左右。雌花花期 8～12 天，在此期内均有受精能力，但以始花 2～3 天内效果最好。

授粉方法：

① 撒粉法：将花粉放入自制的毛竹筒授粉器内，筒的四周打有直径 1 厘米的小孔，筒顶为 5 厘米左右的圆孔，先将花粉放入，也可加入花粉量 3～5 倍的松花粉，作为填充剂，充分拌和。筒外再包一层纱布，将其绑扎在一根长竹竿上，手持竹竿在树间舞动或绑扎在上风处的树枝上，使花粉随风飘散，达到传粉效果，隔 2～3 天后重复 1 次效果更好。

② 喷粉法：将花粉放入高压喷粉器中，喷粉的受精效果非常明显，并可提高工效，但花粉用量大。

③ 喷雾法：将 25 毫升的花粉加少量水调成糊状，再加清水 5 千克稀释成花粉液，装入喷雾器内喷雾，以喷湿花枝，受精效果相当好。

④ 浸水法：将上述花粉液装入大杯中，用手将雌花枝弯入杯内，以浸没柱头为度，使柱头沾上花粉，受精效果也很好。

（4）喷施爱多收 爱多收在香榧上使用，能显著提高授精结实，防止落花落果，达到增产效果，对长期落花落果严重而颗粒无收的榧树，使用效果尤其显著。方法是：用 18% 爱多收水剂 5000 倍液（即 1 小包爱多收 10 毫克加水 50 千克）。第 1 次于开花前 4 月上旬，第 2 次在 5 月上旬。采用全树喷雾，以喷湿枝叶为以度。

第十一节 其他水果种植技术及相关问题

黑树莓有何特性？

黑树莓属蔷薇科落叶小灌木水果，原产于北美。果大，单果重 8～10 克，皮薄，甜度高，酸度小，多汁。但其口感、甜度、风味都不如草莓，此外还有一种异常怪味。成熟后容易破损，贮存期仅 2～3 天。因此引种应慎重。一般我国南方均可种植黑树莓，春栽 3～4 月，秋栽 10～11 月，栽培时需搭架引枝。

玉梅花期至幼果期如何管理？

玉梅是推广中的果梅品种。3 月上中旬～3 月下旬是盛花期至幼果期开始展叶。

管理要点：

（1）花期进行人工辅助授粉或放蜂授粉和根外追肥喷施0.2%硼砂加0.3%磷酸二氢钾溶液，连喷2次。

（2）对树势弱或花芽较多的树可施壮果肥，以氮肥为主配施钾肥，或在4月下旬~5月初，进行根外追肥，喷0.3%磷酸二氢钾和0.3%尿素，隔7~10天1次，连喷2~3次。

（3）展叶后即有蚜虫危害嫩梢和幼叶，严重时会引起幼果脱落，应及时防治。药剂可用：10%施可净可湿性粉剂1000倍液，或25%铁拳可湿性粉剂2000~3000倍液，或25%优乐得可湿性粉剂1000~2000倍液防治1~2次。

石榴果小什么原因？能否进行嫁接？

石榴果实膨大期于7~8月，恰遇高温季节，当温度过高时，便引起果形变小，风味变淡。因此，从四川、云南引进的大果型石榴在浙中地区种植，不是很适应，引种时应持谨慎态度，适度发展。

石榴可以进行嫁接，一般于3月份在石榴萌芽前进行，可采用劈接法进行嫁接。

石榴炭疽病用什么农药防治？

石榴炭疽病会引起烂心，内部颗粒发黑，不能食用，花蒂处着生黑色或褐色斑点。药剂防治可选择：①80%炭疽福美可湿性粉剂600~800倍液；②10%世高水分散剂1000~2000倍液；③25%火把可湿性粉剂1000~1500倍液；④30%爱苗乳油3000~5000倍液。在开花期喷雾3~4次，每隔7~10天1次。

甜樱桃适宜什么气候条件种植？

甜樱桃又称欧洲甜樱桃、大樱桃、洋樱桃等，属西洋樱桃类，原产于欧洲东南部，亚洲西部和美洲。适宜于年平均气温10~12℃的地区栽培。一般萌芽期适宜温度为10℃，开花期15℃，果熟期20℃左右。我国山东省烟台和新疆塔城，种植历史较早，数量较多。浙中地区由于气温较高，湿度大，一般不适宜甜樱桃的露地栽培，有关科研单位曾经引进甜樱桃优良品种试种，但由于产量低，均没有进行推广种植。

无花果和果桑应何时移栽？

无花果、果桑可在秋季果树落叶后，直至翌年开春抽叶前均可进行移栽。南方地区，适宜秋植或12月冬季移栽较好，使之在开春前成活，发出新根，有利于春后地上部的生长发育。

果桑有什么优良品种？

目前推广的果桑优良品种主要是果桑大10。其主要特点是果叶两用，生长势强，产叶量高，叶大而略薄，叶质好。果桑大10桑葚成熟期早、产量高，平均单果重3克左右，最大单果重可达6.5克，单芽坐果数4~7粒；果粒大，汁多无籽，鲜果酸甜可口，风味好；盛熟期在5月上旬，采果期20~30天；一般成林桑园（3年生）每667平方米鲜桑葚产量1500~2000千克。但桑葚容易感染“桑白果”（桑菌核病）。

何时进行果桑大棚盖膜？

果桑大棚覆盖栽培能促进早结果，早上市，提高经济效益。盖膜时间一般于春节前后（2月初~2月上旬）为宜。若过早覆盖，发芽太早易受冻害，反而影响提早结果。

果桑如何防治病虫害？

果桑主要病害有：桑白果，即是桑菌核病。主要症状是在桑果表面长出白霜。防治桑白果重点在于做好预防工作：

（1）冬季清园　剪去病梢或病枝，以减少越冬病源。

（2）冬耕土壤消毒　冬耕深翻土壤以冻死病菌。用1~3波美度石硫合剂，或80%“402”乳油700倍液喷洒。

（3）药剂预防　于早春初蕾期至开花盛期，喷药预防：用70%甲基托布津可湿性粉剂1000倍液，或50%多菌灵可湿性粉剂600~1000倍液，喷施桑花和枝条，喷时要均匀周到，不要漏喷，隔5天喷1次，连喷3~4次，交替使用药剂。

果桑的虫害有：桑尺蠖、桑毛虫、桑象鼻虫等。于春季3月用90%敌百虫晶体1500~2000倍液（残效期20天），或80%敌敌畏乳油2000倍液（残效期5天）喷雾，防治桑尺蠖、桑毛虫等。5月下旬桑树夏伐后，桑拳治虫，可用50%杀螟松1000倍液（残效期15天）喷杀桑象鼻虫、桑尺蠖等食芽害虫。

火龙果适宜什么气候条件种植？

火龙果是热带果树品种，主要适宜在云南、广东等南方气温较高的地区种植。浙中及其以北地区不适合栽培，个别地方引种并通过大棚栽培，虽然也能结果，有一定的经济效益，但由于气候条件，特别是热量条件不足，品质不如原产地。因此在浙江等亚热带季风区种植火龙果，特别要慎重。

猕猴桃有什么药用价值？

猕猴桃是一种营养价值极高的水果，特别是维生素C含量高，被誉为“水果之王”。它含有亮氨酸、苯丙氨酸、异亮氨酸、酪氨酸、丙氨酸等10多种氨基酸，丰富的矿物质，如丰富的钙、磷、铁，以及多种维生素。猕猴桃对人体健康，防病治病具有重要的作用。多食用猕猴桃可以预防老年骨质疏松，抑制低密度胆固醇的沉积，从而防治动脉硬化，还可改善心肌功能，防治心脏病等，也能对抗癌起到一定的辅助治疗作用。多食用猕猴桃，还能阻止体内产生过多的过氧化物，防止老年斑的形成，延缓人体衰老。冬天常吃猕猴桃可以调节人体机能，增强抵抗力，补充人体需要的营养。猕猴根根皮有清热解毒、活血消肿、祛风利湿。可用于辅助治疗风湿性关节炎、跌打损伤、丝虫病、肝炎、痢疾、淋巴结结核、痈疖肿毒、癌症等。

果树受冰雹伤害如何采取补救措施？

南方地区4～5月，时有冰雹大风天气出现，常会对农业生产造成严重危害。在做好灾前防范工作的基础上，对受伤害果树可采取以下措施：

（1）叶面喷施杀菌剂保护　①40%杜邦福星乳油8000倍液，防黑痘病、灰霉病、梨黑斑病；②80%新万生600倍液或25%使百力1000倍液，防桃炭疽病、缩叶病；③80%大生可湿性粉剂600倍液，防炭疽病、霜霉病、黑星病。

（2）叶面喷肥，改善营养，促进恢复生机　①喷施0.2%磷酸二氢钾；②喷施0.2%～0.3%尿素水溶液等。

（3）修剪疏枝　剪去损害严重的枝条和疏去伤、病果，使营养集中，促进树体和果实健康生长。

如何防治果树缺锌症？

果树缺乏微量元素不仅使生长受到影响，导致减产，同时使果实品质变劣，商品性下降。缺锌是果树缺素症中比较常见的营养障碍，如柑橘、苹果、桃等均有发生，以柑橘较常见。柑橘缺锌症状一般先发生在新梢的中上部叶片，叶缘和叶脉保持绿色，脉与脉之间的叶肉黄化形成肋骨状黄斑叶。缺锌严重时，新出叶变小，前端变尖，有时叶间距缩短，着叶变密，果实变小。桃树缺锌主要表现在果实膨大期，新嫩叶片变狭小，逐渐形成黄斑，叶间距离变短，并从下部开始落叶。

防治措施：

（1）喷施锌肥　用硫酸锌水溶液根外追肥，柑橘的浓度为0.5%～0.6%，桃树浓度可提高为1%～3%。其他果树一般浓度为0.2%～0.3%。叶面喷雾，但单独施用易发生药害，宜与0.2%～0.3%的等量生石灰水混合使用或者治虫时与石硫合剂混用。在新芽萌发前喷施较为安全。

（2）用酸性肥料　如硫酸铵、氯化钾、氯化氨等生理酸性肥料及增施有机肥。

（3）控制磷肥用量　土壤若有效磷过多，会导致磷锌生理拮抗，使植株体内锌的运转受阻。因此，施磷肥宜将水溶性磷肥与枸溶性磷肥混合施用效果较好。

如何防治果树缺硼症？

多数果树对硼较敏感，缺硼也是常见的果树缺素症之一。其症状表现：

（1）柑橘　柑橘缺硼表现为黄叶枯梢、枝梢上端叶片由上而下依次黄化。由叶片前端渐向后延展，呈偏橙黄色。病叶叶脉变粗而表皮常开裂，黄叶逐步脱落后，形成秃枝或枯梢。开花不减少，但不坐果或果实形成不同程度的缩果。

（2）葡萄　葡萄对硼相当敏感，容易发生缺硼症。发病初期，花序附近的叶片出现不规则淡黄色斑点，逐渐扩展，重者脱落。新梢细瘦、节间缩短，以后先端枯死。病株开花后呈红褐色的花冠常不脱落，特别突出的是雌花柱头发育异常，导致受精困难，不坐果或少坐果，果实无核小粒果增加。气候长期干旱，缺乏土壤有机质，也会加重缺硼症状。

（3）杨梅　杨梅缺硼表现新梢伸长受阻，顶芽萎缩或枯死，叶片发黄、变小，老叶叶色加深发暗、变硬，常带紫色；严重病株，最后落叶枯梢，通常不结果实。

防治方法：

（1）施用硼肥　基施硼肥，一般小树每株施20~30克，大树100~200克硼砂。根外追肥，在春梢萌发后，将硼砂配成0.2%~0.3%水溶液喷施树冠（硼砂用量一般每667平方米100~200克），连喷2~3次。即使在临近开花期喷施仍然有效。

（2）肥培土壤　增施有机肥，提高果园有机质含量，是改善土壤供硼能力的有效措施。

（3）间作绿肥作物　尤其是豆科作物具有吸硼能力强的特点，有助于增加表层土壤的硼素，同时有植被覆盖可减少有效硼的流失。

如何防治果树缺铁症？

缺铁症是果树中常见的一种营养生理障碍症，多种果树如柑橘、桃、李、梨等都会发生不同程度的缺铁症，其中尤以柑橘为最。果树缺铁症状主要表现在：新梢叶片失绿，病树随着新梢抽生开始出现症状，新叶展开后症状逐渐明显。在同一病枝或病梢上的叶片，症状由下而上加重，即叶龄越幼病症越重，严重的顶芽叶簇几近漂白。发病叶片的叶脉颜色相对深于叶肉，界限常较清晰，形成明显的网目状花纹，一般没有污斑穿孔。病梢以夏梢为多，秋梢次之，春梢少见。

防治措施：施用铁肥（即二价的硫酸亚铁）一般效果很差。因为：如果硫酸亚铁施入土壤后，常会很快被氧化而失效。为此可采取施用硫磺，当硫磺施入土壤后，经细菌作用氧化，形成硫酸，使土壤酸性增强，而增进土壤中铁的有效性。用量一般每棵树用硫磺2千克，若渗拌有机肥50千克，效果更好。或采取加客土，用富含铁的红壤或黄壤做客土添加入果园。

氯化钾与硫酸钾的作用有什么区别？

氯化钾与硫酸钾都是化学中性、生理酸性化肥。其区别是氯化钾吸湿性较强，可作基肥、追肥使用，但不能做种肥，因为氯化钾中有游离酸，对种子发芽有影响；氯化钾在中性或酸性土壤做基肥时，宜与有机肥、磷矿粉或钙镁磷肥配合施用，能防止土壤酸化，并能提高磷的有效性。由于它含有氯离子，对忌氯作物如：马铃薯、甘薯、甜菜、甘蔗、烟草、葡萄等的品质和产量有不良影响，以不用为好。

硫酸钾可以作基肥、追肥，也可作种肥和根外追肥使用。适用于各种作物，更适用于十字花科等需硫的作物和上述忌氯作物施用。但在旱地施用易引起土壤板结，宜与碱性肥料或有机肥配合施用较好。

如何合理施用磷肥？

生产上通常使用的磷肥有：过磷酸钙、钙镁磷肥、磷矿粉、骨粉等。过磷酸钙含有0.4%左右的游离酸，属酸性化肥，如果与碳铵混合堆积1天后，进行沟施或穴施再盖上泥土，以防止氮素挥发损失，这样有利提高肥效。钙镁磷肥、磷矿粉、骨粉等都不是可溶性磷肥，其含有能溶于水的有效磷成分较低，适宜与厩肥、栏肥、泥炭土等进行堆沤15～30天后再施用，堆沤过程中经过有机肥产生的腐殖酸的作用，能增加肥料中水溶性有效磷的成分，同时与有机肥混合施用可减少磷酸（PO_4^{3+}）被土壤固定，从而能提高肥效。

如何安全施用复合肥？

目前个别复合（复混）肥品种，含有少量游离酸等腐蚀性物质成分，为了安全起见，在施入复合肥后，覆盖一层泥土或在种苗边开沟施入适量肥料。一般每667平方米用量25～30千克，量多者可分次施用，并避免肥料与种芽、种苗直接接触。

如何制作石硫合剂？怎样才能保持药效？

为了确保熬制石硫合剂的效果，首先选料质量要好，选用纯度高的硫磺，粉要细。石灰要用白色、质轻、成块的新鲜生石灰，已经分化或含有杂质的消石灰不能用。具体的熬制方法如下：原料重量配比为生石灰1份，硫磺2份，水10～15份。在锅内放入足够的水加热，同时留少量水将硫黄调成糊状，待达到温水时倒入锅中充分搅散。水开后，顺锅边放入石灰块，在锅边标定水位记号，并继续大火熬煮。熬制过程要不断搅拌，随时用开水补充被蒸发的水分，熬煮30～50分钟，药液由淡黄色变成暗红色或深褐色时即可熄火（在熄火前15分钟，停止补充加水，一般熬煮过程约蒸发水分15%左右）。待药液冷却后用粗纱布过滤，即成澄清的红棕色或酱油色、琥珀色原液。

熬制的石硫合剂一般应现熬现用。若暂时贮存，应采用缸、坛等，不能用金属器具；封口要密闭，或原液表面加一层机油或废柴油，使药液与空气隔绝。再者如果熬煮过头，使其中主要有效成分多硫化钙转化成无杀菌、杀虫效果的一硫化钙和二硫化钙，原液呈灰绿色，则质量就变差，虽然其相对密度（波美度）没有减少，甚至增加，但杀菌、杀虫效果已经变差。

如何土法配制防冻液？

冬春季节，冷空气活动频繁，气温变化大，农作物常会因冷空气袭击，气温骤降而受冻，使植株部分组织受到损害，导致减产或绝收。利用土法配制植物防冻剂进行农作物防冻，具有成本低廉，原料易得，使用方法简单，防冻效果好，持续期长等特点。方法如下：

（1）配方与配制方法 甘油3克，葡萄糖43克，蔗糖45克，琼脂8克，清水5～10千克和其他营养成分如磷酸二氢钾、喷施宝、芸苔素等叶面营养素1～2

克。营养剂主要对作物生长起辅助作用，根据需要添加，也可不用。配制方法：根据实际液剂用量，按上述比例先将琼脂用少量温水浸泡2小时，加热溶解后再将其他成分依次加入，混合均匀后即可使用。

（2）使用方法 于降温或可能降温之前，将防冻液喷施于需要防冻作物的叶面及花、芽、枝条等部位，普遍喷到、喷湿。防冻液喷于作物表面后，固化成一层薄膜，抑制作物自身热量的散失，以及农作物由于新陈代谢而产生的热量的散失，起到防寒保温作用，并达到提供植物营养增强抵抗力的效果。据多点多年试验，防冻效果可持续5～9天。如配合其他防冻措施，效果更佳。

此防冻液适宜于果树、花卉、蔬菜、油菜、小麦等作物的防冻，也适用于早春育秧、育苗的防冻，应用范围广泛，且对环境不造成污染。

多效唑能否与其他农药混用？

农药合理混用原则是：一般应有增效作用、兼治作用，而又不增加对人、畜的毒性和对作物的药害。多效唑可以同多数酸性或中性农药混合使用，但不宜多种农药同时混用，以避免发生化学反应，增加农药毒性，对作物造成药害或加速病、虫抗性的产生以及分解失效。对新型农药进行混用应先做少面积试验，取得经验后方可大面积应用。

可杀得能否与杀螨剂混用？

可杀得属强碱性农药，杀螨剂属酸性或偏酸性农药，如果两者合在一起便会产生“中和”反应而失去药效，故两者不能混用。

农药科博可否与其他杀菌剂混用？

科博是含有无机铜成分的杀菌剂，一般不宜与其他杀菌剂混配施用，以免引起失效或产生药害。

此外，杀菌剂就其性质来说有酸性和碱性之分，就其作用来说可分为保护性杀菌剂和治疗性杀菌剂两类。在使用时，必须掌握农药的性质，才能达到预想的使用效果。多数杀菌剂是属酸性的，而不能与碱性农药混配使用。保护性杀菌剂常见的有：科博、大生、代森锰锌、喷克、安泰克、百菌清等，其可以连续使用，不会产生抗性，而应在发病前或发病初期使用。治疗性杀菌剂常见的有：托布津、世高、福星、速克灵、甲霜灵等，其对同一种作物1年（或1个生育期）只能使用2～3次，否则很容易产生抗药性。一般雨前宜喷保护性杀菌剂，雨后喷治疗性杀菌剂。

旱地防治地下害虫，可以用呋喃丹吗？

呋喃丹农药是一种致癌物质，因此不论在什么作物上都已被禁用。防治地下害虫，可以用3%米乐尔颗粒剂每667平方米3～5千克或辛硫磷乳油每667平方米100～200毫升，拌细泥土撒施。

第二章　经济作物种植技术

第一节　茶、蚕桑的种植技术

何时进行茶园修剪？

（1）春剪　2月底~3月初进行，一般修剪3~4次。定型修剪高度，第1次离地面12~15厘米，第2次离地面30~40厘米，第3、4次，每次可提高10~15厘米。生产茶园春季轻修剪，用篱剪剪去2~3厘米；对树冠上多结节、发芽力差的进行深修剪，剪去10~15厘米剪尽结节枝。

（2）夏季修剪　在5月中下旬，如果春茶前没有修剪的可进行轻剪，树势衰老的，进行重剪，改造树冠，恢复树势。

（3）秋季修剪　于9月底~11月初进行。对春、夏季没有进行轻剪的茶园，可在9月中下旬进行轻修剪，方法与春剪同。

（4）冬季清园　11月结合清园清树，剪除病枯枝和细弱枝。

如何防治茶叶卷叶蛾？

茶叶卷叶蛾有两种：一是茶小卷叶蛾，又称茶小黄卷叶蛾。二是茶叶蛾，又称茶黄卷叶蛾。这两种卷叶蛾，全年以春茶和夏茶危害最为严重，3龄前幼虫危害芽及第一片叶，将芽或嫩叶缀合成苞，吃完再转株危害。防治方法：

（1）摘除虫苞　茶叶采季需及时采茶，发现虫卵或虫苞叶及时摘掉集中销毁。

（2）药剂防治　加强田间检查，掌握在幼虫3龄前，选用：①2.5%敌杀死（溴氰菊酯）乳油3000倍液（安全间隔期2天）；②2.5%功夫乳油（三氟氯氰菊酯）5000~6000倍液（安全间隔期7天）；③35%茶虫速绝乳油1500倍液（安全间隔期7天）等喷雾，喷药时将虫苞充分喷湿。

（3）早春剪去虫苞　其越冬幼虫在茶叶树冠上层10厘米处的虫苞中越冬，对虫害严重的茶园，在每年早春剪去越冬虫苞。

茶树丛基部着生青苔怎么防治？

茶树丛基部着生青苔主要是由于土壤过于潮湿，茶树基部湿度大而引起。解决办法是做好清沟排水，加深茶园四周围沟，降低地下水位，以及切断外来水源。及时进行中耕。

如何贮藏苦丁茶种子？

苦丁茶种子的后熟期较长，一般需要1年~1年半。因此必须进行砂藏。方法是：将采集的种子摊在通风的房间内阴干，不必剥去种皮，约晾至失去40%

的水分后，再进行砂藏，用干燥的细砂1层，种子1层，相互间隔堆放于室内。

桑树移栽后怎样施肥？

桑树栽种前应施足基肥，移栽后待抽出芽长20厘米左右，用稀薄粪肥开始施肥，每隔20天左右施1次，根据生长势逐步增加浓度，到6~7月，施用少量尿素。以后可按照桑园正常施肥管理。

（1）春肥　于3月，施速效肥，每667平方米用尿素25千克、人粪肥1000千克左右，以及氯化钾10千克，于桑树间开穴施入。

（2）夏肥　施2次，第1次于6月上旬施用，每667平方米用尿素25千克、人畜粪1500千克、过磷酸钙20千克。第2次，于7月中下旬施用，此时是桑树1年之中最需肥时期，每667平方米施用尿素25千克、厩肥1500千克、过磷酸钙20千克。

（3）秋肥　8月下旬左右施用，数量与第2次夏肥相同。

（4）冬肥　于12月~次年1月施，每667平方米用厩肥或土杂肥约3000千克，在桑树行间挖沟或株间挖穴施入，然后再进行冬耕。

此外，在5月，桑园内可播种夏绿肥，如乌豇豆、田菁、猪屎豆、绿豆等，一般应在桑树夏伐前播种结束。7月，当夏绿肥盛花期初荚期收割，在桑树行间开沟埋青，并施适量石灰促进绿肥腐烂。9月，播种冬季绿肥如紫云英、蚕豌豆、黄花苜蓿等，翌年4月在桑树行间开沟埋青。

第二节　棉花的种植技术

如何进行棉花播种前的土壤处理和种子消毒？

棉花播种前苗床处理：在播前15~20天，每667平方米用10%草甘膦水剂500毫升，或20%克芜踪水剂150克兑水40~50千克喷施，以杀死畦面杂草。在播种前2~3天，每667平方米用2.5%适乐时10毫升，或40%拌种双可湿性粉剂50克，兑水13千克喷雾土壤或营养钵。

种子消毒：播种前将棉籽翻晒1~2天，以提高种子发芽势和发芽率。播种时，每2千克棉籽用2.5%适乐时悬浮种衣剂10毫升，加少量水稀释后拌种，均匀翻拌。对预防苗期立枯病、猝倒病、枯萎病有特效。

棉花红蜘蛛、蓟马等害虫用什么农药防治？

随着抗虫棉的大面积推广，棉铃虫的发生危害得到了有效抑制。然而，在高温低湿，久旱少雨，气候干燥的条件下，仍会出现棉花红蜘蛛、蓟马的危害，应及时进行防治。

（1）棉红蜘蛛　俗称发地火、火蜘蛛、火龙等，棉红蜘蛛一般聚集在棉株下部叶片背面的叶脉附近吐丝结网，吸食叶片汁液，致使叶片变红，叶柄干枯脱落。

药剂防治：可选用① 15% 高锡螨乳油 1500 ~ 2000 倍液；② 15% 三炔螨 2000 ~ 3000 倍液；③ 24. 5% 螨元乳油 1500 ~ 2500 倍液；④ 20% 螨效乳油 1500 ~ 3000 倍液等喷雾。

（2）棉蓟马　危害棉花的蓟马主要有烟蓟马、黄蓟马、花蓟马 3 种，尤以花蓟马为多。花蓟马成虫和 1 ~ 2 龄若虫主要危害棉苗，使嫩芽、嫩叶受害后变成焦枯，造成焦头棉和无头棉，严重影响植株生长发育。

药剂防治：可选用① 5% 莱喜胶悬剂 1500 倍液；② 5% 锐劲特胶悬剂 1000 倍液；③ 10% 比其乐可湿性粉剂 2500 倍液；④ 5% 啶虫脒可湿性粉剂 4000 倍液等喷雾。

如何防治棉花斜纹夜蛾和甜菜夜蛾？

斜纹夜蛾，俗称芋头虫、麻麻虫。斜纹夜蛾除危害棉花外，也危害甘薯、甜菜、大豆、芋艿、十字花科蔬菜等。斜纹夜蛾第 2 代成虫于 5 月下旬 ~ 6 月上旬，部分转移到棉田产卵，7 月上中旬 ~ 8 月上中旬发生。第 3、第 4 代危害棉花，由于世代重叠，危害特别严重。斜纹夜蛾初孵幼虫群集叶背啃食叶肉，2 龄后期幼虫开始分散，4 ~ 5 龄大量分散，食量大增咬食叶片，并侵害幼茎、棉蕾及花，5 ~ 6 龄进入暴食阶段，严重危害蕾、花和棉龄。

甜菜夜蛾，以幼虫危害甜菜、棉花、烟草、玉米及多种蔬菜叶片，3 龄前幼虫集聚啃食叶肉，留下表皮，3 龄后可吃光全叶。

防治方法：

（1）农业防治　清除棉田内外、沟渠边、路边杂草，消灭虫源。设置糖醋毒液和利用黑光灯诱杀成虫。

（2）药剂防治　① 35% 毒死威乳油 1000 倍液加 4. 5% 高效氯氰菊酯乳油 800 倍液；② 17. 5% 卵螨一喷净可湿性粉剂 2000 ~ 2500 倍液，加上 1. 8% 阿维菌素乳油 2000 ~ 2500 倍液喷雾。可兼治棉铃虫。

如何防治棉花蚜虫？

棉蚜，俗称腻虫、油干、油虫等，是棉花苗期的主要害虫之一，除危害棉花外还危害瓜类等多种作物。棉蚜的成虫和若虫通常聚集在棉苗嫩叶背面和嫩茎上吸食液汁，棉苗受害后造成叶片畸形、卷缩，生长停滞，延迟生育期，严重时棉苗干枯死亡。棉花蕾铃期受“伏蚜”危害，常引起蕾铃脱落，造成严重减产。棉蚜在吸食的同时还排泄出大量蜜露，使棉株布满油腻，诱致病菌寄生，从而加重茎枯病的发生。

防治方法：

（1）农业防治　① 消灭虫源，冬、春铲除棉田内外、渠边、路边杂草，消灭越冬虫源；② 保护天敌如瓢虫等，尽量减少用药次数，充分利用天敌控制蚜虫。

（2）种子处理　进行药剂拌种：用 40% 甲拌磷粉剂 1 ~ 1. 5 千克与干棉籽 50 千克拌种后播种，或用 70% 灭蚜松可湿性粉剂 0. 75 千克和少量水调成糊状，放置24小时后拌棉籽50千克，晾干后播种。

（3）药剂防治　药剂选用：① 5.7%天王百树乳油2000倍液加10%施可净可湿性粉剂2000倍液；② 2.5%功夫乳油2500倍液加25%铁拳可湿性粉剂5000倍液喷雾。

第三节　甘蔗的种植技术

如何使用“九二〇”促进果蔗节间伸长？

“九二〇”，又称赤霉素A，是高效能的植物生长调节剂，能促使植物伸长，加速生长发育。在果蔗栽培上使用通常是在苗期或茎节伸长期用于促进节间伸长。使用浓度为25～35毫克/千克，苗期使用时浓度可以低些，伸长期用浓度高些。喷雾时间于上午8～9时，露水干后喷雾叶片。但由于“九二〇”是一种生长激素，如果过量使用，对人体会有不良影响，甚至会造成危害。从减少农药污染和农产品安全生产角度来讲，提倡在农作物生产上尽量不用生长激素。尤其是蔬菜、瓜果、果蔗、水果等，在接近成熟时必须坚决停止使用。由于甘蔗是四碳作物，光合效率高，通过合理用肥，增强个体绿色面积，可以进一步提高大田甘蔗群体光合效率，提高甘蔗产量和甜度。为此，建议可以通过增施有机肥，加强肥水管理等措施，来促使果蔗节间伸长。特别是在甘蔗节间伸长期是最需要水分时期，应加强灌溉，确保供应充足的水分，一般土壤持水量保持在80%～90%。并重施长茎肥，以有机肥为主如饼肥、油菜粕等，配施磷、钾肥。在距离收获前2个月补施“壮尾肥”，以促进节间伸长，蔗茎增粗。

如何进行甘蔗种苗处理和土壤消毒？

甘蔗播种之前应对种蔗和土壤进行消毒处理，方法是：将种段用50%托布津可湿性粉剂1000倍液或50%多菌灵可湿性粉剂1000倍液浸种10分钟，或用2%石灰水浸种，梢头浸12小时，中下部浸24小时，基部浸36小时。

土壤消毒，主要是防治地下害虫，药剂可选用：① 5%紫丹颗粒剂每667平方米2千克；② 3%米乐尔颗粒剂每667平方米2千克；③ 50%辛硫磷乳油每667平方米250毫升。在甘蔗种下种之前拌土条施，或兑水喷施土壤。

如何防治甘蔗蛀心虫？

甘蔗蛀心虫，主要是甘蔗二点螟和三化螟，其次为二化螟和大螟。甘蔗从苗期到收获期前均会受到蔗螟危害，苗期受害心叶枯死形成枯心；分蘖期受害，造成缺株；伸长期受害，破坏茎内组织影响生长，节间缩短、畸形，遇风易折断。且虫伤口常导致病菌侵入，引起病害如赤腐病等的发生。

（1）农业防治　加强蔗田管理，避免苗期干旱，培育健壮蔗苗以减少幼虫侵入机率；适时剥去蔗株下部叶鞘可增强蔗茎硬度，不利蔗螟钻蛀，并能消灭附在叶片和叶鞘上的卵和蛹，从而减少危害。

（2）药剂防治　7月底~8月上旬，甘蔗进入快速生长期，虫害发生种类增多；甘蔗二点螟、大螟处在第2代或第3代的幼虫期，发生量大，危害严重，是药剂防治适期。药剂选用：① 5%锐劲特胶悬剂，每667平方米用40毫升加95%扑螟瑞可湿性粉剂40克；② 5%锐劲特胶悬剂，每667平方米35毫升加5.7%天王百树乳油15~20毫升；③ 12.5%马杀螟乳油，每667平方米100毫升加2.5%功夫乳油20毫升。以上药剂任选1组配方兑水50千克喷雾。

如何防治甘蔗基腐病？

甘蔗基腐病，是细菌侵染引起的细菌性病害。

主要症状：首先甘蔗心叶基部出现水渍状针头大小的褐色病斑，以后逐步扩大并往生长点入侵，致使生长点腐烂，心叶萎蔫，或呈枯心状，心叶抽出后死亡，拔出心叶，腐烂部分可嗅到异味臭，农民俗称“龙心”病。

药剂防治：以下方法任选1种。

（1）药液灌心　选用① 90%新植霉素3500倍液；② 25%天地铜乳油或12.5%千菌可湿性粉剂600~800倍液，灌心叶1~2次。

（2）及时喷雾　① 20%龙克菌可湿性粉剂800~1000倍液；② 20%铜大师1500~2000倍液，或铜大师加20%叶青双可湿性粉剂600倍液，喷雾2~3次。

第四节　油菜的种植技术

如何进行稻田油菜免耕直播栽培？

免耕直播油菜，具有省工省本，高产高效的特点。据调查，免耕直播油菜比育苗移栽法每667平方米节省劳力6工左右，且操作简单，产量基本持平或略有增产。稻田（稻板）免耕直播油菜的前作以单季稻田或成熟期较早的晚稻田较为适宜。现将栽培技术介绍如下：

（1）整地与播种　稻板免耕直播油菜在晚稻收割后力争早播，播种期一般在10月中下旬~10月底，最迟不超过11月初。整地前施基肥每667平方米用有机肥1500~2000千克或尿素10千克，配施钙镁磷肥20~25千克，氯化钾7.5千克，硼砂0.5千克。整地时畦宽2~2.5米，可利用稻田的“丰产沟”，进行清沟，若稻板太宽，在中间增开1条沟，将沟泥捣碎撒在畦面上。直播油菜由于杂草与油菜苗同步生长，草害较重，要重视除草工作。可在播种前4~5天，用10%草甘膦水剂500毫升或41%农达（草甘膦）水剂100毫升，兑水50千克喷施。播种方式可采取撒播或横条播，条播播幅宽20~30厘米，行距40厘米，每667平方米用种量0.3~0.5千克，做到分畦定量，用少量焦泥灰或细泥拌和，便于播种均匀。

（2）田间管理　出苗后1~2片真叶时进行间苗，3~4片真叶时定苗，由于直播油菜生长量小，要适当增加密度，每667平方米基本苗掌握在1.2~1.5万株左右。定苗后施苗肥每667平方米施尿素5～7.5千克。并根据田间杂草情况在菜苗4～5叶期，每667平方米用17.5%油草双克乳油90～100毫升兑水40千克喷雾。12月底～1月上中旬施腊肥每667平方米施尿素7.5～10千克，以达到“冬壮，促春发”。条播的可进行中耕培土、除草。冬前若遇持续干旱，可浇水或进行沟灌（若翻耕田则不宜沟灌），达到土壤潮湿。开春后雨增多，2月上旬，进行清沟排干沟水，防止渍害。2月下旬施苔花肥，每667平方米用尿素6～8千克，并喷1次硼砂，浓度为0.2%～0.3%，3月中旬初花期看苗施壮荚肥，每667平方米尿素3～5千克，或进行根外追肥，喷0.2%磷酸二氢钾加1%～2%的尿素水溶液，以提高结荚率，防早衰，增粒重。

（3）病虫害防治　害虫主要是蚜虫。在苗期和中后期用70%艾美乐水分散剂15000～20000倍液，或5.7%百树得乳油1500倍液，或2.5%百得利乳油1000倍液喷雾，隔10天1次，连喷2次。直播油菜菌核病有加重发生的可能，应注意加强防治。在做好清沟排水，摘除黄叶的基础上，用35%菌核光悬浮剂500～800倍液喷雾，可兼治霜霉病，也可用25%菌威乳油1500倍液，或50%异菌脲可湿性粉剂1000倍液等喷施。防治霜霉病可用72.2%霜霉威600～800倍液，或72%霜康粉剂800倍液，28%宝大森粉剂600倍液喷雾。

油菜田化学除草使用什么除草剂？

油菜田化学除草应根据不同种植方式和前作田块杂草情况不同，采取相应的措施和除草剂进行除草。现分别介绍如下：

（1）杂草多的稻田　水稻收割后稻田各种杂草很多的田块，无论是种免耕油菜或翻耕后移栽油菜，都必须在油菜移栽前5～6天，每667平方米用灭生性除草剂20%龙卷风水剂，或20%克无踪水剂兑水30～50千克喷雾。过2～3天后便可见效，再进行免耕种植或翻耕移栽，对油菜生长前期除草有明显效果。

（2）直播或免耕油菜田　其前期以禾本科杂草为主，可在油菜3叶期左右每667平方米用10.8%金盖乳油20毫升，或5%盖冒乳油35毫升，或5%精禾草克乳油30毫升兑水50千克喷雾，防除禾本科杂草。但由于禾本科杂草枯死后，直播油菜田的优势阔叶杂草如：稻搓菜、碎米荠等会迅速生长，待油菜长到4～5叶期，再用5%油草无踪可湿性粉剂每667平方米20～30毫克，兑水50千克喷雾，以防治阔叶杂草，除草效果良好。但该药应在12月底前使用，1月份后一般不提倡使用此药。

（3）翻耕及旱地油菜田　这类田杂草以阔叶草为主如：牛繁缕、雀舌草或猪殃殃等，其前期往往生长势较弱，一旦禾本科杂草枯死后，这些阔叶杂草就迅速生长。为此，这类油菜田如果禾本科杂草如：看麦娘等不多，可在油菜4～5叶期每667平方米用14%阔禾净乳油80～100毫升，或17.5%双草除乳油90～100毫升，兑水50千克喷雾。若禾本科杂草发生量也很大，而此时看麦娘等杂草已经分蘖，必须另加10.8%金盖乳油20毫升，或5%盖冒乳油35毫升，兑水50千克喷雾，以提高除草效果。

此外，油菜田应保持湿润，若在用药后7～10天内无雨天，则必须进行浇水或采用沟灌，以提高除草效果。但灌水时水不能漫过畦面，避免造成土壤板结。

油菜为何只开花不结荚？

油菜只开花而不结荚是由于缺硼引起的。

矫治方法：在播种时加施硼砂，每667平方米用0.5～1千克，可与基肥一同施用，或者在苗期或抽苔期用0.1%～0.3%的硼砂水溶液，喷施1～2次。

油菜僵苗是什么原因？

（1）气候因素　由于气候干燥，土壤缺少水分，直接影响植株正常的水分生理与营养生理机制，而发生僵苗。矫治措施：进行浇水或采用沟灌。同时结合浇水进行施肥，每667平方米用腐熟人、猪粪400～500千克，或硫酸铵8～10千克兑水浇施或用喷灌。

（2）栽培因素　种植密度过大，应及时进行间苗，结合中耕，施肥，浇水。

（3）漫灌因素　油菜受旱后灌水不当。例如采用漫灌，水漫过畦面，导致土壤板结，土壤通透性下降，使根系生长不良，影响对水分和养分的吸收，从而造成僵苗。矫治措施：进行中耕松土，并结合施肥，数量可参考上述。为此，油菜田灌水时，应采用沟灌或喷灌。

油菜受冻害严重，应如何补救？

油菜在冬季幼苗生长期间，常会遇到连续阴雨、光照不足，或者前期天气晴朗，气温高，幼苗生长快、长势好，而当12月下旬后遇到强冷空气影响或大雪天气，便易导致油菜苗冻害严重，对苗期生长造成不良影响。为了促进油菜苗恢复生机，减少损失可采取以下措施：

（1）清理沟系　做好开沟排水，加深围沟，以降低地下水位和田间湿度。待天晴，土壤稍干爽后，进行中耕、培土壅根，促进根系生长。

（2）清理植株　摘除茎基部冻死叶片和病叶、黄叶、老叶，以及拔除冻死植株，带出田外集中销毁。

（3）合理施肥　对苗势弱、缺肥的田块可适施速效氮肥，每667平方米施尿素3～4千克，或喷施0.2%磷酸二氢钾，以促进恢复生机。在现蕾至初苔期每667平方米施尿素5～7千克，或施25%有效成分的三元复合肥25～30千克，并喷施0.3%～0.5%硼肥，促进抽苔健壮，增加分枝。抽苔后约苔长50厘米左右，看苗施苔花肥，每667平方米施尿素3～5千克，或喷施0.2%磷酸二氢钾，以防止花芽退化，增加荚果数和粒重。

（4）注意病虫害防治　在抽苔及初花期应注意霜霉病和菌核病的防治。

霜霉病可用：①72%霜脲·锰锌（克露）可湿性粉剂600～800倍液；

② 50% 安克可湿性粉剂 1200 倍；③ 64% 杀毒矾可湿性粉剂 500 倍液。

菌核病可用：① 50% 腐霉利（速克灵）可湿性粉剂 1000 倍液；② 50% 异菌脲可湿性粉剂 1000 倍液；③ 40% 菌核净可湿性粉剂 800 倍液，进行喷雾。

如何进行油菜“双旺”期管理？

开春后，油菜进入营养生长和生殖生长并进的“双旺”期，是需肥的高峰，也是病虫害相继发生的关键期。因此抓好“双旺”期的田间管理，是油菜丰收的重要技术环节。

（1）重施苔花肥　2 月中下旬～3 月中旬当苔高 6～10 厘米时，重施苔肥每 667 平方米施硫酸铵 12～15 千克，或尿素 6～8 千克。对冬季不发、迟发，或受冻严重苗势差的，适当早施、多施。油菜施用花肥对提高结荚率，减少阴荚，防早衰、增粒重，具有重要作用，在初花期看苗适施，每 667 平方米施尿素 3～6 千克；对长势旺盛的可进行根外追肥，喷施 0.2% 的磷酸二氢钾水溶液，每 667 平方米加尿素 0.5～1 千克。

（2）喷施硼肥　油菜缺硼是“花而不实”的主要原因。因此必须重视硼肥的施用，在苔花期喷施 0.3% ～0.6% 硼砂水溶液，每 667 平方米用量 100～200 克。

（3）加强病、虫、草害防治　重点做好以下几点：

① 清沟排水：开春后雨水增加，做好清沟，加深围沟，降低地下水位和田间湿度，促进根系生长良好，是防早衰，减轻病虫害的重要措施。

② 摘老叶：在初花期摘除茎基部 2～3 张黄叶、病叶，分 2～3 次进行，到终花期结束。摘下的老叶带出田外，集中深埋，或作饲料。

③ 及时防治病虫害：

防治菌核病，可选用 25% 菌威 1500～2000 倍液，或 50% 异菌脲 1000 倍液，或 75% 腐霉利 1000 倍等液。

防治霜霉病，可选用：72% 霜康粉剂 800 倍液，或 72.2% 霜霉威 600～1000 倍液，或 28% 宝大森粉剂 600～1000 倍液，连喷 2～3 次，药剂交替使用。两病同时发生，可用菌核光 500～600 倍液防治。蚜虫用 3% 啶定可湿性粉剂 1500 倍液或 16.5% 蚜虱霸 1500～2000 倍液。小菜蛾用 0.6% 灭虫灵 1000～1500 倍液，或 2.5% 百得利乳油 1000～1500 倍液，或 5% 锐菌特胶悬剂 3000～4000 倍液。

④ 及时防治草害：对移栽或条播油菜可进行中耕培土去除杂草。撒直播田，杂草滋生严重的及时用化学除草。以禾本科为主的杂草用 5% 精禾草克乳油或 15% 精稳杀得乳油，每 667 平方米用 30～50 毫升，以双子叶为主的可用 50% 高特克每 667 平方米 30～40 毫升，或 30% 好实多每 667 平方米 50 毫升兑水喷雾。单、双子叶杂草混生可将上述两类药剂混配使用。

第五节　中药材的种植技术

浙贝母适宜怎样的土壤条件？如何种植？

浙贝母，又称象贝、元宝贝、大贝，为百合科多年生草本植物。以干鳞茎入药。味辛，性平，无毒。主治伤寒烦热，淋沥邪气池疫，喉痹乳难，金疮风痉等，是化痰止咳药物。浙贝母适宜温暖湿润的气候条件和土层深厚、疏松肥沃、腐殖含量高、微酸性或近中性沙质壤土，或光照充足，排水性能良好的溪河一带的冲积土。

栽培方法：

（1）选种　浙贝母用鳞茎繁殖，选择狭叶型品种，鳞茎抱合紧密，芽头饱满，无病虫害，鳞茎中等的作种茎。

（2）整地与播种　播种期于9月上旬～10月下旬。留种田，选择土层深厚，土质疏松，排水方便的砂质壤土。土壤深翻后，施入腐熟栏肥作基肥，整成畦宽240厘米，沟宽30厘米的龟背形畦。播种前，用多菌灵等杀菌剂浸种或拌种，播种时边起土边下种。作种用的先种，行距20～24厘米，株距16厘米；作商品的后种，行距17～20厘米，株距14厘米。播种时鳞茎较小的播在畦边，种得深，鳞茎大的种得浅，芽头向上，播后施下种肥用钙镁磷肥加焦泥灰，然后覆土盖种。

（3）田间管理　出土前和生长前期，进行人工拔草或浅中耕。12月中下旬，施腊肥，用腐熟人粪尿或三元复合肥施入畦面，再摊上栏肥。翌年2月初，齐苗后施苗肥，用人粪肥或复合肥，隔10～15天再施一次。现蕾时施尿素加硫酸钾。当植株开花有2～3朵时，摘花打顶。摘花后，施一次肥料。生长后期，用0.2%浓度的磷酸二氢钾根外追肥。整个植株生长期间，保持土壤湿润，遇旱及时灌水，雨后及时排水。

（4）防治病虫害　3～4月是灰霉病、黑斑病多发期，发病初期及时拔除病株，用对口农药防治。收获后清园，烧毁病叶。干腐病、软腐病，为浙贝母休眠期病害，做好消毒。4～5月在浙贝母越夏后期若发生蛴螬危害，用杀虫剂浇灌。

（5）留种田越夏　5月贝母植株枯萎后挖出鳞茎加工。留种田浙贝母不起土，留在大田越夏，到9月种植时起土。越夏时要遮荫，做法是，于浙贝母植株未枯苗前套种作物，当浙贝母枯苗后形成枝叶遮荫，或利用套种旱稻遮阴，也可在畦面覆盖遮阳物。

如何栽培玄参？

玄参俗称元参，属玄参科，多年生草本植物，以块茎入药。味苦，微寒，无毒。主治腹中寒热积聚，女子产乳余疾，补肾气，明目。以及温热病和营血、身热、烦渴、舌绛、发斑、骨蒸劳嗽、虚烦不寐、津伤便秘、目涩昏花、咽喉喉肿痛、瘰疬痰核、痈疽疮毒。分布于浙江、江苏、安徽、江西、湖南、湖北等省区。

元参适宜于土质疏松、排水性能良好的沙壤土，不宜连作，也不能与白菜、白术、白勺等轮作。宜与禾本科等作物轮作2~3年。

栽培方法：

（1）子芽选择与栽种　元参可用子芽、分株、插条、种子等方式繁殖，生产上常用子芽（芦头上着生的芽）繁殖，此法所产的元参质量好，产量高。子芽的选择：在收获时，选白色粗壮，无病虫害，长3~4厘米的子芽，从芦头上掰下，并用多菌灵等杀菌剂，浸泡消毒。子芽在室内摊放1~2天，然后置于高燥的地方进行坑藏备用。坑深35厘米，长宽以贮藏量而定，堆积厚度30厘米左右，呈馒头形，上盖土7~10厘米，做好保温防冻。贮藏期间勤检查，发现烂芽及时翻坑，剔除变质芽。

栽种时期以12月中下旬~翌年1月下旬为宜，播种量每667平方米用种芽50~60千克。土壤深翻后结合整地施入农家肥等有机肥作基肥，整地作畦挖穴，行、株距均为30~40厘米。每穴种1株子芽，芽头直立向上，播后施焦泥灰、磷肥或复合肥，然后覆土厚5~7厘米。

（2）田间管理　4月齐苗时，中耕除草，施苗肥。苗高30~35厘米时，施第2次苗肥，肥料均用人粪尿或尿素。7月中旬，在现蕾初期施第3次肥，促进块根膨大，用有机肥与过磷酸钙混拌堆沤后或用碳酸氢氨加过磷酸钙，施后盖土。同时做好清沟排水，培土保芽、保墒，遇干旱天气灌水防旱。现蕾时打顶，分次摘去花蕾，不让其开花结籽。

（3）病虫害防治　主要病害有白绢病、斑枯病、叶斑病，4月始发，6~8月盛发；虫害有红蜘蛛，6~8月发生；蛴螬、小地老虎，3~5月发生，蛴螬9月份再次发生。根据病虫发生情况及时防治。

（4）适时采收　立冬后当植株茎叶枯萎时采收。割去茎秆，用齿耙将根际土壤挖松，挖起块根。选出健壮，长3~4厘米的子芽从芦头上掰下留作繁殖材料。其余的块根切下，将泥土抖干净供加工。

紫苏有什么特性和药理作用？如何栽培？

紫苏，又名赤苏、红苏、皱紫苏、香苏、青苏、野苏等，属唇形科紫苏属一年生草本植物。在我国种植应用约有近2000年的历史，主要用于药用、油用、香料、食用等方面，其叶（苏叶）、梗（苏梗）、果（苏子）均可入药，嫩叶可生食、做汤，茎叶可腌渍。紫苏因其特有的活性物质及营养成分，成为一种倍受世界关注的多用途植物，经济价值很高。紫苏的枝叶和种子含有挥发油成分，紫苏叶和紫苏油主要成分有：萜类化合物、黄酮类、苷类、类脂类、脂肪酸及矿物质元素等物质。其药理作用有：止血、抑菌、抑癌以及预防和辅助治疗心脑血管疾病，具有药用和食疗价值。紫苏油在工业上也有广泛用途，俄罗斯、日本、韩国、美国、加拿大等国对紫苏属植物进行了大量的商业性栽种，开发出了食用油、药品、腌渍品、化妆品等几十种紫苏产品。主产于东南亚，中国台湾、浙江、江西、湖南等中南部地区，喜马拉雅地区，日本、缅甸、朝鲜半岛、印度、尼泊尔也引进此种，北美洲也有生长。

紫苏药理作用：紫苏味辛，性温，归肺、脾经。主治：发汗解表，理气宽中，解鱼蟹毒。用于风寒感冒，头痛，咳嗽，胸腹胀满，鱼蟹中毒。通常用量：5～10 克，或按医嘱。

紫苏适应性广，更适宜于排水性能良好的土壤条件，在土壤湿润、土质疏松肥沃的地方种植生长更好。紫苏对气候条件适应性较强，特别适应于温暖、湿润和阳光充足的环境。栽培方法：

（1）整地育苗　土壤经深翻，每 667 平方米施农家肥 1000～1500 千克作基肥。整平作畦，畦宽 2 米。播种期于 3 月下旬～4 月上旬，直播或育苗移栽均可。直播的采取撒播，播种后用钉耙轻锄畦面，使种子浅入土，以利出苗。育苗移栽的，当苗高 10 厘米，有 4 对真叶时进行移栽，行距 30 厘米左右，株距 15～17 厘米。栽后浇稀薄人粪。

（2）田间管理　当苗高 7～10 厘米时进行间苗、定苗，株距 17 厘米左右。间苗后进行第 1 次施肥，以氮肥为主，每 667 平方米用粪肥 1000 千克或尿素 10 千克。第 2 次施肥在封行前每 667 平方米施粪肥 1000～1500 千克。定植（定苗）至封行松土 2 次，封行前人工勤除草。苗期与花蕾期需水量大，应及时浇水防旱。梅雨季节做好排水，防渍害烂根。

（3）病虫害　病虫害有：斑枯病、小地老虎、银纹夜蛾、菟丝子、棉小卷叶蛾等，及时用对口农药防治和清除菟丝子。

（4）采收　紫苏未开花前选晴天收割叶枝、收获后堑去老梗，将上部带叶的嫩枝趁鲜切成 1 厘米的片段，晒干去除杂质即成为紫苏片；将粗梗趁鲜斜切成 0.5 厘米厚的片子，晒干，去除杂质及灰屑即成为苏梗；将叶片晒干即为紫苏叶。提取紫苏油，于 8 月上旬～9 月上旬，花序初现时选晴天收刈全草，斩除下部无叶的粗梗，将带叶的细枝晒 1 天，入锅蒸馏即制成紫苏油。收苏子或种子，于 9 月下旬～10 月中旬，当种子成熟时收获，将成熟果穗整个剪下装入布袋，晒干打出种子。

如何栽培黄芪？

黄芪，属豆科多年生草本植物，以干燥的根入药。性甘，微温，无毒。有补诸虚不足，益元气，壮脾胃，去肌热，排脓止痛，活血生血，内托阴疽等功效。黄芪根系深，适宜于土层深厚，排水性能良好、渗水性强的砂质壤土种植。栽培方法：

（1）翻耕整畦　黄芪用种子繁殖。播种期 3 月下旬～4 月上旬。播种前深翻土壤，施基肥每667平方米用畜粪肥1000～1250千克，尿素25千克，磷肥30～40千克，钾肥10千克。整成宽150厘米的高畦，挖深沟以利排水。

（2）播种　播前剔除瘪粒，霉变粒。播时开播种沟，采取直条播，若当年收的行距为20～25厘米，两年收的行距为35厘米，播沟深约3厘米，播后覆土。

（3）田间管理　4月底苗高3～厘米时，施第1次肥，浇稀薄粪水每667平方米800千克；苗高7～10厘米时进行间苗、定苗，株距当年收的10厘米，两年收的15厘米。6月中旬苗高25～35厘米时，第2次追肥每667平方米施尿素8～10千克，7月上旬第3次追肥，每667平方米施饼肥50千克，磷肥30千克。定苗后至封行期间，进行松土2～3次，并做好清沟排水和及时打顶减少养分消耗。

（4）病虫害防治　白粉病是危害黄芪的主要病害，一般入伏后在高温高湿条件下易发病，在发病初期可用50%托布津可湿性粉剂或25%粉锈宁可湿性粉剂等药剂防治；虫害主要以食心虫为主，常钻蛀荚内危害，可用敌敌畏、敌百虫、乐果等药剂于开花至结果期喷施。

（5）适时收获　秋季9～10月当地上部分枯萎时即可收获。2年收的于12月～次年2月上旬施腊肥。收种子的要种两年，于第2年8月种子成熟呈棕褐色时分次采收。量大的在80%成熟时一次性收获。

如何种植白术?

白术，又名于术、冬术、浙术、山蓟、马蓟、山姜、山连等，属菊科多年生草本植物，根茎入药。性温，味苦、甘，入脾、胃经。有补脾益胃，燥湿和中，安胎，主治脾胃气弱、不思饮食、泄泻、水肿、黄疸、胎气不安等功效。白术第一年育苗，第二年栽种收获。白术要求土层深厚，表土疏松，排水性能良好的砂质壤土。且以附近地块前作未种过白术的田块种植白术。

（1）术苗培育　选择山区或丘陵地带通风、凉爽、土质疏松、排水性能良好，3～5年未种作物的山地作苗床。深翻耕土壤施基肥，用有机肥每667平方米1000～1500千克，均匀翻入土中，整平做畦，畦宽1～1.2米。播种以3月下旬～4月中旬为宜。播种前催芽，选择饱满、无病虫害的种子，放置于25～30℃温水中浸种24小时后，催芽至露白时播种。采取横条播，行距15～16厘米，开播种沟播幅7～9厘米，播后施磷肥和焦泥灰，覆土盖种。然后畦面盖草。出苗后，揭去盖草，及时进行拔草，间苗。当幼苗2～3片真叶时，中耕除草，施追肥。苗期主要病害有铁叶病，虫害为蚜虫，适时进行防治。7月下旬第2次追肥，做好防旱，及挖沟排水工作，及时去除花蕾。立冬前后，当术苗（术栽）茎叶枯黄时，挖出术栽，割去茎叶和须根。修剪时不要损伤主芽和剪伤根茎表皮。若不及时栽种的术栽，即宜放于潮湿沙中贮藏。

（2）栽种　栽种时期以12月～翌年1月上旬为宜，选择顶芽饱满、健康的术栽用“多菌灵”消毒后备用。白术不能连作，同块地种植应间隔3年以上。

前作以禾本科、豆科等作物为宜。避免与白菜、玄参等连作。土地翻耕后结合整地施入基肥，整成畦宽100～140厘米，呈龟背形畦面。种植行距25～30厘米，株距20厘米左右，每穴2株。栽时术栽顶芽向上，栽后覆土施下种肥，用稀薄人粪尿或复合肥。

（3）田间管理　齐苗时中耕除草，施苗肥，每667平方米施稀薄人粪尿750～1000千克，加适量碳酸氢铵和磷、钾肥。6月初开始摘花蕾，摘蕾前7天，施蕾肥，每隔7～10天摘花蕾1次。摘蕾结束，重施第2次蕾肥。及时清沟排水，遇干旱时，浇水或沟灌。后期视苗情，用尿素或磷酸二氢钾根外施肥。

（4）病虫害防治　在3～4月，要注意防治蛴螬、小地老虎等。幼苗期防治蚜虫、立枯病。虫害有术子虫、地老虎等。白术整个生长过程易发白绢病、根腐病和铁叶病，以6～7月份为发病最盛。防治方法主要是农业防治，诸如：精选术栽，合理轮作，选无病地块种植，防止田间积水等。发现病株及时拔除带出田外烧毁等，并用对口农药防治。

（5）留种　选择分枝少，茎秆矮壮，叶大，花蕾早、扁平而大，无病虫害植株作种株，每株留顶端花蕾3～6个成熟一致的蓓蕾，其余摘除。立冬至小雪间，当总苞外壳微开并出现冠毛时即可收获，选晴天挖取根茎，束成小把置阴凉处15～20天后，晒1～3天，待总苞片完全裂开，脱粒取出种子，扬净去掉有虫害、瘦弱的种子后贮存备用。

（6）采收　立冬前后，当植株茎秆变黄褐色，上部叶片枯黄，已硬化，叶片容易折断时采收。过早采收术株还未成熟，块根鲜嫩，折干率不高，过迟新芽萌发，块根养分被消耗。采收时选择晴天挖出地下根茎，抖去泥土，除去茎秆，以供加工。

如何种植元胡?

元胡，又称延胡索、玄胡，属罂粟科紫堇属多年生草本植物，以块茎入药。与白术、芍药、贝母等并称“浙八味”，为大宗常用中药。元胡性温，味辛苦，入心、脾、肝、肺，主治月经不调，崩中，产后血晕，症瘕，恶露不尽，跌打损伤，心腹腰膝诸痛。元胡适宜于地势高，排水性能良好的砂质壤土种植。

（1）整地与播种　翻耕时施基肥每667平方米用腐熟有机肥1500～2000千克，过磷酸钙50千克，翻入土中，整地畦宽1～1.2米，畦面呈龟背形。前作若是种禾本科植物或是水稻田，种植元胡，可用免耕法直播。种块选用当年新生中等大小的块茎作种。播前，用“多菌灵”等杀菌剂浸种消毒后备用。10月上旬～11月上旬播种，一般采取横条播，在畦面挖播沟，行距13～17厘米，株距5～7厘米，播种时每播沟排放两行种块，芽向上。然后，施以焦泥灰，配施磷、钾肥，覆土盖种。播后若遇干旱应灌水。

（2）田间管理　12月中下旬，选晴天进行浅中耕。中耕后，施腊肥，以氮肥为主，配施磷、钾肥，再施盖栏肥。出苗后，清沟排水。翌年1月下旬～2月上旬，幼苗出土时，清沟排水，施春肥。3月初～3月中旬，施第2次春肥，用氮肥，冲水泼浇。3月中下旬，植株旺长期，叶面喷施磷酸二氢钾，隔5～7天1次，连喷2次。春季人工拔草2～3次，并做好清沟排水。

（3）病虫害防治　3月上旬～4月中旬，主要防治霜霉病；时间：3月底～4月上旬，防治菌核病；3月中旬发生元胡龟象（蛀心虫）等虫害。根据病虫害情况用对口农药防治。

（4）适时收获　5月上中旬，当茎叶枯萎后收获，选晴天用二齿耙，边翻边捡，捡净块茎。作种块茎选取中等大小的新生块茎，剔除母块茎，放置室内数日，待表皮泥土干燥脱落后，在屋内阴凉、干燥、通风处进行砂藏。其余的块茎，洗净加工，分级，盛入竹筐，浸入沸水中煮至块茎横切面呈黄色，无白心时捞出晒干，回潮后再晒至干燥，即成商品元胡。

元胡田如何进行化学除草？

元胡田化学除草，是在出苗前使用除草剂，一般在9～10月播种的，于2月中旬左右出苗，在此之前勤检查其发芽情况，在出苗前5天左右用药。农药用量要比一般作物偏低。

主要除草剂有：① 10%草甘膦水分散粒剂每667平方米500～600毫升；② 41%草甘膦水分散粒剂每667平方米100～125毫升；③ 50%乙草胺乳油每667平方米80～100毫升；④ 90%禾耐斯乳油每667平方米60～90毫升，兑水35～50千克喷雾。若已经出苗改用10%盖草灵乳油每667平方米20毫升，或35%稳杀得乳油每667平方米40毫升，兑水喷雾，并保持土壤湿润。

如何栽培白芍？

白芍，又称芍药，属毛茛科多年生草本植物，以根入药。味苦，性平，无毒，主治邪气腹痛，除血痹，破坚积，寒热疝瘕，有止痛，利小便，益气，以及养血敛阴，柔肝止痛，平肝阳之功效。用于月经不调，经行腹痛，崩漏，自汗、盗汗，肝气不和所致的胁痛、腹痛，以及手足拘挛疼痛等症。

白芍可用种子繁殖，也可用芍根繁殖，而采取芍根繁殖为多。栽培方法：

（1）种苗准备

① 种子繁殖：7月下旬～9月，选用成熟果实，除去果皮，剥出种子，然后与湿润细砂1:3混合贮藏，置于阴凉室内，以促进后熟，提高发芽率。苗圃选择土层深厚、排水良好、地势高燥的坡地或砂质壤土。深翻整成宽100～130厘米的苗床，四周开好排水沟。选择晴好天气播种，挖播种沟，行距17厘米，播沟深4厘米，种子粒间距离4厘米，播后覆土及盖焦泥灰，耙平，再铺上栏肥或杂草。翌年开春出苗后，施稀薄人粪肥，及时松土除草。

② 芍根繁殖：在田间收获芍药时将粗根作药用。选择筷子粗细，芽头饱满，不空心，无病虫害的芍根留下作种用。作种的芍根，剪成2～4枝，每枝留1～2个饱满粗芽和带1～3条根，修去过长的根和侧根，即成种苗进行种植，或贮藏

待以后种植。贮藏方法是：在室内用湿润砂土，将芍根芽头朝上倾斜堆放，上面盖湿砂。半个月后，再铺上一层湿砂。贮藏期间，洒水保湿。清除霉烂芍根。

（2）栽种　芍药忌连作，需经3～4年轮作。栽种时间一般在寒露至霜降。前作收获后，深翻，施入牛、猪粪肥等有机肥作基肥并整畦。行距60厘米，株距50厘米，采用穴种。开穴后，施腐熟厩肥、堆肥或灰肥与穴土混匀，每穴放1～2个种苗，栽后覆土，施入人粪尿后再覆土。用芍根作种苗的，将芍根按大小分成两类，分别栽种，种苗大的，管理得好能提前1年收获。

（3）田间管理　开春幼苗出土时，及时浅中耕除草。每隔1个月中耕1次。栽后当年不追肥，第二年追肥4次：第1次于3月份中耕后施人粪尿；第2次于5月，第3次在7月，用人粪尿和菜饼；第4次在11～12月，用人粪尿。第三年追肥3次：分别在4月初、5月、11月，施人粪尿和饼肥，或用过磷酸钙根外追肥。第四年春季追肥1～2次，在株旁开穴或浅沟施入，施后覆土。芍药耐旱，怕积水，应做好开沟排水。

（4）摘蕾与根系修剪　4月中旬～5月，现蕾时，选择晴天，全部摘掉花蕾，以减少养分消耗。9～10月，进行根系修剪，锄松株间泥土，露出主根，对主根上生出的侧根，可作种苗的，切下作种苗；对较细的留下几根，待来年长大后作种苗，其余侧根全削剪去。主根若有腐烂的，削去腐烂部分。主根下面伸入泥土的底根不剪，然后覆土施肥。育苗地修剪是在种苗种植后第2～3年进行；定植地，第2年开始每年修剪1次。

（5）病虫害防治　芍药主要病害有锈病、灰霉病、软腐病，虫害有蛴螬、小地老虎等。白芍锈病，5月上旬开花以后发生，7～8月严重，时晴时雨，温暖潮湿或低洼积水的易发病。发病初期，及时药剂防治。软腐病防治，下种时用多菌灵等药剂浸种，切忌积水。蛴螬，5～9月危害严重，幼虫咬食根部。小地老虎，4～5月危害严重。及时用药剂浇灌。

（6）适时采收　白芍栽后3～4年，于7月中旬～9月植株枯苗后，进行收获。挖出芍根去掉泥土。切下粗芍根，修去侧根和须根，削平凸出部分，切去头尾，两端削平，按大、中、小3档，以供加工。

天麻适宜于怎样的环境？如何栽培？

天麻，又名赤箭、明天麻，属兰科多年生草本植物，以块茎入药。天麻性润而不燥，主入肝经，长于平肝息风，凡肝风内动、头目眩晕之症，不论虚实，均为要药。天麻无根、无绿色叶片，不进行光合作用，与蜜环菌共生，从侵入块茎体内的菌丝取得营养，供其生长发育。天麻适宜于地势较高，土层深厚，腐殖质丰富，土质疏松、沥水的砂土或砂壤土的荒地或空地种植。黄泥地、涝洼地和砂石地一般不适宜栽培天麻。天麻要求土壤酸碱度pH5.5～6.0，生长温度12～30℃，最适温度20～25℃，空气相对湿度80%左右，土壤持水量18%～20%，山区在具有竹林、阔叶林植被的阴坡（北坡）或半阴半阳土坡，坡度5°～

10°的坡地种植。冬季栽培也可选用露天，防空洞，栽培室等场地。栽培方法：

（1）菌材选择　天麻栽培季节3～4月最合适。用作菌材的木头是阔叶落叶树种，常用的有野樱桃、桃树、青岗栎、桦树、板栗等树种的树干、树枝。把作菌材用的木头锯成50厘米长的小段木（树棒），在每一段木的相对两侧，用刀每隔5～7厘米各斜砍1行鱼鳞口，深度达木质部3毫米左右，备用。

（2）蜜环菌培养　蜜环菌培养季节一年四季均可，而多在3～4月份，天麻种播种和翻栽同时进行。菌种来源：一是采集野生菌种，二是人工室内培养的纯菌种。培育菌材时，各层之间距离及树棒与树棒之间距离均为2～3厘米，其间隙用沙土填实。其培育方法有4种。

① 坑培法：在地面挖坑，长60厘米，宽45厘米，深约50厘米，每坑放4～5层，各层两树棒间放1根旧菌材或菌种，旧菌材要求菌索生长旺盛，呈棕红色或褐色，无杂菌。最上面一层盖土与地面平。

② 半坑培法：挖坑，长、宽同上，深20厘米，树棒与菌材相间排列，每坑放4～5层，上面盖土，一半高出地面。

③ 地面堆培法：将树棒与菌种直接相间排列堆放在地面，每堆摆4～5层，外表覆盖沙土8～10厘米厚。

④ 固定菌材培养法：将培养菌材的坑窖作为将来栽培天麻的坑。挖坑深20～40厘米，摆放2～3层，固定培养10～20根菌材，棒间距离4～6厘米，层间距离5～7厘米，树棒之间放已接过蜜环菌的菌材作菌种。最上面覆盖10厘米厚的细土。栽种天麻时，打开坑窖将上层菌棒取出作为另栽天麻的菌种，下层留在坑窖内待以后种植天麻。对菌材的质量检查，皮层有乳白色、红棕色菌丝块，即证明已接种上蜜环菌。

（3）种麻栽种与管理　一般采用无性繁殖栽培天麻，以10月～翌年5月为种植期（有性繁殖栽培天麻，于5～6月进行，利用剑麻果内的种子下种繁殖。该法技术性强，难以推广）无性繁殖栽种方法有菌棒伴栽法、大田棚栽法和固定菌床栽培法3种。现介绍固定菌床法：此法在原菌材培养坑窖内进行，首先把固定菌材的坑窖覆盖物扒开，取出上层菌材，再将附在菌材上的填充物扒开。当底层固定菌材现出后，不要移动菌材，把菌材两边泥土及填充物扒开，使菌材两边下侧露出。播种时，选用在采收天麻时取出的，发育完好，色泽正常，个体重10克以上的白麻作种麻。在菌材两边的下侧，每隔13厘米紧贴菌材放1个种麻，菌材两端各放1个种麻，每根菌材放种麻8～10个。种麻放好后，在两根菌材间加放新鲜木段1根，然后填充覆盖物（如树叶、稻壳、沙、腐殖土等）直至不见菌材。第一层栽好后，按上述方法再栽培第二层，上下层菌材间覆土7厘米，再盖一层树叶。然后坑窖覆土10～20厘米。待翌年4月地温回升至10～15℃时天麻开始生长，而蜜环菌6～8℃时便开始生长，此时已能供给天麻营养。

栽种后经常检查坑穴内温、湿度。冬季坑窖上加盖厚土、树叶等覆盖物或以塑料大棚防冻；夏季采用搭荫棚和喷水降低土温，当湿度小较干燥时，宜及时淋水，并盖草以保持土壤湿润，同时防渍害；春、秋季应增强光照，增加坑内温度，以利天麻生长。

（4）病虫害防治

① 防杂菌感染：病原为真菌中的多种担子菌。防治方法：选择质量好的菌材及菌种，不能有杂菌感染；雨季做好排水，土壤湿度保持在80%左右，温度应控制在35℃以下。

② 防天麻块茎腐烂病：栽种天麻时严格选择菌材、菌床和挑选种麻，切忌将带病种麻栽入窖中，如发现有局部腐烂的种麻，决不能用；严格田间管理，控制适宜的温度和湿度，避免窖内长期积水或干旱是防治腐烂病的有效措施。

③ 防天麻虫害：主要害虫有白蚁、蛴螬、蚧壳虫等。防白蚁，选择无白蚁场地栽培，不能连作，发现白蚁可用灭蚁灵喷杀和用敌百虫、乐果等喷洒在白蚁经常活动的地方。蛴螬，用药剂杀灭土中幼虫。发现有介壳虫的菌材应全部转移烧毁，培菌穴不能再用。收获时发现有介壳虫，将剑麻和种麻煮沸加工，菌棒焚烧。

（5）采收　天麻采收期是在块茎进入休眠期时，即11月上旬～翌年2月采收。一般采收与栽种应同时进行。采收时扒开泥土，先取出菌材，再取出天麻。剑麻入药，白麻和米麻留作种麻。种麻以新鲜、完整、芽头圆、呈黄色、无霉烂、无病斑的为佳，种麻宜尽快种植。若不能马上种植，冬季保管时应做好种麻的越冬防冻，一般在室内或室外的窖内贮藏，层层堆放，用湿润的细砂作填料，以种麻互不接触为度。温度以2～4℃、湿度以30%～40%为宜。收获后的剑麻、大白麻用于加工，方法是将天麻趁鲜洗净，按大小分成3个等级，用蒸笼蒸或水煮至透心，取出摊凉，然后晒干或烘干包装。

如何栽培药用厚朴？

厚朴，属木兰科兰属落叶乔木，高15～20米。树皮厚，紫褐色或灰褐色，光滑。系我国特产的珍贵花木之一，又是传统的名贵药用植物。厚朴以树皮及根皮入药，有温中理气，燥湿健脾，消痰化食的作用。主治：寒湿气滞，包括脘腹胀满或疼痛、不思饮食、舌苔白腻、脉沉弦、反胃呕吐、宿食不消、痰多喘咳、泻痢等症。

厚朴喜肥沃疏松、含腐殖质多、酸性或中性偏酸的土壤，适宜生长于湿度大、多雾，且阳光充足，排水良好的山地。一般在山地黄壤、红黄壤，向阳的地方生长良好。栽培方法：

（1）培育壮苗　厚朴通常以种子繁殖为主，也可采取插条或压条繁殖。

① 种子繁殖：在夏季或冬季，选择土质肥沃、土层深厚、排水良好的微酸性土壤作育苗圃地，土壤翻耕前，施基肥，以腐熟的有机肥为佳，翻入土中经熟化后待播种。于9～10月，选择15年以上的健壮母树，当果皮微裂露出红色

种子时，从树上采摘充实饱满的果实，摊在阳光下晒至果皮裂开，取出红色种子。将种子用冷水浸泡晾3～4天，待种皮红色油脂层转为黑褐色并腐烂时，取出搓洗去蜡状物，再用温水冲洗1次，晾干即可鲜籽播种。播种时将圃地整成1～1.3米宽的高畦。采取横条播，行距20～30厘米，开播种沟深4厘米左右，在播沟内间隔5～6厘米播1粒种子，播后覆土，再覆盖1层稻草并保持土壤湿润，做好防冻保温工作。当萌芽出土1/3～1/2时，揭去盖草，当长出两片真叶时施1次稀薄人粪及适量磷钾肥，以后每隔1个月施1次肥，一般追肥3次。及时做好松土、除草、病虫害防治、抗旱等管理工作。当苗高1米左右，即可起苗移栽定植。

② 插条繁殖：于2～4月植株萌动前，在树冠中下部选取粗1.5厘米的1～2年的健壮枝条剪成，长20厘米，上端平，下端削成斜面的插穗，置于1500毫克/千克浓度的B9溶液中浸1分钟，经冲洗后，随即将其斜插入苗床。上端1～2个芽露出土面。插后浇水，适当遮阳，保持湿润。约40天后可发根。以后管理同播种育苗。

③ 压条繁殖：在植株近地面处选1～2年生的优良萌蘖枝条，于11月～翌年早春3月，用利刀割环状缺刻约3厘米长，然后将割伤处压埋土中，用树杈或竹杈固定住，然后壅土，施入适量腐熟有机肥，以促其生根，再培土高15～20厘米，枝条梢部露出土外。翌年春天挖开培土检查发根情况，若已生根成幼株，即可从母株上连根部切下，移栽定植。

（2）定植　于冬季落叶后至翌年发芽前进行定植。深翻土壤，按行株距2～3米见方开穴，穴为60厘米×60厘米×50厘米，然后施入基肥。树苗按大小分级，栽时让根自然舒展，然后培土，踏实，浇透水，再盖一层松土。以后经常浇水至树苗成活为止。

（3）抚育与管理　定植后3～5年，可以间套种豆类、蔬菜、药材等矮秆作物。做到经常除草松土，每年春天施农家肥、草木灰、人粪尿，配施适量磷、钾肥。施肥方法：在植株旁边开穴施入肥料并在树根部培土。遇到干旱要浇水抗旱保苗。苗期有根腐病发生，应注意防治，栽种时选择排水良好的地方，雨季注意排水，发现病株及时拔掉，穴位要消毒，以防止传染。生长期的虫害有金龟子和天牛危害树叶和树皮，宜及时用对口农药防治。厚朴至少生长15年后方可采皮，但生长15年后的树木，树皮还很薄，必要时砍几刀促进树皮增厚，一般年限越长，树皮质量越好，以20年左右为好。

如何栽培玉竹？

玉竹，又名“葳蕤”，属百合科多年生草本植物，以根入药。性微寒，味甘；归肺、胃经。有养阴润燥，生津止渴之功效。用于肺胃阴伤，燥热咳嗽，咽干口渴，内热消渴。但胃有痰湿气滞者忌服。玉竹对土壤要求不严，适宜于排水良好，微酸性砂质壤土，以向阳坡地种植为宜，忌连作，前作以玉米、花生等为佳。栽培方法：

（1）整地作畦　玉竹9～10月栽种。前作收获后深翻土壤，结合整地施入腐熟农家肥作基肥。做成畦宽130～160厘米的高畦。

（2）栽种　玉竹用根茎繁殖，选择当年生长的肥大、黄白色的根茎作种。根茎可随挖随种。栽种时先用多菌灵等杀菌剂浸种消毒。种茎栽植方式有穴栽和条栽两种，行距30厘米，株距10～15厘米。

① 穴栽：每穴交叉放4个种栽，芽头2个向左，2个向右成“八字形”交叉。

② 条栽：先开播沟，行距30厘米，单行横放2个种栽，1个芽头朝左，1个朝右，以利植株出土后易受阳光，发展平衡，有利生长。栽后覆土，再用焦泥灰或复合肥及钙镁磷肥施于条边。

（3）田间管理　出苗后进行中耕除草，施苗肥用稀薄人粪尿或尿素。苗高7～10厘米时，于行间进行浅松土，施土杂肥，施后培土。冬季枯苗后，在行间撒施农家肥。翌年春季出苗后，施稀薄人粪尿。每年初冬，当茎叶干枯时覆盖青草和一层泥土，冬季再用沟泥覆盖玉竹种栽，再用稻草、茅草等覆盖。第二年春季齐苗后，结合施苗肥浅中耕、除草。5月、7月分别再除草1次。第三年手工拔草。同时做好病虫防治，生长期有褐斑病、锈病、地老虎、蛴螬等发生危害，及时防治。

如何栽培桔梗？

桔梗，为桔梗科多年生草本植物，以根入药。性平，味苦、辛，有小毒，归肺、胃经。具有祛痰、利咽、宣肺、排脓、利五脏、补气血、补五劳、养气等功效。主治咽喉肿痛、肺痈吐脓、咳嗽痰多、痢疾腹痛等。桔梗宜于土层深厚，土质疏松，肥沃，砂质壤土生长。

栽培技术：

（1）留种　桔梗用种子繁殖。9月上中旬，在二年生的留种地，剪去植株的侧枝和顶端花序，当蒴果变黄或黑褐色，果顶初裂时为果实成熟。分期采收，收获时连果梗、枝梗一起割下，置室内后熟3～4天，再晒干脱粒，贮藏备用。

（2）整地播种　选择前作为豆科或禾本科作物，排水良好的田块，深耕整成宽120～150厘米，高15～18厘米的畦。桔梗可秋播，冬播或春播，以秋播为多。播前将种子在温水中浸泡，搅动，水凉后再浸泡，或用高锰酸钾溶液浸种12小时。直播或育苗移栽均可。直播的施土杂肥作底肥。用条播，开播种沟，行距20～25厘米，用种量每667平方米0.75～1千克。播种时种子用细泥拌均匀播入沟内。播后盖草木灰或覆土，再盖一层杂草。

（3）田间管理　出苗后揭去盖草，苗高3～4厘米时，进行间苗、补苗、定苗，苗间距离10～12厘米，并施1次粪肥。当苗高7～10厘米时，中耕除草，每隔1个月进行1次，共3次。6月下旬和7月适施追肥，以人粪尿为主，配施磷肥和尿素。对留种田的植株，当苗高10厘米时打顶。对非留种田的植株一律摘除花果。以减少养分消耗。主要病害有轮纹病、斑枯病、紫纹羽病和炭疽病。虫害有线虫、蛴螬、小地老虎等，宜及时用对口药剂防治。

（4）采收　2~3周年生的桔梗，秋季，当叶片黄萎后，便可采收。选晴天割除茎叶、芦头，挖出根部，洗净泥土，浸在水中，趁鲜用竹片或碗爿刮去表面粗皮，洗净晒干即可。桔梗呈白色或带微黄色的品质为佳。

什么是蛹虫草？

蛹虫草又名北冬虫夏草、北虫草、蚕蛹虫草等，为子囊菌亚门，麦角菌目，麦角菌科、虫草属的模式种。蛹虫草是由子座（即草部分）与菌核（即虫的尸体部分）两部分组成。冬季昆虫的蛹或幼虫蛰居土里，1种真菌称“虫草菌”寄生其中，吸取营养，幼虫体内充满菌丝而死，成僵蛹（虫），在适宜的条件下，虫草菌的菌丝在僵蛹体内生长繁殖形成菌核，进而发育成子座。到了夏季，子座自幼虫尸体（僵蛹）头部长出，继续生长成棒状的子实体，外形似草，其复合体称为“蛹虫草”，次年夏至前后采集而得。蛹虫草是我国一种名贵药用真菌。含有丰富的蛋白质和氨基酸，以及虫草酸、虫草菌素、虫草多糖、超氧化物歧化酶（SOD）等物质，对增强人体的免疫能力有一定效果。虫草入肺肾二经，既能补肺阴，又能补肾阳，主治肾虚、阳痿遗精、腰膝酸痛、病后虚弱、久咳虚弱、劳咳痰血、自汗盗汗等，是唯一的一种能同时平衡、调节阴阳的中药。在我国，已将由虫草素合成的治疗白血病的新药进入临床试用。蛹虫草也可人工培育。据检测，人工培养的蛹虫草含有丰富的虫草酸、虫草素、氨基酸、微量元素和生物碱等。有补精髓，抗肿瘤，镇静消炎，止血化痰等功效，已受到人们的重视。

如何人工培育蛹虫草？

1．培养房的准备

培养房的面积5米×3米左右，其墙壁、天花板及门窗，用3厘米厚的泡沫塑料板平整地铺在上面用于隔热，在房内摆放4个长2米，宽0.7米，高2.3米的5层培养架，培养架每层上安装1个40瓦的日光灯，培养房内配备1台空调机。

2．蛹虫草菌母菌培养

蛹虫草菌的母菌可向真菌科研部门引进，经分离后在活的蛹体上进行复壮，选择出对蚕蛹致病力强、易变成孢子的菌株培养母菌。经复壮后的菌株，按常规灭菌接种法，接种在母菌培养基上（培养基配方：葡萄糖10克、蛋白胨10克、酵母膏2克、磷酸二氢钾1克、硫酸镁0.5克、琼脂20克、水1000毫升）。然后置于20℃恒温下培养，经12天后即可长满培养基斜面。选用菌苔底部呈鲜黄色的菌株作母菌。

3．液体菌种的制作

液体菌种培养基的配方：马铃薯300克（煮汁）、葡萄糖20克、蛋白胨3克、磷酸二氢钾1克、硫酸镁0.5克、水1000毫升。培养基配制完成后，用2000毫升的三角瓶分装，每瓶装800毫升，再进行高压灭菌60分钟，冷却后无菌操作接入母菌，置20℃温度下，黑暗静止培养48小时，然后置于转速为100圈的摇床上避光振荡培养，温度控制在18℃，待菌液中出现大量的菌丝球（分生孢子）后停止振荡，即可用于接种生产蛹虫草子实体，或放在冰箱中保存待用（如果用固体培养基培育的菌种，当产生分生孢子后，可挑取分生孢子放在无菌水内制成孢子悬浊液待用）。

4．蛹虫草子实体生产

生产蛹虫草子实体，可采用人工配制的培养基作宿主，也可用蚕蛹作宿主进行培育。其方法分述如下：

人工培养基法生产子实体：

（1）营养液的准备　营养液配方为：葡萄糖15克、蛋白胨12克、柠檬酸铵2克、硫酸镁1克、维生素B_1 3片、水1000毫升，配制好待用。

（2）人工培养基的制作与接种　制作培养基用直径8厘米，高12厘米的罐头瓶，每瓶装大米30克、蚕蛹粉1.5克，再加入营养液50毫升拌匀。用聚丙烯塑料薄膜封口，橡皮圈扎口，然后尽快将罐头瓶放入常压灭菌锅进行灭菌（大米在灭菌前不能与营养液浸泡太长时间，否则会使培养基发酵酸化，直接影响产量）。灭菌时温度达100℃后保持8小时，待温度下降后移入接种室进行接种。接种应无菌操作，每瓶接种液体菌种5～8毫升，接种后使菌种均匀分布于培养基中。

（3）子实体的培养　将接种后的培养（基）瓶移入培养房摆放在培养架上。蛹虫草菌的菌丝生长温度范围为6～30℃，最适生长温度为15～25℃。子实体最适生长温度为18～22℃。可用空调机调节培养房的温度，保持在18～22℃，湿度控制在70%～80%。培养房初期以黑暗培养菌丝体，15天左右即可长满菌丝，此时打开培养架上的日光灯加强光照刺激，每天光照时间12小时，促使菌丝变黄转色，3～4天后菌丝即可由白色转为橘黄色，再过1周左右，菌丝表面形成大量橘红色的小原基，并逐渐分化成子实体，此时用针在罐头瓶的薄膜上刺5个小孔，以加强氧气的供应，保持培养房的湿度80%～90%，并加强房内的空气流通。

（4）子实体采收　从接种到子实体生长成熟大约需60天，当子实体高度达6～8厘米，表面有黄色粉末状物质出现时即可采收。采收时用自制的带弯头的锋利小铲，把子实体从基部切下，分等级后晾至5～6成干，再在烘干箱中烘烤，烤干后及时密封包装。干燥过程及产品避免在阳光下曝晒，以保持产品鲜艳的橘红色。采收后的培养（基）瓶除去菌皮，补充营养液，可再收1

次子实体。

蚕蛹法生产蛹虫草子实体：

（1）宿主准备　把家蚕或蓖麻蚕上蔟后烟熏消毒。1 星期后剖开蚕茧取蛹，剔除病蛹与生长不良的蚕蛹，选取成长矫健蚕蛹作宿主，也可直接选择上蔟前的五龄蚕作宿主。

（2）蛹虫草菌的接种　将接种针尖消毒后，用接种针蘸取孢子悬浊液中的菌种，刺入蛹体接种，成功率一般可达 95% 以上。

（3）子实体的培育　将接种后的蛹体平摊于蚕匾或竹席上，在室温下维护至蛹体形成僵蛹。然后在僵蛹体上覆盖一层多孔材料，如碎海绵、细煤渣等，为了使长出的子实体长而硬，也可采用定向培养，即把僵蛹的头部朝上，插入多孔保温材料如碎海绵中，然后放在子实体生长最适温度 18～22℃，相对湿度为 90%，模仿蛹虫草的天然生态环境中培养。这样，刚接种初期使菌丝在僵蛹体内和多孔材料的黑暗条件下生长，繁殖形成菌核，进而发育成子实体（子座）。当子实体从僵蛹体头部长出后，应增强光照使子实体继续生长成棒状的子实体。

（4）子实体采收　用此法生产蛹虫草，从接种到子实体成熟座需 35～45 天。当子实体高度达 6～8 厘米，表面有黄色粉末状物质出现时即可采收。将成熟的子实体挖出洗涤，用白酒或酒精进行表面消毒，然后放在烘干箱内保持温度 60℃进行烘干。烘干后及时密封保存。

蛹虫草的培养条件是什么？

蛹虫草本身是一个生物学和生态学的过程，需要把握以下条件：

（1）营养　蛹虫草的生长，其营养条件必须提供碳源、氮源、矿质元素、维生素等。

碳源——蛹虫草合成碳水化合物和氨基酸的基础，也是重要的能量来源。人工栽培时，蛹虫草可利用的碳源有葡萄糖、蔗糖、麦芽糖、淀粉、果胶等，其中尤以葡萄糖、蔗糖等小分子糖类的利用效果最好。

氮源——氮元素是蛹虫草自身合成的蛋白质、核酸等有机氮以及铵盐等无机氮。能利用的有机氮很多，如氨基酸、蛋白胨、豆饼粉、蚕蛹粉等；无机氮主要有氯化铵、硝酸钠、磷酸氢二铵等。有机氮的利用效果最好。

矿质元素——以磷、钾、钙、镁等为主要元素。一般通过添加无机盐类来满足蛹虫草对矿质元素的需求。

维生素——虫草菌丝不能合成必要的维生素，适当加入维生素 B_1 有利于菌丝的生长发育。

（2）温度　在虫草的不同生长发育阶段都有最适温度、最低温度和最高温度的界限。菌丝生长温度 6～30℃，低于 6℃极少生长，高于 30℃停止生长，甚至死亡。最适生长温度为 18～22℃；子实体生长温度为 10～25℃，最适生产温度为20～23℃。原基分化时需较大温差刺激，一般应保持5～10℃温差。

（3）水分和湿度　水分是蛹虫草菌体细胞的重要组成部分。菌丝生长阶段，培养基含水量保持在60%～65%，空气相对湿度保持在60%～70%；子实体生长阶段，培养基含水量要达到65%～70%，空气相对湿度保持在80%～90%。要注意培养基适时补水和补充营养液。

（4）空气　蛹虫草需要少量空气。但在子实体发生期要适当通风，增加新鲜空气。否则，二氧化碳积累过多，子座不能正常分化，影响生长发育。

（5）光照　孢子萌发和菌丝生长阶段不需要光照，应保持黑暗环境。但转化到生殖生长阶段则需要明亮的散射光，光照度为100—240lx（lx为光照度单位）。光照强，菌丝色泽深，质量好，产量高。

（6）酸碱度（pH）　蛹虫草为偏酸性真菌，其菌丝生长发育最适pH为5.2～6.8。但在灭菌和培养过程中pH要下降。所以在配制培养基时，应调高pH1～1.5，在配制培养基时可加0.1%～0.2%的磷酸二氢钾或磷酸氢二钾等缓冲物质。

第六节　其他经济作物的种植技术

薰衣草有什么特性及发展前景如何？

薰衣草属唇形科薰衣草属，原产于地中海沿岸、欧洲各地及大洋洲列岛，后被广泛栽种于英国及南斯拉夫。薰衣草在罗马时代就已是相当普遍的香草，因其功效多，被称为“香草之后”。

薰衣草，多年生常绿半木质灌木。性喜温，喜光照，喜干燥，宜在通气性、排水性能良好，土层深、微砂性、微碱性或中性的土壤环境中生长；不耐涝，怕高温，宜于起垄栽培。适宜生长温度5～35℃，最佳生长及开花温度为20～28℃。薰衣草可用种子繁殖或枝条无性繁殖，而种子繁殖必须将种子搓洗，经过低温处理或冷水浸泡，以及赤霉素浸种打破休眠期，而且遗传变异大。因此生产上多采用枝条扦插或压条繁殖。薰衣草的叶、茎、花全株香味浓郁而柔和，无刺激感，无毒，因此自古就广泛用于薰茶、医药、食品、洗涤和制作化妆品、香袋、香枕、加工薰衣草油等。其花提取的芳香油是制造香皂、花露水、清凉油、发乳等的原料。在医疗与保健方面具有镇静、利尿、降血压、驱风、健胃、发汗、止痛、增加血液循环和滋润肌肤，促进皮肤更新，抑虫杀菌等效果，是治疗伤风感冒、腹痛、湿疹的良药。薰衣草也是一种新发展起来的多年生耐寒型庭院花卉，制作盆栽和用于庭院，以及公共场所栽培，叶形花色优美典雅、蓝紫色花序颖长秀丽，香味清脑明目，驱蚊蝇、逐虫蚁，使人有舒适感。薰衣草目前主要作为盆景和提取薰衣草油及制作香枕、香袋等，其深加工产品正在进一步研究开发过程中，在上海、西安、新疆等省市，都有薰衣草产品专卖店。

浙江省嘉兴、义乌、衢州等市均有薰衣草产品商店。随着其产品市场的孕育和进一步开发，发展前景乐观。

蓖麻发展前景如何？怎样进行栽培？

蓖麻，别名红蓖麻，俗称大麻子、老麻子、草麻等。金虎尾目大戟科大麻子属植物，原产于非洲东部。相传从印度传入，我国已有1300多年的栽培和利用的历史。各地多栽培于大田、低山坡、宅旁或路旁隙地，以黄河和长江流域为最多。蓖麻是特种油料作物，种子可榨油，油黏度高，凝固点低，既耐严寒又耐高温，在-10～-8℃不冰冻，在500～600℃不凝固和变性，具有其他油脂所不及的特性，蓖麻油经酯化后的甲酯、丁酯是生产高级润滑油、塑料、化妆品等的主要原料，广泛应用于航空、汽车、日用化工、精密仪器、轻工、冶金、机电、纺织、印刷、染料等行业。蓖麻也是医药的重要原料，全株可入药，有祛湿通络、消肿、拔毒之效。叶：甘、辛、平。有小毒。有消肿拔毒，止痒之功效。治疮疡肿毒，鲜品捣烂外敷；治湿疹搔痒，煎水外洗；并可灭蛆、杀孑孓。根：淡、微辛，平。有祛风活血，止痛镇静的作用。用于风湿关节痛，破伤风，癫痫，精神分裂症。将蓖麻籽榨碎后粘贴在疔疮上有拔脓毒的疗效，俗称“千斤拔”。种子含大麻毒素，未经加热处理，不得内服。油粕可作肥料、饲料以及活性炭和胶卷的原料。茎皮纤维可制绳索和造纸。叶可饲养大麻蚕。种子和叶可作农药。所以蓖麻用途广泛。

目前，世界上蓖麻籽生产量印度第一位，中国第二位，巴西第三位。国外每年都从我国进口大量蓖麻籽作原料，而我国年需求量约40万吨，而国内年产量一般只30万吨左右，缺口很大，市场潜力更大。是当前国际市场上的走俏产品。蓖麻的栽培要点：

（1）播种期与种子处理　一般3～5月上旬播种，3月下旬～4月上旬为播种适期。播种前先用45～50℃温水浸种15～20小时，捞出放在20～22℃温度条件下催芽，待大部分种子露白后即可播种。

（2）播种方法　通常采取直播，密度根据不同土壤肥力，一般每667平方米基本苗500～1000株，行株距1.2米×（0.5～1）米，肥力高的稀些，反之则密些。播种前施基肥每667平方米用饼肥和过磷酸钙各50千克，厩肥1000千克，穴施深埋20厘米，覆土后，每穴播种2～3粒种子。

（3）田间管理　出苗后3～4片真叶时间苗，5～6叶期定苗。同时施提苗肥每667平方米用尿素2.5～4千克，深施于穴旁。6月上旬6～7片真叶时进行打顶和整枝，留上枝，去下枝，留大去小，每株留5～6个结果分枝。7月上中旬果穗大量形成时，再追肥1次，每667平方米施饼肥25千克，加尿素2～3千克，于距根部20厘米处深施。病虫害主要有苗期虫害盲椿象，盛花期有叶蝉、刺蛾等危害叶片；病害有疫病、叶斑病等，应及时防治。蓖麻籽成熟期随开花期不同而异，是先开花先成熟，因此要分批采收，防止自然脱落。

油莎豆有什么特性？如何栽培？

油莎豆，又称油莎草、洋地栗等，是多年生草本油料作物，原产于西亚和非洲。地中海沿岸、埃及自古就有大面积栽培。19世纪中叶美国南部开始种植，随后欧洲广泛栽培。于20世纪60年代引入中国种植。油莎豆块茎呈椭圆膨大，形如花生，含油率达29%～32%，及含有丰富的糖类、淀粉等，干果出油率达20%～25%，是油、粮、饲兼用作物，利用价值高。果实可生食、炒食或加工成五香油莎豆、水煮油莎豆。也可榨油，油浅茶色，味香可食用，食品工业通常用来制奶油、糖果、杏仁水，也可作润滑油和制皂。饼粕可制糖、酿酒，提取淀粉、作精饲料等；茎叶含有较多的脂肪和糖分，是家畜的优良饲料。其叶片窄长，平均长65厘米左右，宽0.5厘米，呈剑状，较坚硬，可作牛、羊饲料。油莎豆适应性强，耐旱、耐盐碱、耐湿、耐涝、耐高温。根系发达，分蘖力强，再生力强。对土壤要求不高，几乎能适应各种土壤种植，为收获块茎方便，尤以砂质，疏松土壤栽培较宜。栽培方法：

（1）播种　油莎豆用块茎繁殖，播种期一般3～7月均可播种，以4月上中旬～5月初播种为宜，全生育期100～130天。播种前将贮藏做种的块茎（种子）用温水浸泡2天，并进行催芽，以利出苗整齐。当种子有30%左右发芽后即可播种。畦宽一般2米，开穴点播，行株距40厘米×（25～30）厘米，穴深5厘米左右，每穴播种子2粒。播后用复混肥与粪肥拌和作盖种肥。

（2）田间管理　油莎豆需肥量少，一般不施追肥，若土壤较肥沃，氮肥偏多，则会导致青苗徒长，影响产量。遇到这种情况需在青苗高50厘米以上时，割去顶梢20厘米，以抑制生长。若基肥不足，在块茎形成初期追施少量磷钾肥，促进块茎膨大。

油莎豆病虫害较少，一般不必用农药。7月下旬或7月中旬若发现蛴螬或稻螟危害，适当进行防治。

（3）收获　油莎豆当地上部叶片颜色变黄，地下茎大部分变硬，用牙咬时，声响脆，断裂面平齐，呈乳白色，有油光泽，即表明块茎已经成熟，则应在地上部尚未枯萎时抓紧收获。对土壤疏松的，用手拨起或用钉耙拢起，晾晒1～2天，用手摘或用木棍打荑，然后将块茎过筛收起贮藏。种子失水后呈干瘪状，但不会影响来年播种。

向日葵何时播种？

向日葵，属菊科向日葵属植物，又称太阳花、向阳花，俗名“叫菜葵”。是大型一年生菊科油料作物，株高可达3米。其盘型花序可宽达30厘米。因花序随太阳光照方向转动而得名。向日葵种子称葵花籽，俗称瓜子。可以作为零食，也可以榨油，油渣做饲料。食用品种主要有长龄大喀、三道眉与白葵3号。

向日葵播种期：春播于4月上旬～5月初。秋播以7月上旬～8月下旬播种为好。播前施基肥每667平方米用有机肥1500～2000千克。行株距70厘米×50

厘米。直播每穴播 4～5 粒，当幼苗 1 对真叶时进行间苗，每穴留苗 1 株。育苗移栽的于 2 片子叶至 1 对真叶时移栽，每穴 1 株。田间管理：5 月上旬～6 月下旬追肥 2 次，第 1 次以氮肥为主，第 2 次以钾肥为主，配施氮肥。现蕾时进行打叉，及时除去叶腋的幼蕾，避免产生分枝。开花期喷施 0.1% ～0.2% 磷酸二氢钾，以及进行辅助授粉或放蜂授粉。

油橄榄适宜什么环境条件种植？

油橄榄属木犀科木犀榄属常绿乔木，是世界著名的木本油料兼果用树种，栽培品种有较高食用价值，含丰富优质食用植物油——油橄榄油，为著名亚热带果树和重要经济林木，有 4000 多年的栽培历史。油橄榄原产于地中海，希腊、意大利、突尼斯、西班牙为集中产地。现在世界各国均有引种栽培。

1962 年陕西省引进，主要在陕南地区的汉中等地种植。其习性喜光照，适合于背风向阳，光照充足的缓坡地和中性偏碱的砂质壤土种植。油橄榄所含的油脂以不饱和脂肪酸为主，并含有多种维生素，几乎不含胆固醇。适宜于高血压患者食用和医药上使用。主要品种有：佛奥贝拉、爱桑等。国内多数地区种植产量低、效益差，若要引种应先少量试种，成功后再扩大种植。

如何种植吊瓜？

吊瓜，别名栝楼，是葫芦科多年生草质藤本植物。吊瓜生长在海拔 100～1800 米气候温润的山谷密林和坡地灌丛中，还是一种名贵的中药材，皮、籽、根均可入药，具有润肺化痰、降火止咳、宽胸散结、消肿祛毒、润肠通便等功效。吊瓜籽炒后食用，有“补虚劳口干、润心肺、治手面皱”的功效。现代研究和检测表明吊瓜籽含有不饱和脂肪酸、蛋白质等。近年来，随着吊瓜开发和研究的不断深入，吊瓜子已成为炒货中的佳品，深受消费者喜爱。吊瓜按用途分，有食用和药用吊瓜。食用主要取成熟种子，以制炒货食品为主。药用主要取鲜果，焙干加工成中药原料（种子也可炒食）。吊瓜适应性强，对土壤要求不严，宜在潮湿的砂壤土生长，可在山坡、岗地、沙滩等成片种植，也可在屋边杂地零星种植。一般每 667 平方米产 70 千克吊瓜籽，高的可达 100 千克以上。其栽培方法：

（1）育苗　可用种子繁殖或块根繁殖。

① 种子育苗：一般于 3 月下旬～4 月上旬播种。种子选用雌性籽（其籽的一端有相对突出的两个角，则多数为雌性种子），经精选的种子用 50% 多菌灵可湿性粉剂 200 倍液浸种 48 小时后，进行播种，一般采用营养钵育苗，覆盖尼龙膜保温。

② 块根繁殖：3 月下旬～4 月上旬挖取 1～3 年生的健壮雌株块根，选直径 1～2 厘米粗的块根，切成 6～10 厘米长的小段，断面用草木灰蘸一下进行消毒，可直接栽到大田。

（2）整地移栽　3 月底 4 月初，整平土地，然后按行距 6 米，株距 2～4 米挖80厘米见方，深50厘米的穴，或挖行距6米，宽、深各50厘米的沟。基肥每667平方米用菜饼10千克加三元复合肥10千克，或用其他有机肥加过磷酸钙20千克，经堆沤腐熟后穴施或条施。施后盖土待植。采用块根繁殖的，种植时腋芽向上，植后将泥压紧，一次性浇足水，再堆土起墩；育苗的于5月上中旬移栽，株距2~3米，栽后浇足水。

（3）田间管理

① 搭架：吊瓜需搭设棚架，采用高2.5米，直径8厘米的水泥柱。立柱距离5米×6米，埋深0.5~0.7米，用粗钢丝在柱上端拉紧，并四周固定牢。顶部用大孔尼龙网加顶或钢丝拉成20厘米×50厘米网状，供攀藤和果实悬挂。

② 苗期管理：当苗高20~30厘米时施肥，结合进行中耕、除草，每667平方米施尿素35千克。5~7月每隔1月施1次肥料，最后一次可多施些。当苗长40厘米左右时，用竹竿做好引蔓上架，若块根抽出的枝蔓过多，可选2~3条根蔓，去掉多余枝蔓，当主蔓长到3米时及时打顶促发侧枝。主要病虫害有黄守瓜、蚜虫及瓜绢螟和蔓枯病、炭疽病等，注意及时防治。当进行第1次中耕时，可结合防治蚜虫和黄守瓜等害虫。

（4）开花结果期管理　一般6~8月开花结果，应注意浇水抗旱。开花期除在园边留2~3株雄株外，其他雄株及时拔除。雄株花为白色，像棉铃，花柄上没有小瓜。同时做好人工授粉以提高坐瓜率。

籽莲有哪些优良品种?

（1）红花建莲　植株较高，花期6~10月份，结实率高。

（2）唐招提寺　原产日本，体型大，花期6月中旬~9月中旬，花蕾紫红色，花特大，鲜红色，重瓣花，结实率80%~100%，是优质籽莲与观赏兼用品种。

（3）寿星桃　原产扬州。花期6月上旬~8月上旬。花多，重瓣，白爪红花，每个莲蓬结实13~21粒，莲籽卵圆形，适于湖塘或观光园区栽种。

鱼塘菱角发生小虫危害，用什么药防治?

鱼塘水生植物虫害类型较多，应根据实际情况进行针对性防治措施。较常见的有潜叶摇蚊，其虫体细小，粗约1毫米左右，长5~10厘米。

药剂防治：可用90%敌百虫晶体1200倍液，于傍晚进行叶面喷雾。但不能使用菊酯类农药，以避免伤害到鱼类。

第三章　粮食作物种植技术

第一节　水稻种植技术

水稻品种金早47、杭959、天禾1号等有什么特性?

1．金早47

该品种由浙江省金华市农科院育成，曾获得省、市重大科研成果，曾是我国南方早稻主要推广品种之一。一般每667平方米产量410~450千克，全生育期110天左右，3月底~4月初播种，7月20日前后成熟。主要特征特性：株型紧凑，耐肥抗倒，分蘖力中等，株高84厘米左右，每穗实粒数100粒左右，结实率80%，千粒重25克左右。茎秆粗壮，适宜于直播栽培。抗稻瘟病，中抗细条病，感白叶枯病和稻虱。粒型短圆型，出米率高，直链淀粉和蛋白质含量较高，适宜于工业用粮，如加工红曲、粉干、味精等制品，也宜作为饲料用粮。苗期恶苗病发病率较高，播种前种子必须用“402”抗菌剂2000倍液或其他杀菌剂浸种消毒，预防恶苗病。栽培要点是：施足基肥，壮秧早插浅插，确保基本苗，浅灌早管促早发，适施苗肥和穗粒肥，适时搁田，及时治虫，湿田养老稻。

2．杭959

南方早稻品种，一般每667平方米产量410~445千克，全生育期108天左右。主要特征特性：株型紧凑，分蘖力强，后期青秆黄熟，耐肥抗倒，适宜作直播或抛秧栽培，株高78厘米左右，平均每穗实粒数78粒，结实率85%，千粒重24克。中抗稻瘟病，感白叶枯病。粒型较圆，出米率高，直链淀粉和蛋白质含量高，适宜于加工米粉干、味精、红曲、营养米粉和作饲料用粮。其栽培要点：育秧一般于3月底4月初播种，地膜覆盖；直播栽培于4月6~8日播种，每667平方米用种量4千克，并做好种子消毒和化学除草。育秧移栽的，每667平方米落田苗12~15万苗，最高苗控制在38万苗，有效穗28万穗左右。应注意螟虫和白叶枯病的防治。

3．天禾1号

南方早稻品种，一般每667平方米产量400~450千克，全生育期105~110天。主要特征特性：株型紧凑，叶色浓绿，分蘖力中等偏强，长势旺，成穗率高，苗期耐寒性较好，株高80厘米左右，每穗总粒数112~122粒，实粒数92~98粒，结实率80%~86%，千粒重25.5~26克，中抗稻瘟病、白叶枯病，田间表现对稻瘟病、纹枯病有较强抗性，后期青秆黄熟，谷粒椭圆形，适宜作工业用粮和饲料用粮。其栽培要点：播前种子用浸种灵或其他药剂浸种48小时，直播于4月8日前后播种，每667平方米用种量5千克左右。每667平方米总施氮量掌握在纯氮10千克左右，并配施磷、钾肥。

如何进行杂交晚稻直播栽培?

杂交晚稻采用直播栽培可达到省工、省力、增产的效果，特别是单季稻季节宽裕，更有利于进行直播栽培。栽培方法：

(1) 播种　播种量根据不同品种的种子千粒重及发芽率而灵活掌握，一般用种量为每667平方米播0.5～0.75千克。在做好种子浸种消毒的基础上，催芽至露白播种。建议采用点直播，易于控制密度，达到匀播均苗。行距一般为23厘米，穴距20～23厘米，每穴2粒种子，每667平方米保持1.2～1.5万基本苗。若采用撒直播，应掺入少量炒熟稻谷混播，以达到播种均匀。

(2) 化学除草　方法是在播后芽前用50%扫弗特乳油每667平方米50毫升兑水45～50千克喷雾封杀；对稗草、禾本科杂草有特效，也可在稻苗2叶期，杂草1叶1心期用20%神除2号可湿性粉剂每667平方米30克兑水45～50千克进行喷雾，田面要求无水，最好保持硬实，施药后保持水层3厘米左右，时间3～4天。

(3) 苗期管理　播种后要注意预防鼠、雀危害。3叶期前应保持田面湿润，沟中有水，要求田面（畦面）平整，防止畦面积水而导致高温汤种死苗。出苗后2叶1心至3叶期灌水上畦面，施苗肥，及时进行删密补稀，达到匀苗、全苗，同时注意防治稻蓟马危害。3叶期后保持浅水层，施苗肥。做好病虫害防治。其他田间管理技术，可参考常规稻直播及杂交晚稻栽培管理技术。

如何进行直播晚稻化学除草?

直播晚稻化学除草，可选用20%神除2号可湿性粉剂每667平方米30克，兑水50千克，在稻苗2叶期杂草1叶1心期时进行喷雾（田面要无水最好保持硬实），施药后保持水层3厘米左右，时间3～4天。可防除多种单、双子叶杂草。也可在播后芽前用50%扫弗特乳油每667平方米50毫升，兑水50千克喷雾封杀，对稗草、禾本科杂草有特效。

如何进行杂交晚稻旱育秧栽培?

杂交晚稻采用旱育秧具有提高秧苗素质、增强抗性、秧龄弹性大、移栽后不易败苗、返青快等特点，比传统的一段育秧或两段育秧增穗、增粒，提高千粒重，从而达到增产的效果。据多点试验和大面积应用统计，一般增产7.5%～17.3%，是一项省工、省力、节本、增效的高产栽培技术。其技术要点：

(1) 秧床选择与整地　杂交晚稻旱育秧，苗床宜选择地下水位高，而排水良好，靠近水源，土壤肥力中等的砂质壤土，但也不宜砂性太重的田（地）块。秧本比为1:(9～12)。本田用种量每667平方米0.75～1千克。秧床整地前施基肥，每667平方米用腐熟有机肥1500～2000千克，尿素12～15千克、过磷酸钙50千克、氯化钾15千克。通过整地与土壤充分均匀拌和，做成畦宽1.5米，沟宽25厘米的苗床，整平、拍实床面。

（2）适时播种　晚稻旱育秧比普通一段育秧或两段育秧齐穗期约推迟4~6天，成熟期推迟3~5天。因此，播种期必须相应提前3~5天，同时应选用早、中熟杂交稻组合，全生育期一般宜在135天以内，如协优46类型的组合。秧田播种量每667平方米7~9千克，由于随着播种密度的提高，始穗期则明显推迟，因此应严格掌握播种密度，在迟播的情况下，应下降播种密度，以确保安全齐穗。播种前先浇透秧床表土，种子经浸种消毒，催芽露白后播种，播后覆盖一层细泥，以不露籽为度。用塌谷板拍打床面使种子与泥土紧密接触。再用90%杀草丹乳油每667平方米150~200克，兑水50千克喷雾防草害，然后盖一层秸秆、杂草或腐熟栏肥或碎畜粪。

（3）秧苗期管理　出苗前应注意浇水，保持土壤湿润，出苗后揭去秧床上的覆盖物，若加盖栏肥或畜粪的，则不必除去，而且整地时可少施或不施有机肥。当苗长1叶1心时，喷300毫克/千克浓度的多效唑促蘖控长。据试验每千克露白种子用15%多效唑可湿性粉剂2克拌种有明显的控长促蘖效果，可进行试用。苗期应控制水分，只要不出现秧苗卷叶则不必浇水。同时不能采用灌水来补充苗床水分，因为灌水使秧床底层含水量提高，促使根系往下生长，导致起秧困难。2叶期用95%敌克松可湿性粉剂500~600倍液喷雾防病，2叶1心期施1次稀薄粪肥或1%尿素水溶液。根据病虫发生情况，适时防治螟虫、稻虱、叶瘟等病虫害。移栽前1~2天进行一次病虫害防治。起秧时秧板浇水，以便利起秧。

（4）本田栽培管理　旱育秧力争早插，秧龄控制在35天左右，不超过40天。插秧密度，落田苗一般每667平方米8万~10万苗为宜，也可采用抛秧，抛秧时应分畦定量，力争抛匀，抛后进行疏密扑稀，每667平方米落田苗可适当提高到10万~12万苗。抛秧后保持田面薄水层，立苗后再灌浅水层。由于旱育秧分蘖力强，应注意控制苗峰，最高苗每667平方米控制在30万~35万苗。适时早搁田，第一次适当重搁，然后多次轻搁。其他管理同普通杂交晚稻栽培。

水稻黑条矮缩病是怎样传播的？如何防治？

水稻黑条矮缩病过去发生面积较小，没有引起人们足够的重视。20世纪90年代在局部地区（主要在兰溪、东阳等稻麦轮作复种区域）曾发生流行，造成一定的损失。黑条矮缩病的病原是病毒，灰飞虱是主要带毒传播媒介。主要症状表现：病株矮缩，叶色浓绿，叶质僵硬，叶片基部常表现纵皱状，叶背的叶脉和叶鞘及茎秆表面有隆起呈蜡白色短条斑，后期变黑褐色。分蘖增多，根系发育不良。感病早的植株不抽穗，迟发病的虽能抽穗，但穗小，结实不良。

该病先在麦田发生，灰飞虱3~4龄若虫，在麦类及禾本科杂草越冬，开春后由于灰飞虱的迁移，带毒灰飞虱将病毒传给早稻引起发病，再由早稻传给晚稻。所以，当冬闲田杂草中的灰飞虱虫量偏多年份，次年水稻黑条矮缩病将有重发的趋势。

防治方法：

（1）切断虫源　防治黑条矮缩病的关键技术是切断虫源，必须重视灰飞虱的防治以及在水稻容易感病的生育期及时进行防治。① 在早稻秧田，秧苗 1 ~ 5 叶期及本田分蘖期，根据当地《病虫情报》及田间观察调查灰飞虱的发生情况，及时进行防治；② 在单季稻和连作晚稻秧田播种前，对田块四周进行喷药防治；③ 早稻有发病的地区，晚稻也必须注意防治，以减少感染黑条矮缩病的机率。

（2）防治灰飞虱　其药剂防治方法：可选用① 10% 施可净可湿性粉剂每 667 平方米 20 ~ 25 克；② 25% 铁拳可湿性粉剂每 667 平方米 3 克；③ 10% 比其乐可湿性粉剂每 667 平方米 15 ~ 20 克；④ 10% 蝉虱克可湿性粉剂每 667 平方米 20 ~ 30 克，兑水 30 千克喷雾；⑤ 10% 虱蚜净或 2.5% 消虱蚜可湿性粉剂等蚍虫啉系列药剂 750 ~ 1000 倍液喷雾。在秧苗期和本田分蘖期，每次间隔 3 ~ 5 天，连续用药 2 ~ 4 次。

（3）及早检查发现病株　当稻田发现有发病的病株，应及时拔除，集中烧毁，对缺穴可将其他健康稻丛分株补插及喷药灭虫。对整块田发病严重的，应拔除改种其他作物。

早稻稻纵卷叶螟如何防治？

稻纵卷叶螟一年发生 4 ~ 5 代，成虫大多来自邻近省份乃至东南亚国家和地区，随着大气环流外来蛾迁入，经过世代繁育，以低龄幼虫危害早、晚稻，故与当地的大气环流锋面切割状况相关，可见做好稻纵卷叶螟的预测预报和掌握防治稻纵卷叶螟适期是关键，即应该在卵孵高峰期或在 1 ~ 3 龄幼虫期即卵孵高峰期后 3 天防治。如果错过防治适期，当超过 3 龄幼虫，其抗药性增强，农药就很难杀死，因此必须根据虫情预报和加强田间检查，特别对生长嫩绿的稻田要加强管理，注意检查，适时进行防治。一般在卵孵高峰至 2 龄期防治，便能收到较好的效果。

防治方法：

（1）药剂防治　可选用：① 5% 锐劲特胶悬剂每 667 平方米 30 ~ 35 毫升，加 90% 杀虫单可湿性粉剂 15 ~ 20 克，或 95% 扑螟瑞可湿性粉剂 40 克；② 21% 山瑞乳油每 667 平方米 80 ~ 100 毫升；③ 35% 毒死威乳油每 667 平方米 60 ~ 80 毫升；④ 25% 抑卷保可湿性粉剂每 667 平方米 80 ~ 100 克；⑤ 40% 索虫亡每 667 平方米 100 ~ 120 毫升。以上药剂任选 1 种，兑水 50 千克喷雾。

（2）切实把握在 1 ~ 3 龄前幼虫高峰期防治　在稻田中一旦发现稻苗叶尖发生小白点、卷缩（蛾高峰期后 5 ~ 7 天），应及时进行防治，药剂可选用：① 21% 山瑞乳油每 667 平方米 50 ~ 80 毫升；② 25% 螟蛾杀星可湿性粉剂每 667 平方米 60 ~ 80 克；③ 40% 新农宝乳油每 667 平方米 80 ~ 100 毫升；④ 15% 杜邦乳油每 667 平方米 80 毫升，加乐思本每 667 平方米 40 毫升；⑤ 40% 稻悦每 667 平方米可湿性粉剂40克，加增效剂20～25克；⑥25%抑卷保可湿性粉剂每667平方米80克，加20%高明60mL。以上药剂任选1种，兑水50千克喷雾。若蛾（虫）量大，发蛾时间长，必须防治2次，隔6～7天再用药1次，而药剂配方中有锐劲特的可隔10天后再用1次。

如何防治水稻穗颈瘟?

水稻穗颈瘟病属真菌性病害，症状表现：在穗颈或穗轴上或者在第一次、第二次枝梗上发生褐色或灰黑色病斑，从穗颈向上下蔓延，使穗轴、一次枝梗或者二次枝梗发病，发病早、发病重的，造成白穗，严重影响产量。

防治方法：

（1）农业防治　采用抗病品种，消除病田病草，铲除病原是关键。同时栽培上宜加强肥水管理，防止氮肥过量。

（2）药剂防治　做好种子浸种消毒，药剂可用80%402乳油1500～2000倍液浸种，早稻浸48小时，晚稻浸24小时，杂交稻采取间歇浸种，浸8～10小时，捞出晾干2～3小时再浸。生长期药剂防治，宜在水稻破口期至抽穗初期进行，药剂可选用：①20%三环唑粉剂每667平方米100克；②40%富士1号乳油每667平方米70克；③40%灭菌威胶悬剂每667平方米200克。以上药剂任选1种，兑水40千克进行喷雾。

如何防治稻苗恶苗病?

水稻恶苗病主要是由于种子带菌（镰刀菌）引起的。防治方法：应在播种前进行种子消毒处理，例如用80%402乳油2000倍液，或10%浸种灵乳油500倍液，进行浸种消毒，便可有效控制恶苗病发生。当秧苗发病后，可拔除病苗集中处理销毁，其他健康的秧苗可以仍然用于种植。

水稻抛秧田宜用什么除草剂?

抛秧栽培稻田化学除草可选用下列药剂：①用24%吡丁灵每667平方米150～200克兑水40～50千克，于抛秧后3～5天立苗后即施药，施药后保持浅水层，防止田水满过心叶；②18.5%抛秧净每667平方米20～25克；③18.5%田兴可湿性粉剂每667平方米25～30克；④35%丁苄每667平方米80～100克，于抛秧后5～7天拌细泥或化肥撒施，施药后保持浅水层5～7天，防止田水满过心叶，弱苗和漏水田禁用；⑤神锄Ⅱ号每667平方米25～30克兑水40～50千克，于抛秧后10～15天，掌握稗草全部出齐，叶龄3～4叶，喷雾。施药前排干田水，药后2天上水，药液雾化要好。该药对胡萝卜、芹菜敏感，应注意避免药害。

第二节　马铃薯种植技术

秋马铃薯什么时候播种？如何进行马铃薯种薯消毒?

秋马铃薯在平原地区一般于8月底～9月上中旬播种，山区可提前到8月中下旬～8月底播种。

马铃薯种薯消毒方法：播种前用70%甲基托布津粉剂1000倍液或50%多菌灵粉剂600倍液浸种1分钟。土壤消毒可用石灰氮（一氰氨化钙），即每667平方米用石灰氮25～30千克，安全间隔期半个月以上，即按播种期要提前半个月施用，这样才能按时进行播种，不会产生肥害。

如何进行马铃薯免耕稻草覆盖栽培？

稻田种植马铃薯采用免耕全田稻草覆盖栽培技术，能达到省工、高产、高效的效果。一般每667平方米产量1500千克左右，高的可达2000千克。同时省去中耕培土、化学除草等工序，不仅省工，简便易行，而且薯型圆整，表面光滑，色泽鲜嫩，商品性好。有利于绿色（安全）食品生产。栽培方法如下：

（1）种薯处理　品种选用休眠期短、早熟、薯块膨大快的东农303、克星4号、中薯3号或金冠、郑薯85－2等品种。一般利用从东北引进的春马铃薯当年收获后的小薯块做种，每667平方米用种量130～160千克。在播种前7～10天，用水库冷水（或井水）浸种1小时，或用5～10毫克/千克浓度的“九二〇”水溶液浸种30分钟～1小时，以打破休眠期。然后放在阴凉处进行催芽，当芽长1厘米左右便可进行播种。

（2）整畦与播种　用于免耕栽培的稻田，以迟熟早稻或中稻田的茬口较适宜，同时尽量做到齐泥割稻。畦宽1.8～2.5米，可利用稻田的原“丰产沟”做畦，若畦面太宽在其中再开1～2条沟，将沟泥撒放在畦中央，做成微弧型畦面，以利排水防渍。基肥每667平方米施腐熟有机肥1000～1500千克，加复合肥30～40千克。有机肥可撒施，也可作盖种肥，复合肥待摆种后施。

播种期，一般于8月底～9月上中旬播种。播种前对大的种薯可切成每块有2～3个芽眼的小薯块，用50%多菌灵可湿性粉剂2500～5000倍液浸一下，待切面稍晾干后用草木灰涂抹切口隔日播种。播种时把薯块直接摆放在畦面，稍微用力一压，使种薯与土壤充分接触。行距40～50厘米，株距30～25厘米，边行距离畦边20厘米左右。摆好后施肥，将复合肥施用行间，应避免化肥与薯种接触，防止引起烂种。再覆盖稻草，厚度8～10厘米，稻草方向与畦边垂直，稻草根部与顶部相接，整畦覆盖，平铺不留空隙，厚薄均匀，同时避免稻草互相交错缠绕。如果盖草太薄或不均匀，会发生漏光，后期便出现绿皮薯块；但盖草也不能太厚，最厚不超过15厘米。必要时可用泥土将稻草压若干个点，以防稻草被风吹乱。

（3）田间管理　播种后一般依靠降雨保持土壤湿润，可正常出苗和满足薯苗生长对水分的需要。若前期遇到秋旱，则应适当灌齐沟跑马水，以促进出苗和齐苗壮苗。由于盖草后抑制了杂草生长，病害也轻，可以不中耕、不施追肥和不使用农药除草。一般的小草和稻茬不影响马铃薯的生长，若有大草生长可用脚踩倒或锄去。结薯期可用0.2%磷酸二氢钾加2%～3%尿素水溶液或再加

0.1% 硼砂进行喷雾，若遇干旱应灌半沟水湿润土壤，但不宜漫过畦面。

（4）收获　由于免耕、覆盖稻草，使马铃薯的匍匐茎基本上沿着畦面生长延伸，薯块长在畦面上。收获时只要拨开稻草即可拣收，即使少数入土的薯块也很浅，容易收获。同时，可以根据市场行情和薯块大小分批采收，余下的小薯块只要再盖好稻草，还能继续生长，从而既能提早采收提高经济效益，又保持有较高的产量。

如何防治马铃薯疫病？

马铃薯疫病是属真菌性病害，危害茎叶及地下块茎，其分为早疫病和晚疫病两种，在气温较凉时，以晚疫病为主，当气温较高时，以早疫病为主。

1. 症状

（1）晚疫病　叶片在发病初期从叶尖或叶缘开始产生水渍状斑点，在潮湿环境下迅速扩大，腐败发黑。在雨后或有露水时病斑边缘产生白色霉轮，病情严重时，叶片焦黑腐烂。叶片反面生白色霜霉状物。块茎发病薯块呈现稍凹陷的褐色或紫色病斑，土壤干燥时，病部发硬成局部性干腐；土壤多湿时，病斑侵入内部，可使整个薯块腐烂。

（2）早疫病　叶片上生成褐色有明显同心圆纹病斑，长黑色霉状物，严重时叶片焦枯。

2. 防治方法

（1）选用无病种薯　采用秋薯留种一般感病较轻。种薯进行杀菌消毒，播种前用 70% 甲基托布津粉剂 1000 倍液浸种 1 分钟。经过催芽剔除病薯、病芽，减少带病率。

（2）加强栽培管理　做好开沟排水、中耕、培土，增施钾肥，以提高抗病力。此外收获时做好病株、病薯处理，避免病菌扩散。

（3）药剂防治

① 晚疫病：在发病初期用 58% 甲霜·锰锌可湿性粉剂 300 倍液灌根；用 72% 霜康可湿性粉剂 800 倍液；60% 灭克可湿性粉剂 800～1000 倍液；72% 疫毙可湿性粉剂 600 倍液，在露水干后喷施，隔 10 天 1 次，连喷 2～3 次。

② 早疫病：可选用 64% 杀毒矾可湿性粉剂 500 倍液，或 77% 可杀得微粒剂 500 倍液喷雾。

如何防治马铃薯粉虱、蚜虫？

马铃薯粉虱、蚜虫危害，药剂防治可选用：① 5% 大功臣可湿性粉剂 2500～3000 倍液；② 3% 金世纪 2500～3000 倍液；③ 10% 蚜虱净可湿性粉剂 2500～3000 倍液，在若虫期喷雾防治。要求雾点要细，叶面叶背都应均匀喷到。

如何防治马铃薯植株枯萎？

马铃薯植株枯萎主要是由病害引起的，例如环腐病、晚疫病、青枯病、病毒病、早疫病等多种疾病均可导致植株枯萎。

对上述病害的综合预防措施：

① 选用抗病、耐病品种，选择无病种薯做种，使用秋马铃薯留种，尽量采用小薯块整薯播种，若薯种切块，对刀具应进行消毒。

② 播前种薯进行消毒。

③ 加强栽培管理，做好清沟排水，防止渍害。增施磷、钾肥，以提高植株抗病能力。发现病株，及时拔除带出田外深埋，撒石灰消毒和及时防治蚜虫等消除传毒媒介。

④ 预防马铃薯青枯病应进行2~3年以上轮作。

第三节　其他粮食作物种植技术

玉米田用什么除草剂?

玉米田化学除草方法：于玉米移栽成活后，① 用50%乙草胺乳油，每667平方米80毫升；② 90%禾耐斯乳油，每667平方米45毫升；③ 72%都尔乳油，每667平方米100毫升，兑水40~50千克喷雾，并保持土壤湿润，若土壤较干燥，应喷足水量。

高粱黑穗病有什么症状？如何防治?

高粱黑穗病。病原菌主要通过土壤和种子传播。病菌在土壤中可存活3年，如果连作发病严重，病菌主要侵害幼芽。高粱黑穗病分为丝黑穗病、散黑穗病和坚黑穗病3种。

1. 症状

（1）丝黑穗病　病株略矮小，病穗变成一团黑粉，初期外包白色薄膜以后薄膜破裂，散出大量黑粉状物，并露出黑色的乱丝状维管束组织。

（2）散黑穗病　病株的小穗花的子房和内颖、外颖都变成黑粉。在黑粉外面包一层薄膜，当薄膜破裂后黑粉散落，病株较健康株略矮小，并抽穗较早。

（3）坚黑穗病　与散黑穗病症状相似，而小穗花中只有子房被破坏，颖片一般完好，黑粉外包膜坚实不易破裂。

2. 防治方法

（1）实行轮作　进行水旱轮作，一般3年以上轮作1次，效果显著能有效防止该病发生。

（2）种子处理　① 用55℃温水浸种5~10分钟，种子量与水比例为1∶2；② 用50%托布津可湿性粉剂拌种，药剂用量为种子量的0.6%，或用专用种子消毒剂处理。

（3）加强栽培管理　前作收获后深翻耕，播后不宜覆土过深，促使幼苗出土快，减少病菌入侵机会。

（4）拔除病株　当发现有染病植株，立即拔去病株，带出田外深埋或烧毁。

燕麦与荞麦有什么不同？

荞麦和燕麦是两种不同的农作物，以往曾一度把它当作“低产作物”，在农作物种植结构中往往没有多大地位，然而两者均有一定的保健功能，随着人民生活水平的提高，人们在膳食方面崇尚粗粮与精粮的合理搭配，荞麦、燕麦作为“粗粮”而得到人们的青睐，价格上扬，从而经济价值显著提高。其特征特性：

（1）荞麦　蓼科，一年生草本植物。茎呈紫红色，单叶互生，三角形，如心脏；果实为瘦果，三角形，是优质小杂粮，籽实可以磨粉供食用，是理想的保健食品。荞麦生育期短、适应性广、耐瘠薄，多数地区均可种植，可作为救灾作物安排种植。

（2）燕麦　禾本科，一年生作物。叶片狭长，果实为颖果，纺锤形，外稃有短芒或无芒。喜冷凉湿润的气候环境，北方地区种植可收种子供食用，是优质保健食品，有一定的降脂、降糖等功效。南方地区种植收获种子因产量很低，一般作牧草栽培。于10月秋播，全生育期180～200天。

翠扇大豆有什么特性？

翠扇大豆是河北省当阳市一退休教师培育出的地方大豆品种，属有限结荚习性，是春夏兼用型大豆，全生育期春播115～120天，夏播95～110天。该品种株高80厘米左右，茎秆粗壮，主茎节数16～18节，分枝数10个左右，扇形分枝，叶卵圆形，荚长8～10厘米，每荚3～4粒（比普通大豆品种豆荚长4～5厘米，每荚增1～2粒），籽粒椭圆形，黄皮褐脐，单株结荚数200多个，单株产量150～200克，每667平方米产量350千克左右。

如何预防甘薯裂缝？

甘薯裂缝原因主要是土壤过分干燥或过于潮湿等水分供应不均衡引起，特别是持续干旱后突然灌水或下阵雨，容易产生薯块裂缝。再者与品种特性有关，属于生理性裂缝。

预防措施：选用抗裂缝（或不裂缝）的优良品种。在栽培管理上采取深沟高垅种植，经常保持土壤湿润，一般苗期和正常生长期土壤含水率保持在60%～70%，茎叶生长旺期不超过70%～80%，以及增施有机肥和磷、钾肥，有条件的可在甘薯垅覆盖杂草或栏肥，避免土壤水分干湿度大起大落。

甘薯出现黑疤和畸形是什么原因？如何预防？

甘薯块根表面产生黑色斑疤或者畸形等，会造成不易贮存和严重影响商品性。甘薯出现黑疤的原因是薯块膨大过程中被地老虎等地下害虫咬伤，伤口愈合后而形成的。薯块畸形的原因是多方面的。主要有：土质黏性大、土壤干硬或者湿度过大，通气不良，或氮肥过多等均会导致甘薯纤维根在形成块根过程受阻，而形成细长根、牛蒡根，或大小不均，奇形怪状。再者在薯块膨大期土壤干湿度不当，特别是长期干旱土壤供水不足，遇到突然下雨或灌水，使薯块迅速膨大，则易产生裂缝。

预防措施：

（1）土壤选择　选择表土疏松、土层深厚、排水性能良好的砂质壤土等土壤种植。土质过于黏重的，增施有机肥，或掺砂改良土壤。

（2）土壤消毒　插种薯苗前进行土壤消毒，用3%米乐尔颗粒剂3～4千克，或5%紫丹颗粒剂2～2.5千克拌细泥20～30千克撒施，以预防地下害虫。

（3）合理施肥　甘薯生长期中对肥料的需求，以钾肥需要量最多，其次氮肥，磷肥最少，在施肥时应坚持前期重氮，后期重钾。氮肥主要在苗期和封垄前施用，薯块膨大期重施钾肥。封垄后应避免氮肥施用过量，而影响块根膨大，导致形成纤维根。

（4）采取高垄种植　采取高垄种植有利于经常保持土壤湿润，防止土壤过干或过湿。同时加强田间水分管理，一般在苗期和正常生长期保持土壤含水量在60%～70%，茎叶生长旺期不超过70%～80%。薯块膨大期若遇到干旱，薯垅覆盖杂草或栏肥避免土壤水分发生急剧变化。

第四章　蔬菜种植技术

第一节　白菜的种植技术

春大白菜何时播种？如何种植？

春大白菜可采用直播或育苗移栽。直播于3月中下旬播种为宜，育苗可提前到3月上旬，用小棚覆盖保温，3月下旬定植。春大白菜生育期较短，应选择生长期60～70天，冬性强的品种，争取在高温来临前及时采收。由于春季雨水多，宜采用深沟高畦栽培，株行距一般为30厘米见方，每穴定植一株。4～5月应加强保温，以防低温引起提早抽苔。早施追肥，促进外叶生长、结球，一般施肥2次，每667平方米每次施尿素10～15千克。做好地老虎和菜青虫等病虫害防治工作。

大白菜金丰1号何时播种？

金丰1号大白菜，适宜的播期于2月10日前后，采用大棚、地膜育苗，注意保温，防止低温引起早抽苔。苗龄1个月左右为宜。

如何防治大白菜霜霉病和白斑病？

1. 大白菜霜霉病

大白菜霜霉病苗期、成株期均可发病，以叶片发病为主。感病敏感期，主要发生在幼苗期、包心前期及包心期。白菜霜霉病的发生流行与温湿度关系最为密切，平均气温16℃左右，相对湿度在85%以上，昼夜温差大，多雾多露水，病害重且易流行。菜地土壤黏重、低洼积水、大水漫灌、连作菜田以及生长前期病毒病较重的地块极易发生霜霉病。

霜霉病症状：受感染植株叶片出现黄色斑和白色透明病斑，苗期发病叶片正面形成淡绿色斑点，扩大后变黄，潮湿时叶背面长出白色霉状物，遇高温病部则形成近圆形枯斑。成株期病斑褪绿或变黄，在发展过程中，因受叶脉限制成多角形。病情进一步发展时，多角形病斑常连合成大斑块，导致叶片变褐干枯。

防治方法：

（1）农业防治　应选用抗病品种，选用无病的种子，播种前用50%福美双可湿性粉剂或75%百菌清可湿性粉剂拌种，药剂用量为种子重量的0.4%。此外，实行与非十字花科蔬菜轮作2年以上。收获后彻底清洁田园并深翻土壤，加速病残体腐烂。

（2）药剂防治　于发病初期药剂选用① 72%霜康可湿性粉剂800倍液；② 72%克露可湿性粉剂600～800倍液；③ 75%百菌清可湿性粉剂500倍液喷

雾，每隔7～10天喷1次，连喷2～3次。

2. 大白菜白斑病

大白菜白斑病主要发生在叶片上，是由越冬菌丝及分生孢子借风雨传播侵染叶片。

白斑病症状：先在叶片出现灰褐色或黄白色圆形小病斑，后逐渐扩大成为圆形或近圆形大斑，直径0.3～1.0厘米，病斑边缘绿色，中央灰白色至黄白色，病部稍凹陷、变薄，易于破裂。湿度大时，病斑背面产生浅灰色霉状物。病害严重时，病斑融合，致叶片干枯。

药剂防治：于发病初期选用① 70%甲基托布津可湿性粉剂800～1000倍液；② 50%多菌灵可湿性粉剂800倍液喷雾，每667平方米喷药液50～60千克，间隔15～16天1次，连喷2～4次。

此外，应选用抗病品种，实行与非十字花科蔬菜轮作2年以上。收获后彻底清洁田园并深翻土壤，加速病残体腐烂。

大白菜叶片变黄是什么原因？如何防治？

蔬菜（大白菜）叶片边缘变黄是缺乏微量元素引起的。例如大白菜缺钾会使叶片边缘出现大小不等的白色或黄白色斑点，进而扩展连成枯斑，最后常因病菌感染使叶边缘枯凋，老叶提早黄萎脱落；又如结球白菜缺钙会引起内叶缘或者连同心叶一起变褐色干枯；缺镁也会使蔬菜叶片从边缘开始变黄（白）化，逐步向内延展或者除叶脉两侧外全叶黄白化。

防治方法：可根据具体症状，采用相应措施。例如缺钾可施用钾肥。缺钙可用0.3%～0.5%氯化钙叶面喷雾，隔7天1次，连喷2～3次；如果土壤呈酸性、缺钙，可施用石灰等。缺镁可用1%～2%硫酸镁喷洒叶片，5～7天1次，连喷3～5次；也可施用钙镁磷肥，同时适当控制钾肥与氮肥的施用量。

大白菜根肿病如何防治？

大白菜根肿病是由病毒感染引起的，十字花科蔬菜根肿病，例如芥菜、大白菜、油冬菜、雪里蕻等十字花科蔬菜均会发生。

症状与发病条件：染病植株在主根和侧根上形成肿瘤，一般呈纺锤形或不规则形状，如鸡蛋大小或更大的肿块，小的如米粒；一般主根上肿块大而少，侧根上小而多。肿瘤初期表面光滑，后期便发生龟裂，变粗糙，若被细菌感染，则发生腐烂。发病初期植株生长缓慢、矮小，基部叶片中午萎蔫，早晚恢复正常，后期茎部叶片变黄、枯萎、整株死亡。根肿病与根结线虫病的主要区别是：根肿病是由芸苔根肿菌侵染而引起，只危害十字花科植物。根结线虫病是由线虫寄生引起的，危害面广，除了十字花科外，莴苣、芹菜、黄瓜、茄果类及菜豆等均会被害发病。根肿病在酸性土壤（pH 5.4～6.5）、低洼地方、土壤湿度大及空气湿度70%～90%的情况下，发病严重。土壤pH在7以上时，则发病轻。

防治方法：

（1）农业防治 ①实行水旱轮作，或与非十字花科蔬菜轮作4~5年；②增施石灰，结合深翻土壤，每667平方米用石灰70~100千克，以调节土壤酸度，可减轻病害；③选择晴天定植，定植后最好要有1~2星期的晴天；④做好开沟排水，降低土壤湿度和地下水位；⑤施用有机肥应经过堆制后再用，并配施磷、钾肥。

（2）药剂防治 ①移栽时用15%石灰乳灌根；②发病初期用50%托布津可湿性粉剂400~500倍液，或50%多菌灵可湿性粉剂500倍液灌根。

第二节 萝卜、芋艿的种植技术

如何种植腌制加工用小萝卜？

腌制的食用小萝，口味宜人香碎爽口，富含维生素A、矿物质等营养元素，经济效益高，深受消费者青睐。用于腌制加工的小萝卜栽培技术如下：

（1）适期播种 一般于清明后播种。采用撒播，密度比普通萝卜要密，播种量每667平方米1.5~2千克。

（2）田间管理 出苗后当真叶2~3片和4~5片时进行间苗和定苗，株距10厘米左右。定苗后中耕2~3次，前2次应浅中耕，锄松表土，中耕时将沟土培于畦面。结合中耕，追肥2次，每次用粪肥每667平方米1000~1500千克（或尿素10~15千克）要薄肥浇施，避免浓度过大和靠近根部施入，以避免烧根或引起肉质根腐烂或硬化。同时保持土壤有足够水分，特别是肉质根膨大期，需水量大，更要注意水分供应，避免水分不足或供水不均，而影响肉质根正常生长，其他栽培措施可参照普通萝卜栽培。

韩国萝卜何时播种？

韩国萝卜品种主要有白玉春、新白玉等。作为春萝卜栽培，一般是11月播种；秋萝卜于7~8月播种。如果春节后播种，应进行地膜覆盖等保温措施，促进生长，争取在高温季节前成熟，避开高温季节。

如何防止芋艿又细又长，促进其膨大？

通常种植的蔬菜芋艿，属多子芋品种芋艿，其侧芽很发达，若培土不好，便会长出新芋露出土面，使新芋变长、变细、变绿，并消耗养分，从而使其他的芋艿也长不大。矫正方法：加强培土壅根，以抑制侧芽和新芋产生，促进不定根生长，增强吸收养分。对新长出的侧芽应及时抹掉，使养分集中，促进地下茎膨大。

芋艿播种后使用扑草净会有药害吗？

扑草净只对小粒种子的萌芽及农作物幼根影响较大。芋艿下种后施用扑草净，当药剂施用后便被土壤充分吸附，而当芋种发芽突破药土层时，与施药时已有相当一段间隔时间，那时药效已经减弱。因此，如果不超量使用，应是安全的。

如何进行芋艿、马铃薯间作，地膜覆盖栽培？

芋艿与马铃薯间作，地膜覆盖栽培，可同时进行播种，能达到一膜两盖，提早成熟，提高产量等效果，同时有利于后作安排，提高复种指数，多种多收，增加经济收益。栽培技术：

（1）整地播种 12月中下旬翻耕整地，每667平方米施腐熟有机肥1000千克作基肥，并每667平方米用3%米乐尔颗粒剂3～5千克或50%辛硫磷乳油100～300毫升拌细泥撒施以杀灭地下害虫。整成畦宽连沟1.6～2米，每畦挖4行播种沟待播。

播种期12月底～翌年1月初，芋艿与马铃薯同时播种。马铃薯品种选用东农303或克星4号，播种前将马铃薯种薯切成20～25克重、每块具有1～3个芽眼的小块，用50%多菌灵可湿性粉剂600倍液浸种1分钟。待薯块稍干爽后再用钙镁磷肥拌种待播；芋艿选用市场适销的品种，如白芋等，并选择品种纯正，顶芽健壮，单个重50克左右的子芋或孙芋做种。播种时先播马铃薯，每畦播4行，株距25厘米左右。然后再播芋艿，在两边行马铃薯之间各播1行芋艿，每畦播2行，行距80～90厘米，株距30～35厘米，与马铃薯呈宽窄行。播种时顶芽朝上。芋艿因前期生长量小，应施适量肥料作下种肥，每667平方米用复合肥80～100千克，于播后在两种薯之间施入，但化肥不能与种薯接触，以免引起烂种，然后盖土。再用90%禾耐斯乳油1000～1200倍液，或50%扑草净可湿性粉剂800～1000倍均匀喷雾畦面以防杂草。最后覆盖地膜，两边用泥块压紧，避免被风掀起。如果覆盖双膜，效果更好。

（2）田间管理 马铃薯出苗后2～3天选择晴天进行破膜放苗，让幼苗伸出膜外，同时用泥土将地膜破口封住。出苗后若遇霜冻，应采取防冻措施，如霜前盖稻草或撒施草木灰，待回温后喷0.2%～0.3%磷酸二氢钾促进恢复生机。在块茎膨大期用120～150毫克/千克浓度的多效唑均匀喷雾，抑制地上部徒长，促进薯块膨大，同时每667平方米用光合微肥200克加磷酸二氢钾100克兑水50千克根外追肥1～2次，以防止早衰。

芋艿于3月上旬开始出苗，3月中旬左右齐苗，同样进行破膜放苗。马铃薯约4月中旬～4月底收获，共生期约1个多月。马铃薯收获后及时施肥，用量每667平方米用复合肥30～40千克，加尿素10千克。结合进行中耕培土，并于芋艿基部盖草，促进球茎膨大。在芋艿膨大期若发现新芋叶片抽出土面，应将其割去，并培土盖没，以利子芋、孙芋膨大，提高品质。一般需要培土2～3次，以减少明芋，增加暗芋，避免芋艿露出土面变成绿色。芋艿适宜湿润的土壤环境，若遇干旱应及时灌半沟水，让其自然落干，保持畦面湿润。

(3) 病虫害防治　马铃薯主要有晚疫病。在发病初期用58%甲霜锰锌可湿性粉剂300～400倍液灌根或72%克露可湿性粉剂600～800倍液喷雾；蚜虫可用3%绿园2500倍液或10%蚜虱净可湿性粉剂2500～3000倍液喷雾。芋艿主要有腐败病和干腐病，可用波尔多液喷雾或灌根；斜纹夜蛾和芋虱可用5%锐劲特胶悬剂1500～2000倍液喷雾。

如何防治芋艿的芋污斑病?

芋艿的芋污斑病是由芋芽枝菌侵染引起，属真菌性病害，此病仅危害叶片。

症状与发病条件：芋污斑病先从下部老叶开始，逐渐向上发展，叶片发病初期表面呈淡黄色病斑，后逐渐变为淡褐色至暗褐色，叶背病斑呈淡黄色，病斑近圆形或不整形，边缘界限不明晰，似污渍状，湿度大时病斑上面着生暗黑色薄霉层，严重时病斑密布全叶，致叶片变黄干枯。高温多湿有利病害发生。芋污斑病的主要发病盛期在7～10月。夏秋季雨水较多年份发病重，田间郁蔽、偏施氮肥、植株生长衰弱或旺而不壮的田块发病重。

防治方法：发病初期选用50%甲基硫菌灵可湿性粉剂600倍液，或75%百菌清可湿性粉剂600倍液，并加入0.2%洗衣粉以增加展着力，均匀喷洒。此外，做好清沟排水，合理施肥，提高植株抗病力；在田间收集病残物深埋，减少菌源传播。

芋艿田如何使用氯化钾?

氯化钾中的氯离子会影响农作物种子发芽和幼苗的生长，施用时宜在播种前或移栽前10～15天施用，或作为追肥，待作物长得稍大时，结合中耕除草、培土施用。一般每667平方米用量5～10千克。

芋艿田用什么除草剂除草?

芋艿田化学除草方法：① 在播种后杂草出土前可使用50%乙草胺乳油每667平方米用量75～100毫升，兑水50千克喷雾；② 在生长期间可选用5%精禾草克乳油每667平方米40～50毫升，或5%精奎禾灵乳油每667平方米60～75毫升，兑水45～50千克进行定向喷雾，喷洒杂草茎叶上。上述药剂对单子叶作物敏感，使用时注意防止药害。

第三节　番茄的种植技术

番茄有哪些优良品种?

番茄优良品种主要有：以色列R144和以色列870。宜大棚种植，春、秋季栽培均可，春季1～2月播种，温床育苗，栽培得法，可延秋。秋季于7月上中旬播种。抗青枯病的番茄品种有：夏红1号和新星101。果型中等，春季于11月下旬播种，保温育苗；秋季于7月上中旬播种。营养钵育苗。

番茄大棚栽培有哪些好处？

番茄采用用大棚覆盖，进行保温、避雨栽培，可提前播种，提早上市；同时，能有效提高品质，减少病害发生，减少治病用药次数，有利无公害蔬菜生产。然而大棚栽培成本较高，增加了投入，使价格相应提高。

如何防治番茄早疫病？

番茄早疫病又称番茄轮纹病，属真菌性病害，主要危害叶片，茎、果实也会发病。

症状：叶片发病多先从基部叶开始，初期为水渍状暗褐色小斑点，以后逐步扩大成圆形或椭圆形病斑，外缘有黄绿色晕斑，空气潮湿时病斑上着生黑色霉层严重时可使叶片卷曲、干枯、早落叶。果实受害多从果蒂附近发生病斑呈褐色或暗黑色，稍凹陷，上面着生黑霉，病果易裂开。番茄早疫病属低温型病害，气温在20℃左右、空气湿度大的情况下容易发生。

防治方法：

（1）农业防治　发现病株及时摘除基部病叶，大棚栽培要严格控制棚内湿度，利用晴热天气，经常进行通风换气排湿。并做好清沟排水，降低田间湿度。

（2）药剂防治　① 65% 俊尔可湿性粉剂 500～750 倍液；② 10% 科佳胶悬剂 800 倍液；③ 80% 大生可湿性粉剂 600 倍液；④ 78% 科博可湿性粉剂 600 倍液；⑤ 64% 杀毒矾可湿性粉剂 500 倍液；⑥ 70.2% 安泰生可湿性粉剂 600～700 倍液喷雾。隔 5～7 天 1 次，连喷 3～4 次。

番茄叶霉病都有哪些症状？如何防治？

番茄叶霉病是由真菌、黄枝孢菌侵染引起的病害。以叶片受害为主，严重时也可危害茎、花、果实。

症状：发病初期，先在基部叶片背面，出现不规则型或椭圆形淡黄色退绿斑，后逐步扩大，并长出霉层，为灰褐色或黑褐色绒状，条件适宜时，病斑在叶正面也可长出黑霉，随病情扩展，叶片逐渐卷曲，植株呈黄褐色干枯。果实染病，果蒂附近或果面形成黑色圆形或不规则形斑块，硬化凹陷，不能食用。大棚栽培在高湿高温条件下，迅速往上部叶片蔓延，致使整个叶片枯黄。

防治方法：

（1）农业防治　番茄叶霉病以预防为主，选择抗病品种，实行轮作，播种前种子进行消毒。保护地栽培在定植前，用硫磺熏蒸，每 66 立方米大棚用硫磺 0.13 千克、锯末 0.25 千克混合后，在傍晚点燃熏蒸消毒。栽培管理上加强通风，控制浇水防止湿度过大，合理施肥避免氮肥过量。

（2）药剂防治　发病初期可选用：① 30% 爱苗乳油 2000～2500 倍液；② 10% 福星胶悬剂 3000 倍液；③ 10% 世高水分散粒剂 800～1000 倍液；④ 47% 加瑞农可湿性粉剂 800 倍液喷雾。5～7 天 1 次，连喷 2～3 次。

番茄枯萎病如何防治？

番茄枯萎病又称萎蔫病，是由番茄尖镰孢菌番茄转化型病菌，属半知菌亚门真菌，侵染引起的病害，多数在番茄开花结果期发生，局部受害，全株显病。

症状：发病初期茎一侧自下向上出现凹陷区，使一侧叶片发黄、变褐，然后枯死。有的是半侧叶片或半边叶变黄，也有的从植株基部的叶片始发，逐渐向山蔓延，除顶端数片完好外，其余均枯死。湿度大时，病部产生粉红色霉层。该病的病程进展较慢，一般 15 ~ 30 天枯死。

防治方法：

（1）农业防治　实行 3 年以上轮作。选用抗病品种。育苗的土壤消毒，播种前种子用 0.1% 硫酸铜浸种消毒 5 分钟后，捞出催芽播种。

（2）药剂防治　在发病初期可选用① 50% 西瓜诺康可湿性粉剂 800 倍液；② 50% 多福可湿性粉剂 500 ~ 600 倍液；③ 70% 病菌灵可湿性粉剂 1000 倍液；④ 50% 多菌灵可湿性粉剂 600 倍液，喷雾或浇根，每隔 7 ~ 10 天 1 次，共用药 2 ~ 3次。

如何防治番茄基腐病？

番茄茎腐病（茎基腐病）是由真菌立枯丝核菌侵染所致，是大棚番茄发生较严重的一种病害，主要危害番茄大苗或结果初期植株。

症状：发病初期症状不明显，持续一段时间后，植株呈枯萎状，茎基部产生褐色至深褐色略凹陷斑，向上下及四周扩展，当扩至绕茎一周时，出现枯萎状，与枯萎病相似，拔出根部未见异常。

防治方法：

（1）农业防治　实行轮作与非茄科作物轮作 2 年以上。土壤消毒，定植前每 667 平方米地用生石灰 50 ~ 70 千克撒于地面，然后翻地混拌均匀。避免偏施氮肥和大水漫灌。发现病株及时拔除，同时用生石灰消毒病穴。

（2）药剂防治　发病初期可在根部周围药剂浇根，药剂可选用：① 用绿亨 1 号 600 ~ 800 倍液；② 铜制剂（铜大师、铜帅等）500 ~ 1000 倍液，隔 5 ~ 7 天 1 次，连续浇根 2 ~ 3 次。或者喷雾，药剂选用：① 30% 绿得宝悬浮剂 600 倍液；② 72.2% 霜霉威水剂 600 倍液；③ 30% 恶霉灵水剂 800 倍液等药剂，每隔 7 ~ 10 天 1 次，连续喷 2 ~ 3 次。

如何防治番茄立枯病？

番茄立枯病是由真菌立枯丝核菌侵染引起的番茄常见病害。刚出土的幼苗和大苗均可感染受害，尤以中后期为主。

症状：病苗茎基部变褐色，然后病部收缩细缢，茎叶萎垂枯死。定植后发病，湿度大时组织腐烂，病部产生淡褐色蛛丝状霉层，后期形成菌核。

防治措施：发病初期选用：① 54.8% 可杀得 2000 干悬浮剂 600 倍液；② 72% 农用硫酸链霉素 3000 倍液，喷雾。此外保护地栽培的番茄在保温防冻的前提下，利用晴天中午进行大棚通风排湿，降低棚内湿度。

如何防治番茄青枯病？

番茄青枯病是由细菌青枯假单胞菌侵染引起的细菌性病害。主要为害茎和叶片，一般成株在结果中后期发病。

症状：植株感病后先是轻度萎蔫，早晚或阴天温度低时可恢复正常，数天后植株即青枯而死，叶片青绿色，茎秆粗糙，解剖茎秆可从维管束中挤出菌脓。病菌可通过田间耕作，整枝打叉、浇水及雨水进行传播，该病菌喜欢高温、高湿，易在酸性土壤中生长繁殖。因此番茄生长前期和中期降雨偏多，尤其是连续阴雨天过后天气转晴，田间排水不良，温度较高时极易发生流行。番茄青枯病目前尚无理想的药剂防治，一旦发病后用药物很难控制。

防治方法：

（1）预防措施　① 选用抗病良种；② 实行与禾本科作物来年水旱轮作；③ 如果在酸性土壤上种植应施石灰，每667平方米用50～70千克，将土壤酸碱度性调节为中性或碱性以抑制病菌繁殖；④ 加强肥水管理等。

（2）药剂防治　在发病初期可选用54.8%可杀得2000干悬浮剂600倍液喷雾。若发现严重染病植株及时拔除集中烧毁，并在病株穴及附近植株喷施铜帅800～1000倍液，或铜大师600～800倍液，或12%绿乳铜乳油600倍液等，以控制病害蔓延。

如何防治番茄晚疫病？

番茄晚疫病是番茄重要病害之一。病原为致病疫霉菌是疫霉属鞭毛菌亚门真菌。番茄晚疫病对大棚、露地栽培均可发生，但主要危害大棚栽培番茄。连续阴雨天气发病严重。

症状：主要在叶片或茎干上首先发病，初期出现水渍状、针尖状病斑，病斑扩大后，上面产生白色菌丝体，随后叶片发生连片暗绿色水渍状病斑，中脉变褐色枯死，茎干折断。

药剂防治：可选用：① 10%科佳胶悬剂1000倍液，加78%科博可湿性粉剂600倍液；② 10%世高水分散粒剂1000倍液，加64%杀毒矾可湿性粉剂500倍液；③ 25%阿米西达胶悬剂1500倍液；④ 40%乙磷铝可湿性粉剂200倍液；⑤ 52.5%抑快净水分散剂2000倍液。以上药剂任选一种喷雾，5～7天1次，连喷3～4次。此外，如发现严重染病植株，应及时拔除带出园外集中烧焚或深埋处理。

如何防治番茄疫霉根腐病？

番茄疫霉根腐病是番茄重要病害之一。番茄疫霉根腐病的病原为寄生疫霉和辣椒疫霉，属鞭毛菌亚门真菌。一般在低温多雨、潮湿多雾、昼夜温差大的气候条件下及微酸性土壤，病害容易发生蔓延。

症状：发病初期于茎基部或根部产生褐色斑，逐渐扩大后凹陷，严重时病斑绕茎基部或根部一周，致地上部逐渐枯萎。纵剖茎基部或根部，导管变为深褐色，根茎腐烂，不长新根，植株枯萎而死。

防治方法：

（1）农业防治　用10%适乐时悬浮种衣剂拌种，进行种子消毒。育苗土进行消毒处理，采用地膜覆盖栽培，不要大水漫灌。

（2）药剂防治　发病初期可用：① 50%异菌脲（扑海因）可湿性粉剂1500倍液；② 50%腐霉利（速克灵）可湿性粉剂1500倍液；③ 72%杜邦克露600～800倍液喷雾；④ 72.2%霜霉威水剂600倍液；⑤ 30%恶霉灵水剂800倍液等药剂防治，每7～10天1次，连续2～3次。

番茄青虫用什么农药防治？

番茄青虫危害，药剂防治可选用：2.5%菜喜悬浮剂每667平方米60毫升，兑水50～60千克，或用15%安打悬浮剂3500倍喷雾。

如何使秋番茄果实变红？

秋番茄结果期间气温逐渐降低，往往使果实不能变红。矫治方法：采取大棚加拱棚多层塑料膜覆盖保温，或薄膜加草帘再加遮阳网等覆盖保温，以促进成熟。或者，在果实转色后采收，再用40%乙烯利150～200倍液浸果3分钟进行催熟。

第四节　茄子、甜椒、辣椒的种植技术

如何防治茄子病毒病？

茄科蔬菜病毒病一般由带毒蚜虫传毒危害引起的。

症状：幼苗发病，植株萎缩不长，严重时植株枯死。成长期发病，叶片呈现淡黄和浓绿相间的花叶，叶面皱缩不平，顶端新叶细小变形。病株结果很少，有的不结果。

防治方法：首先提前做好蚜虫的防治工作。当田间出现个别染病植株时，可使用病毒抑制剂喷雾，达到抑制病毒扩展和促进植株生长的双重作用，常用的病毒抑制剂有：① 25%病毒特杀乳油600～800倍液；② 5%毒克星可湿性粉剂600～800倍液；③ 9%毒尽可湿性粉剂600～800倍液等，隔7～10天1次，连喷2～3次。

如何防治茄子黄萎病？

茄子黄萎病又称半边疯、黑心病、凋萎病。病原是半知菌亚门，大丽花轮枝菌侵染引起的，属真菌性病害。茄子苗期即可染病，田间多在坐果后表现症状。

症状：病株叶片自下向上逐渐变黄枯萎，病症多表现在一二层分枝上，有时同一叶片仅半边变黄，另一半却健全如常，果实僵化不长。茄子黄萎病是土传病害，土壤带菌是病菌的主要来源。病菌通过水流或灌溉水传播蔓延。土壤潮湿，气温高，连作地，有利病害发生蔓延。

防治方法：

（1）农业防治　实行轮作，与非茄子科作物隔 4 年以上轮作一次。发现染病植株即时人工拔除，将病株连根拔除集中深埋或烧毁。

（2）药剂防治　发病初期进行浇根，药剂可选用：① 50% 多菌灵 500 倍液；② 50% 灭菌威 1500 倍液浇；③ 20% 农抗 120 ~ 200 倍液；④ 50% 托布津 500 倍液；⑤ 36% 甲基硫菌灵悬浮剂 500 倍液。每株浇 0.3 千克，隔 10 天浇 1 次，连续浇 3 ~ 4 次。

如何防治茄子青枯病？

茄子青枯病又称细菌性枯萎病，为细菌性病害。气候高温、高湿以及酸性、弱酸性土壤有利于病害发生。此外，长期连作、地下水位高的田块发病严重。

症状：发病初期只是少数枝条的个别叶片出现有病症，开始叶色变淡，逐渐呈现叶子下垂萎蔫，随后扩展到整株，后期病叶变褐色枯焦状。剖开病株茎部木质部变褐色。病茎横切面用手挤压，湿度大时有少量乳白色黏液溢出。该病始发于茎基部，逐渐向上部枝条发展，使髓部溃烂，当茎和枝髓部溃烂时，植株很快枯死，而有的叶片仍呈绿色，故称青枯病。

防治方法：

（1）农业防治　① 实行与十字花科或禾本科作物 4 年以上轮作，或进行水旱轮作，改变生存环境。对酸性土壤可结合整地，每 667 平方米施消石灰 50 ~ 70 千克，与土壤充分混匀，以改良土壤酸碱度，可有效减少病害的发生。② 选用抗病良种，使用无病种子，种子经温水浸种。③ 使用无菌土培育壮苗，调节播期避过高温季节，可减轻发病，采用高畦种植，避免大水漫灌。④ 施用充分腐熟的有机肥或微生物菌肥，施用有机肥必须经过充分腐熟后施用。⑤ 田间发现病株及时拔除，防止病害蔓延，病穴撒少许石灰防止病菌扩散。

（2）药剂防治　可选用：① 72% 农用链霉素 3000 ~ 5000 倍液；② 78% 科搏可湿性粉剂 600 倍液；③ 80% 必备 400 ~ 500 倍液灌根，每隔 10 天 1 次，连用 2 ~ 3 次。

如何防治茄子叶霉病？

茄子叶霉病，即茄科蔬菜叶霉病，主要危害番茄、茄子的叶片，严重时茎、花、果也可受害，病菌主要在病株残体内越冬，翌年借风传播染病。

症状：发病初期叶片出现椭圆形或不规则黄化退绿斑，湿度大时叶背病斑处出现白霉层，随后逐渐变为灰褐色或黑色；叶片向下、向上卷曲，最后植株黄化干枯。果实染病后果蒂或果面形成近圆形或不规则黑色病斑，严重时斑面硬化凹陷，失去商品性。

防治方法：

（1）农业防治　① 种子处理：播种前用 52 ~ 55℃温水浸泡，降至常温后再浸 3 ~ 4 小时，或用 0.1% 硫酸铜溶液浸种 5 分钟后，用清水洗 2 ~ 3 次，进行催芽播种；② 实行轮作：轮作可减轻病害的发生，病重的田块要求进行3年以上轮作；③ 加强田间管理：大棚加强通风排湿，适当控制浇水，增施磷、钾肥；④ 适当剪修下部老叶，发病后及时摘除病叶、病枝、病果，集中烧毁。

（2）药剂防治　发病初期选用：① 75% 百菌清可湿性粉剂 500 ~ 700 倍液；② 50% 扑海因胶悬剂 1500 ~ 2000 倍液；③ 47% 加瑞农可湿性粉剂 800 ~ 1000 倍液喷雾，隔 7 ~ 10 天 1 次，连喷 2 ~ 3 次；大棚栽培在定植前或发病初期（阴天）可用 25% “一熏灵”烟剂每 667 平方米用 200 ~ 300 克或 45% 百菌清烟剂每 667 平方米用 250 克进行熏烟。

如何防治茄子根腐病？

茄科蔬菜根腐病是真菌性病害。高温、高湿以及土质黏重，透气性差的地块发病严重。

症状：发病的主要部位是近地表及地表以下的茎、根。病部初期为水浸状，后呈褐色至深褐色腐烂。病部不隘缩，其维管束变褐色，后期病部多呈糟朽状，仅留丝状维管束。病苗发病初期似缺水状，中午萎蔫，而早晚却能恢复正常，但随病情发展而不能恢复，直到逐渐枯死。

药剂防治：选用① 54. 8% 可杀得 2000 水分散片剂，1000 倍液；② 72% 农用链霉素 3000 倍液；③ 50% 腐霉利可湿性粉剂 1000 倍液加 20% 农康可湿性粉剂 1200 倍喷雾。以上药剂任选一种，交替使用，隔 5 ~ 7 天再喷施 1 次，连喷 2 ~ 3 次。

彩色甜椒有哪些优良品种？

栽培上推广的彩色甜椒品种主要有：

（1）洛淑 999　彩色甜椒。果型似灯笼故又称灯笼椒，大果，成熟时鲜黄色，形色优美，果肉脆甜，单果重 200 ~ 250 克。

（2）红太阳（F_1）　果实灯笼型，果色红色，单果重 250 克。

（3）玛祖卡（F_1）　果型灯笼型，果色红色，单果重 250 ~ 300 克。

（4）阿瑞那（F_1）　果型灯笼型，果色橙色，果重 200 ~ 300 克。

（5）桔西亚（F_1）　果型灯笼型，果色橙色，果重 200 ~ 300 克。

（6）佐罗（F_1）　果型方灯笼型，果色紫色，果重 250 克。

（7）紫贵人（F_1）　果型长灯笼型，果色紫色，单果重 150 ~ 200 克。

如何种植大棚辣椒？

（1）选用适宜品种　适合大棚栽培的辣椒品种，主要有洛辣 4 号、洛辣 5 号、鸡爪椒 × 吉林椒等品种。

（2）播种育苗　大棚辣椒一般在 9 月下旬播种育苗，播种前半个月，进行苗床消毒，可用 50% 多菌灵可湿性粉剂 500 倍液喷洒。秧龄 130 ~ 135 天，于次年 2 月下旬 ~ 3 月上旬定植。

（3）移植　采用小棚套大棚保温栽培，基肥施用腐熟有机肥、复合肥、尿素。采用高畦、深沟，畦宽 1. 3 米，株行距 55 厘米 × 55 厘米。栽前喷丁草胺除草，栽后浇水，覆盖地膜。

（4）田间管理　3月中下旬喷施生长调节剂金牛1号或爱多收促进开花。做好通风换气，棚内温度保持22～26℃，棚温不得超过35℃。注意防治灰霉病、菌核病等病虫害。3月底4月初开始分批采收上市，4月上中旬中耕除草，追肥。继续做好棚内温度调控和注意病虫害防治。6月下旬基本采收结束。

种植辣椒如何进行土壤消毒？

辣椒地土壤消毒方法有：①用石灰每667平方米用量40～50千克撒施土壤，能减轻辣椒青枯病的发生；②绿亨1号3000倍液喷施土壤；③用80%绿亨2号可湿性粉剂600倍液，喷施土壤或喷苗可以预防立枯病或猝倒病的发生。

如何制止大棚辣椒徒长，促进开花结果？

辣椒大棚栽培造成植株徒长的原因主要是阳光不足、通气不良和氮肥施用过量，生理上碳氮比失调，植株徒长后往往会造成少坐果或不坐果，甚至于落花落果，从而严重影响产量。

解决大棚辣椒徒长，促进开花结果的措施：首先控制氮肥用量，合理配施磷、钾肥。对过分徒长枝进行修剪。并结合适时通风换气，采取喷药控制措施：①花期喷施萘乙酸50毫克/千克；②喷施1.8%爱多收6000倍液，或者辣椒灵1000～1500倍液每周1次；③喷施杀菌剂77%可杀得微粒剂500～1000倍液，或者冠菌清可湿性粉剂1000～1200倍液也有促进开花的效果。

第五节　瓜类、鲜食豆类蔬菜的种植技术

黄瓜地用什么除草剂？

种植黄瓜化学除草剂可用：①50%敌草胺可湿性粉剂每667平方米用量80～100克；②33%施田补乳油每667平方米用量100～150克，兑水45～50千克，于播后芽前地面喷洒。

秋黄瓜最迟什么时候播种？

秋黄瓜一般在8月播种。如果大棚保温栽培，最迟可以在9月底以前播种。品种宜用津春4号。

如何防止黄瓜叶片发黄？

引起黄瓜叶片发黄的原因有：一是缺素，例如缺钾、缺硼等，会使叶缘变黄干枯或局部变褐色，叶脉萎缩等；二是大棚缺少通风换气，造成棚内二氧化碳（CO_2）、甲烷（CH_4）、二氧化氮（NO_2）、氨（NH_3）等有害气体毒害，加上缺氧、高温、蒸腾失水而引起，使叶片枯黄。

预防措施：①定期喷施0.3%～0.5%磷酸二氢钾和0.2%硼砂水溶液，或滴滴神（瓜类专用型）等营养叶面肥和氨基酸叶面肥；②利用晴热天气，增加大棚通风换气次数，提高氧气含量，改善棚内空气质量。

如何防治黄瓜疫病?

黄瓜疫病是真菌引起的病害。病菌随病残体在土壤或附着在种子上越冬,主要靠雨水、灌溉水、气流传播。苗期至成株期均可染病,连续阴雨天气发病严重,露地栽培也易发生。

症状:茎基部先出现水渍状病斑,以后病斑迅速扩大或侵入茎中心,呈软腐状,发病的茎蔓先萎蔫,然后整个植株枯萎。高温高湿有利病害发生。

防治方法:

(1)药剂涂枝 在发病初期用:① 10%科佳胶悬剂200倍液;② 12.5%千菌可湿性粉剂200倍液;③ 72%诺维特可湿性粉剂200倍液;④ 72%苯霜灵-锰锌可湿性粉剂200倍液,涂抹患处2~3次,即可有效控制病害发生。

(2)药剂喷雾 可选用:① 60%灭克可湿性粉剂600~800倍液;② 72%霜康可湿性粉剂700~800倍液喷雾。隔7天1次,连喷2次。

丝瓜开花很多而结瓜少怎么办?

丝瓜的雌花是单生,一般在主蔓第10节左右开始发生,当第一朵雌花出现后,以后每节都能着生雌花。雄花为总状花序,自第一朵雄花出现后,每个叶腋都能着生雄花。所以丝瓜开花很多。而结瓜的多少,则与水肥条件和栽培管理水平有密切关系,在生长条件好的情况下,结瓜密而形状正常。

促使丝瓜多结瓜的主要措施:① 在开花结瓜初期,每隔5~7天浇1次腐熟人粪肥,兑水3~5倍浇施,或速效氮肥如:硫酸铵每667平方米用5千克兑水浇施;② 及时摘除老、黄、病叶以及过多或无用的侧蔓,同时可将多余的雄花以及发黄、生长缓慢的畸型果和僵果摘掉,防止消耗养分,使营养集中,促进多结瓜;③ 每采收1~2次瓜,必须追肥1次,一般每667平方米施硫酸铵10~15千克或尿素8千克;④ 结果期每隔5~7天,结合追肥浇水1次。

哪些丝瓜品种适宜作丝瓜络?

丝瓜适合生产丝瓜络的品种有:八角丝瓜、“白如雪”丝瓜以及本地的白皮丝瓜等品种,经过充分成熟后均可制作丝瓜络,同时可收获种子。

冬瓜田灭除禾本科杂草用什么除草剂?

灭除禾本科杂草可用禾草克。该药是一种内吸型选择性除草剂,主要用于双子叶作物防除一年生或多年禾本科杂草。在杂草3~5片叶期,每667平方米用10%禾草克乳油25~35毫克,兑水50千克喷雾。在高温多雨季节或土壤潮湿、杂草幼嫩的情况下,药量可采用低限,反之用量大些。

值得注意的是:禾草克对禾本科作物很敏感,使用时应小心,避免周围禾本科作物受到伤害。禾草克若与苯达松等除草剂混用,应现配现用。

瓠瓜有的会有苦味是什么原因?

瓠瓜产生苦味的原因,主要是与品种的遗传性有关,具有苦味的瓠瓜,其植株体内便含有苦味素的遗传基因。人如果吃了含有苦味素较多的瓠瓜,容易引起中毒，因此应避免食用有苦味的瓠瓜。

预防措施：主要是在留种时注意选留没有苦味的瓠瓜作种。由于含有苦味素瓠瓜的植株其花粉传播给健康的瓠瓜植株后，用所结出的种子种出来的瓠瓜也会产生苦味。因此田间发现有苦味的瓠瓜植株，应及时拔除，避免其花粉传播给健康植株。在留种时要注意这一点。

如何进行大棚南瓜育苗？

南瓜大棚栽培，适宜品种有：甘栗、香栗、胜荣、森栗 1 号、5 月早南瓜、红佳栗等。各地可因地制宜选用。

（1）育苗方法　电热加温苗床，一般于 12 月下旬～次年 2 月上旬均可播种，采用营养钵或肥土方格育苗方式。土壤应经过消毒。播种前种子用 50℃温水浸种 15 分钟后，转用 30℃温水再浸 2～3 小时，捞出用 0.1% 高锰酸钾溶液浸泡半小时消毒，然后用清水冲洗干净，置于 25～30℃条件下催芽 2 天左右，种子露白后播种。苗床应于浸种前 10 天将大棚膜盖好，棚内土壤保持较干，以利提高地温。播前将营养土用热水浇透，每钵（方格）播 1～2 粒发芽种子，盖上 2 厘米厚营养土，再覆盖地膜。苗床温度白天控制 15～20℃，晚上 10～18℃。若无电热温床，可适当推迟播种。

（2）苗床管理　在苗床上加盖低拱棚，用电灯泡加温，但应严格控制温度，夜间不超过 20℃，白天若温度超过 30℃，应及时通风降温。育苗期苗床保持干湿交替，湿度过大时撒草木灰吸湿，太干时洒水，结合施用 75% 百菌清可湿性粉剂 1000 倍液或 50% 多菌灵可湿性粉剂 500～800 倍液防病，以及喷施 5% 磷酸二氢钾 1～2 次。苗龄 60 天左右，即 4～5 叶时定植，移栽前 7 天，应降低棚（膜）内温度，进行炼苗。

佛手大棚内可以间作冬瓜吗？

佛手大棚内可以间作冬瓜，一般于秋季 9 月上旬左右播种。但不宜套种得太多，应以不影响佛手植株的生长为度。

如何促进西葫芦结果？

促进西葫芦坐果方法：① 用西葫芦坐果王喷花，一般浓度为 1 小包兑水 10 千克，具体应根据气温或棚内温度灵活掌握或按说明书使用；② 用强烈坐瓜灵喷花；③ 用 2，4－D 20～30 毫克/千克浓度涂沫雌花柱头、花柄。以及进行人工辅助授粉，促使结果。

如何防治南瓜白粉病？

白粉病是南瓜生长期的主要病害之一，是真菌性病害，病原菌是单丝壳白粉菌。植株生长后期受害重，多发生在结瓜期及成熟期。当高温干旱，与高温高湿交替出现时，或持续闷热，白粉病极易流行。

症状：茎基或根的发病部位呈暗褐色水浸状病斑，表面着生白色菌丝体，集结成束，向茎上部延伸，致植株叶色变淡，菌丝自病茎基部向四周地面呈辐射状展开，侵染与地面相接触的果实，致病果软腐。表面产出白色丝状物后，菌丝交结成菜籽状菌核，致茎部皮层腐烂，露出木质部，或在腐烂部上方长出不定根，最终致全株萎蔫枯死。

防治方法：

（1）农业防治　实行轮作，最好是水旱轮作。及时清洁田园，深翻土地，采用地膜覆盖栽培，合理施肥，叶面喷施纽翠绿叶面肥以增加抗病性。发现病株及时拔除。

（2）药剂防治　① 发病前：用 20% 诺田微乳剂 1500 倍液，喷淋茎基部；② 发病初期选用：20% 粉锈星可湿性粉剂 1200 ~ 1500 倍液，或 20% 粉霉威可湿性粉剂 1000 倍液喷雾，或 12. 5% 晴菌唑乳油 2000 倍液喷雾。若有并发炭疽病，可再加 50% 西瓜诺康粉剂 800 倍液。每 7 ~ 10 天 1 次，连续喷 1 ~ 2 次。但瓜类蔬菜白粉病不宜使用三唑铜、烯唑醇等农药，尤其是苗期，避免引起药害或影响果实膨大。

防治瓜类蔬菜害虫用什么农药？

瓜类蔬菜虫害主要有：螨类、蚜虫、粉虱等。

药剂防治可选用：① 6. 3% 盖蛾星乳油 1500 倍液；② 1% 绿剑乳油 1200 ~ 1500 倍液喷雾。

如何栽培鲜食豌豆？

鲜食豌豆有秋播豌豆和冬播豌豆之分。秋播豌豆生长期短，一般每 667 平方米产鲜荚 400 多千克，效益好；冬播采收期早，4 月中下旬收获，茬口安排主动灵活，有利于实行三熟制栽培，同时达到用地养地相结合的效果。所以鲜食豌豆在种植结构调整和提高农田种植效益中占有重要地位。主要种植模式有：鲜豌豆 – 早中稻 – 鲜豌豆；鲜豌豆 – 西瓜 – 鲜豌豆（或马铃薯）；鲜豌豆 – 胡瓜（或早稻） – 晚稻等。

鲜食豌豆栽培技术如下：

（1）秋播鲜食豌豆

① 选用良种：秋播豌豆品种应选用耐热性好、抗旱能力强的品种，如：中豌 4 号。其特点：矮蔓直立型，适合间作套种，生育期短，一般 8 月底 ~ 9 月上中旬播种，适宜播期为 9 月 15 日左右。生长期 75 ~ 80 天，于 11 月中下旬采收。

② 播种：秋播常遇到秋旱，对土壤干燥的田块播前先灌跑马水，再翻耕播种。耕前施基肥，每 667 平方米用复合肥 20 ~ 30 千克。播种方式可采取条播或撒播，畦宽 2. 5 ~ 3 米，行距 25 ~ 30 厘米，秋播植株矮小密度适当密些，每 667 平方米基本苗 5 万株以上，每 667 平方米播种量 15 千克左右。前作如果是早、中稻田可采取免耕播种，穴播，行株距为 25 厘米 ×（15 ~ 20）厘米，每穴 3 ~ 4 粒种子。

③ 田间管理：秋播生育期短苗肥要早施，齐苗后至 3 叶期施壮苗肥，每 667 平方米用尿素 3 ~ 4. 5 千克。初花期，施壮苗肥每 667 平方米用尿素 5 ~ 7. 5 千

克。遇到持续秋旱要灌水抗旱和浇施稀薄粪肥。

④ 化学除草和病虫害防治：对杂草多的田块播前3～5天，用10%草甘膦水剂每667平方米用750毫升兑水50千克喷施，或播后覆土后用90%禾耐斯乳油60毫升，或50%乙草胺乳油100毫升兑水50千克喷雾。主要病虫害有根腐病、立枯病和菜青虫、蚜虫、斜纹夜蛾等，应注意及时防治。

（2）冬播鲜食豌豆

① 选用良种：冬播选用早熟、高产良种中豌6号或中豌4号。

② 播种：冬播于11月下旬～12月初播种。翌年4月中下旬采收鲜荚。生长期约140～150天。翻耕时，施基肥每667平方米用农家肥750～1000千克，或复合肥20～25千克。整畦，畦宽2.5米左右，并做好开沟排水。若采取条播行距25～30厘米，点播穴距20厘米左右，每穴2粒种子，每667平方米播种量10千克左右，要求越冬苗，每667平方米达到4万株以上。

③ 田间管理：当苗高5～7厘米时中耕1次，冬播豌豆苗期生长较慢，应施少量氮肥，每667平方米用尿素2～3千克，配施钾肥5千克，但要严格控制氮肥，防止越冬前旺长而容易引起冻害。越冬前进行第2次中耕，并做好清沟排水，达到沟沟相通，防止冬季田间积水。立春后适施分枝肥，每667平方米用尿素3～4千克，配施钾肥5千克。也可进行摘心，促进分枝，增加花荚。结荚初期施花荚肥每667平方米用尿素7.5千克左右。立春后雨水较多，及时排干沟水，防止渍害。并做好锈病、褐斑病、白粉病等病虫害防治工作。

如何防治豌豆根腐病？

豌豆等豆科作物根腐病是由多种病原真菌侵染引起。在田间排水不良，土壤潮湿、土黏重的情况下，容易感染根腐病。

症状：苗期和成株期均可发生，被害部位主要是根和根茎部。发病初期病部开始呈水浸状，后来变褐色至黑色，茎基部凹陷或缢缩，变褐色，后来基部皮层腐烂，多呈糟朽状，使根部发生霉根。地上部植株矮化，叶变小，叶色变浅，一些分枝呈萎蔫状，剖开根部和地下茎基部，维管束变褐色。

防治方法：

（1）农业防治　采取综合防治措施，与蔬菜实行5年以上轮作，或与粮食作物3年以上轮作，选用抗病品种，做好开沟排水，实行高畦种植，降低地下水位。雨后及时排水，并进行中耕松土，增强土壤通透性，避免伤根。当发现病株立即拔除，并在周围撒施石灰消毒。

（2）药剂防治　发病初期选用：① 50%多菌灵可湿性粉剂500～600倍液；② 75%百菌清可湿性粉剂600倍液；③ 80%绿亨2号可湿性粉剂500倍液；④ 40%多·硫悬浮剂500倍液；⑤ 70%敌克松可湿性粉剂800倍液；⑥ 70%甲基硫菌灵可湿性粉剂600倍液；喷雾的同时还可灌根，以提高防治效果。每7～10天1次，连续防治2～3次。

如何防治四季豆美洲斑潜叶蝇？

四季豆受美洲斑潜叶蝇危害，会导致叶片缺乏叶绿素，有虫道，影响植株正常生长。药剂防治：① 48% 乐斯本乳油 1000 倍液；② 40% 毒死蜱乳油 1000 倍液；③ 10% 氯氰菊酯乳油 2000 倍液。以上药剂任选 1 种，每隔 7 天喷雾 1 次，连续治 2～3 次。药剂安全间隔期 7 天以上。

第六节　生姜、葱蒜类蔬菜的种植技术

如何进行生姜催芽？

生姜催芽一般于 3 月中旬进行。方法是：选用芽口多而完整、姜块饱满、表面发亮的健康老姜作种。催芽前经晒种 2～3 天，然后用 40% 福尔马林 100 倍液浸种 3 小时，闷种 12 小时，用清水洗净；或用 0.1% "401" 抗菌剂浸种 1 小时，或 1∶1∶120 倍波尔多液浸种 20 分钟，捞出晾干。再放在苗床上紧密排列，然后盖一层细泥再覆盖地膜，温度掌握 20～25℃，待芽长 0.5～1.2 厘米，尚未发根时催芽结束。4 月上旬播种，播种时对已经发生烂种的种块必须全部剔除不能做种，否则将会感染到其他姜种导致其发病。

如何进行生姜大棚栽培？

生姜大棚栽培可提前栽种时间，提早上市，增加效益。大棚栽培一般于 2 月初进行翻耕、整畦，畦宽 1.3 米左右，按行距 40～50 厘米，挖播种沟施基肥于沟内，然后覆土待播。播种期于 2 月底～3 月初，播前在已施基肥的姜沟内，浇透水，播种时按株距 18～20 厘米，将催芽的姜种排放在上面，姜芽朝南或东南，然后盖土，覆盖地膜。

管理上在出苗期不必通风，高温高湿有利于姜芽生长，齐苗后若土壤干燥变白应浇水。待大部分姜苗长出大叶后，晴天温度较高时，应揭膜通风，大棚内温度控制在 35℃ 以下。当气温稳定在 25℃ 以上时可揭去大棚膜。6 月中旬，棚顶盖遮阳网遮荫。由于大棚栽培棚内温高湿重，应注意病虫害防治，尤其是姜瘟的防治。其他田间管理可参照常规栽培方法。

如何进行生姜化学除草？

生姜对除草剂比较敏感，要谨慎用药，对生姜比较安全的除草剂可选用 96% 金都尔乳剂，每 667 平方米用量 45 毫升兑水 45 千克于种后芽前喷雾，不可重喷。或按照说明书使用。

如何防治葱类软腐病？

葱类软腐病是细菌性病害，葱类常见的重要病害之一。低洼潮湿、植株徒长、连作及地下害虫危害严重的田块发病严重。年度间夏、秋高温多雨的年份危害重。

症状：大葱或洋葱生长后期，植株外部的 1～2 张叶片基部产生半透明灰白

色斑，发病植株叶鞘基部软化腐烂，致使外叶折倒，并继续向内扩展，最终导致整个病株叶鞘基部软化，腐烂，发臭。

传染途径：病菌主要通过雨水、灌溉水、带菌肥料等传播危害；葱蓟马、种蝇等昆虫也可传播。预防措施：栽培上勤中耕、轻浇水，防止偏施氮肥，及时防治蓟马等虫害等。

防治方法：

（1）农业防治　进行种子消毒，可用72%农用硫酸链霉素浸种30分钟，阴干后播种。选择地势高燥、排水良好、近年未种过葱蒜的地块种植葱类作物。实行与十字花科作物轮作。栽培上采取深沟高畦种植；勤中耕，合理施肥，防止偏施氮肥，增施磷、钾肥；做好清沟排水、及时防治蓟马和地下害虫等工作。

（2）药剂防治　在发病初期选用：①54.8%可杀得2000干悬浮剂1000倍液；②72%农用链霉素3000倍液；③50%灭菌威可溶性粉剂1500倍液喷洒。

大蒜适合用什么肥料？

栽培大蒜，基肥可用腐熟堆肥、厩肥、钙镁磷肥、草木灰或硫酸钾等，对酸性较强的土壤（pH5.5以下）可施石灰每667平方米50～75千克，以中和土壤酸性。苗期追肥宜用腐熟人粪尿兑水薄肥浇施；中后期追肥可用尿素或复合肥。应尽量不使用氯化钾之类含氯化肥。

大蒜叶枯病如何防治？

大蒜叶枯病系真菌性病害。梅雨季节和大蒜植株成株期是主要发病盛期。在地势低洼、排水不畅，多雨多湿季节和葱蒜类蔬菜混作，植株生长瘦弱或植株受伤以及连作、偏施氮肥等容易诱发病害。

症状：大蒜叶枯病主要危害叶片。发病初期，病斑从大蒜叶间开始逐渐向叶茎发展，并由植株下部向上蔓延。病斑初为苍白色圆形小斑点，后逐渐扩大成灰褐色，呈椭圆形不规则状，使大蒜叶片半边黄枯，严重影响商品品质。发病严重的可造成蒜株全叶枯萎死亡。

防治方法：

（1）农业防治　蒜种用药剂拌种或浸种。蒜头剥开用50%的多菌灵可湿性粉剂，用量为蒜头种子重量的0.3%进行拌种。实行与其他蔬菜轮作，对病残株要及时清理，烧毁或深埋，以减少菌源。加强田间管理，合理施肥，合理密植，做好开沟排水，降低田间湿度，增强植株抗病力。

（2）药剂防治　药剂防治可选用25%施保克乳油，每667平方米用60毫升，或10%世高水分散剂，每667平方米40克，兑水45～50千克喷雾。

如何进行韭菜秋后管理？

韭菜喜凉爽气候，立秋以后，有利于韭菜生长。其秋后管理可通过采取“促、控、盖”等措施，使韭菜实现“早休眠，早发芽，早收割”，于元旦前收割两次，产量高，效益好。栽培管理上主要抓好以下几个环节：

（1）“立秋”肥水齐攻　立秋后气温逐渐下降，气候凉爽，昼夜温差大，使韭菜生长速度加快，养分积累增加。此时应加强管理，做好施肥壅土，顺韭菜垄开沟，每667平方米施饼肥50千克，优质农家杂肥750千克，三元复合肥20千克；结合施肥，在韭菜行浇灌20%速灭杀丁（氰戊菊酯）乳油800倍液，防止韭菜蛆等害虫。施肥后覆土壅根，浇水两次。再者，用竹竿等支撑材料把韭菜撑起，以利健壮生长。

（2）“寒露”停肥水控长　寒露以后天气渐冷，韭菜生长缓慢，此时停止浇水和追施肥料，控制地上部生长，使韭菜养分提早回流根茎，积累养分。

（3）“霜降”架设风障　霜降后在畦南侧沿畦边，架设一道高1.3～1.5米，向北倾斜的风障，以降低畦温，促使韭菜早休眠，减少营养消耗。一障管两畦，待立冬覆盖管理后，将风障改为向南倾斜。

（4）“立冬”覆盖管理　首先清除畦内枯叶、杂物，割去所有枯韭，结合浇水每667平方米施尿素20千克。然后搭小拱棚，覆盖薄膜和草帘，进行暗化处理，并将霜降时架设的风障改为向南倾斜15°，使南畦成为暖畦。每天上午9时揭开草帘，下午2时盖上，每日见阳光5小时左右，经3～5天，韭菜萌动后，揭开薄膜。然后用50%多菌灵可湿性粉剂500～1000倍液，或25%粉锈宁可湿性粉剂2000～2500倍液喷雾防止韭菜灰霉病。施药后覆土2～3次，覆土总厚度5～10厘米，韭菜出土后培根。11月下旬，韭菜长到35厘米时割第一刀，收后浇水施肥，每667平方米施尿素5～8千克，并进行浅中耕。收割三次韭菜后扒净畦土，转入春季正常管理。

如何种植韭黄？

韭黄栽培，首先要育好韭菜。3月上旬～4月上旬播种。苗床翻地时施入草木灰每667平方米200～300千克。精细整地播种，采取撒播，播后覆土，稍踏实，浇水，再覆盖稻草，保温保湿，出苗后揭去覆盖物。韭菜苗期较长，重点抓好浇水，要轻浇、勤浇，保持畦面湿润，雨后及时排水。

于苗高4～6厘米至13～17厘米时追肥2～3次。盛夏苗床搭棚覆盖遮阳网，日盖夜揭。8～10月上旬，苗高15～20厘米时定植。

定植前深耕，施足基肥，每667平方米施腐熟厩肥500千克，过磷酸钙30～40千克。定植行株距，种韭黄的畦宽1.4m（连沟）种2行，或畦宽2～3米，横条植每两行为1组，组距67厘米，行距40厘米，株距13～15厘米。

定植时剪去须根和叶，留根长4～6厘米，叶长8～10厘米。每15～20株为1丛，根脚理齐丛栽；用老根分株繁殖的剪去两年以上的老根茎，并适当剪短叶片。栽种深度以埋没叶鞘为度。

栽后加强肥水管理，定植当年以促为主，至立冬之前追肥3～4次，每次每667平方米施腐熟人粪尿750～1000千克，或尿素5～7.5千克，以促进叶片生长，一般不割青韭，养根壮秧。

第二年后，春到夏刈青韭2～4次，以“7叶1心”为割青韭标准，刈后3～4天，新叶长出后，施肥1～2次，当叶片长10～13厘米时再施1次，每667平方米施人粪尿1500千克或硫酸铵10～15千克，促进分蘖和叶片生长。切忌刈后立即施肥浇水，以避免引起腐烂。

抽苔时及时拔花苔。韭黄于下半年10～11月开始培育，利用各种覆盖物如培土、盖瓦筒、盖棚等。一般以培土为主。随韭菜的生长分次逐渐将韭行培成高垄，到冬末春初采收韭黄。韭菜主要病虫害有灰霉病、疫病和葱蝇、葱蓟马等，应及时进行防治。

第七节　茭白、莲藕、菱角的种植技术

茭白属什么科作物？有什么特性？

茭白属禾本科，多年生宿根性沼泽地草本植物。主要特性：茭白在温度5℃以上开始萌芽，但抽叶速度很慢，当15℃以上抽叶加快，到孕茭前20～30天达到高峰，以后又变慢，孕茭后停止抽叶。总叶片20～24片，常绿叶5～8片，第二年分蘖株抽8～11叶，常绿叶4～7片，其孕茭适宜温度因品种不同有异，一般（22～23）℃±4℃。地下茎为匍匐状，横生泥土中，先端数节的芽向上抽生分株，称游茭。主茎及早期分蘖常自短缩茎上拔节，抽生花茎。而花茎因受黑粉菌的寄生和刺激，其先端数节畸形发展，膨大充实形成肥嫩的肉质茎（即茭白食用部分）。

花茎不能正常抽苔开花。由于栽培管理水平的差异，茭白抽苔后的花茎产生不同程度黑点，即黑粉菌的菌丝体，有的茭肉全被由菌丝体发育成的厚垣孢子占满，成为一包黑灰，称灰茭。

栽培条件好肥水充足的，虽然受黑粉菌菌丝体侵入，却能形成正常的肉质茎。正常茭在生长过程不断有雄茭和灰茭植株分离出来，在栽培上要年年选择种苗，才能保证茭白种性。茭白有单季茭和双季茭两种类型，单季茭一年收获一次，于3月底～4月栽种，白露至秋分采收，栽一次可连续采收3～4年后换种。

双季茭生育周期为1年半，早春定植，5～6月收第1次夏茭，秋茭收后第二年夏季收第2次夏茭。

双季茭白有哪些优良品种？

茭白经多年无性繁殖种植易产生品种退化，严重影响产量和品质，需定期进行更换。双季茭白良种主要有浙江大学园艺系育成的3个优良品种：

（1）浙茭2号　中熟，生长势强，分蘖中等，抗逆性强，适应性广。商品茭形短而圆胖，单茭重约100克，秋茭每667平方米产量750～1250千克，夏茭每667平方米产量1250～1750千克。

（2）浙茭911　早熟，高产，适应性广，生长势较强，品质优，单茭重100克左右，秋茭每667平方米产量1000～1250千克，夏茭能提早上市7天左右，每667平方米产量1275～1750千克。

（3）浙茭991　早中熟，生长势中等，分蘖力强，结茭率高，抗病，抗逆性强，品质好，单茭重100克左右。秋茭每667平方米产量1250千克，夏茭每667平方米产量1250～1750千克。

如何种植冷水茭白？

利用水库底层冷水灌溉茭白有利于茭白生长和孕茭，且品质优良。栽培方法如下：

（1）整地与定植　茭田翻耕时每667平方米施腐熟有机肥2500～3000千克作基肥，若有机肥不足可配施化肥，灌水耙平田面。春季定植一般于3月底～4月，水田土温稳定在10℃时即可定植，茭苗高约20～30厘米。如果是老茭墩育苗的连根挖起，进行分墩，每墩3～5个健壮分蘖，并带老茎，如果茭苗太高，可刈去叶尖，保持苗高30厘米以内。定植密度，行距70～80厘米，穴距40～60厘米，每667平方米定植1200穴左右。

（2）水分管理　茭白灌水原则为“浅－深－浅”。定植后分蘖前，保持水层3～5厘米浅水层，有利提高土温和促进发根、分蘖。6月以后水层加深到12～15厘米，抑制无效分蘖，并经常换水，以降低水温，防止土壤缺氧。进入孕茭期水层进一步加深到15～18厘米，但不能超过假茎的2/3，防止苔管伸长。孕茭后期水层降到3～5厘米，以利采收，采收后保持浅水层或湿润过冬，但不能干旱。

（3）施肥　定植后7～10天施提苗肥，每667平方米用尿素5～7千克，分蘖初期每667平方米施尿素7～10千克，促进分蘖。6～7月分蘖盛期看苗施肥，每667平方米用尿素3～5千克。当10%～20%的分蘖假茎开始变偏，即开始孕茭，施催茭肥每667平方米用尿素10～15千克。此次施肥不宜过早或过迟，过早植株未孕茭会造成徒长，若过迟孕茭期缺肥则影响产量。

（4）田间管理　茭白定植成活后应及时耘田、除草，在6月下旬分蘖后期及时摘除植株基部老叶、黄叶，促进通风透光，以利孕茭，每隔7～10天1次，共2～3次。剥下黄叶可踩入泥中当肥料。茭白主要病害有茭白锈病、胡麻叶斑病、纹枯病；虫害有飞虱、大螟、二化螟、蓟马、蚜虫等，应经常观察检查，选用对口农药及时防治。冷水茭白一般在7月上旬开始孕茭，8月初～9月上旬采收，比普通栽培提早20～30天。

如何栽培双季茭白？

栽培双季茭白要求选择水源充足，灌排方便的田块。栽培技术如下：

（1）茭田准备　在年内进行深翻，风化土壤。开春后清除杂草，加高田埂，施基肥每667平方米用有机肥2000～2500千克，碳铵40～50千克。

（2）移植与水分管理　3 月底 4 月初移栽，密度 60 厘米 ×90 厘米，每墩 4 ~5 苗。栽后保持浅水 10 天左右。前期“浅水勤灌”，保持水层 3 ~5 厘米，孕茭期灌深水 20 厘米左右，孕茭后期再灌浅水。

（3）田间管理　移栽后 7 天左右施追肥，每 667 平方米用尿素 10 ~ 15 千克，磷肥 20 ~25 千克。栽后 15 ~20 天用 5% 丁草胺颗粒剂 1 ~ 1.5 千克拌泥撒施除草（丁草胺对鱼有毒，用药后田水不能排入鱼塘）。第 2 次施肥，是长秆肥，每 667 平方米施复合肥 50 千克左右，结合进行耘田。根据生长情况和夏茭孕茭情况酌施孕茭肥。7 月初 ~7 月上旬收第一季夏茭。当夏茭采收后，于 7 月中下旬施促蘖肥每 667 平方米用尿素 10 ~ 15 千克，硫酸钾 10 千克。7 月下旬剥黄叶 1 次。秋茭孕茭时，适施孕茭肥。病虫害主要有纹枯病、锈病、二化螟、大螟、叶蝉等，4 月下旬防治 1 次，以后根据病虫情况 20 ~ 30 天防治 1 次。

（4）秋后至次年管理　秋茭收后保留新抽出的分蘖苗，不采收新孕的小茭，促使营养回流，12 月底齐泥平刈老墩，掘除雄茭墩（株）和灰茭株，保持田间湿润。第二年 1 月底施基肥，数量同前一年。3 月上旬施苗肥每 667 平方米用尿素 12 ~15 千克，3 月下旬除草，看苗施分蘖肥，每 667 平方米用复合肥 25 ~ 30 千克。3 月底 4 月初掘出墩苗 3/4 左右用作新茭田的种苗，每墩留苗 20 苗左右，施苗肥每 667 平方米用尿素 5 ~7 千克。以后管理同前一年。灌水原则“浅水勤灌”，萌芽后若遇寒潮则要深水护苗，孕茭期灌深水 20 厘米左右。

茭白田如何化学除草?

茭白田化学除草可选用：① 乙苄（乙草胺 + 苄黄隆）每 667 平方米用量 25 ~35 克；② 乙吡（乙草胺 + 吡嘧黄隆）每 667 平方米 20 克；③ 乙苄甲（乙草胺 + 苄黄隆 + 甲黄隆）每 667 平方米 20 ~25 克，于茭白定植后 7 天，拌细泥撒施。

茭白如何预防灰茭?

茭白生长过程，植株受到黑粉菌寄生后，导致花茎畸形，形成肥嫩的肉质茎，即供食用的茭白。但由于管理水平的差异和受黑粉菌的菌丝体侵入的时间、数量等因素的影响，茭白抽苔后产生不同程度的黑点，有的全部被黑粉菌的孢子占满则成为“灰茭”，便不能食用。

灰茭的主要预防措施：① 每年选种保持茭白优良种性。② 进行分墩和分株提纯复壮。③ 加强田间管理，春季刈去老墩、压茭墩，使分蘖节位降低；在老茭墩萌芽初期，疏除过密的分蘖，促使营养集中、分蘖整齐；在分蘖前期灌浅水，重施肥，促进分蘖生长；高温期间控制施肥，防止徒长，并灌深水，抑制后期分蘖。④ 夏秋期间剥除黄叶，改善秋茭株间环境，防止灰茭发生。⑤ 在采茭过程及时淘汰灰茭。

如何栽培早田藕?

利用地膜覆盖种植早田藕，可提前上市，销路好，经济效益高。其栽培方法：

（1）播种　旱田藕于3月上中旬播种，播前清除杂草，施基肥每667平方米用腐熟烂肥1000～1500千克，钾肥10～15千克，磷肥30千克。播种密度行距1.6米，株距1米左右，每667平方米需藕种150～200千克，约1200个芽头。播种时藕条浅斜插，芽朝上，边行芽朝田内。播后搭拱架覆盖薄膜。

（2）水层管理　出苗前保持浅水2～3厘米，一般播后7～10天出苗，此后保持15～20厘米水层。

（3）田间管理　出苗后15～20天施壮苗肥，每667平方米用尿素5千克。当日平均温度达到20℃以上时，棚膜揭开两头通风，防高温烧苗。4月10日～15日后可揭膜，并进行人工除草。5月上旬施壮茎肥，每667平方米用含硫复合肥50千克。当立叶布满藕田后，进行摘除衰老叶，以利增加光照。现蕾时，将花梗曲折，控制养分消耗，但不可折断。病虫害主要有：蚜虫，斜纹夜蛾及褐纹病、黑根病、腐败病等注意及时防治。一般6月下旬开始采收，保持2厘米水层。8月初采收结束。

田藕如何除萍？

藕田应尽量避免使用化学除草剂除草、治萍。一般主要采用农业措施：①种植前每667平方米撒施生石灰40～50千克，可有效防止绿萍的产生；②种后若发生少量浮萍时，可放水冲走，或采取人工打捞；③利用有风时将浮萍赶到集中一个角落，撒施碳酸氢铵杀萍。施肥时应尽量避免撒在藕叶上，以避免灼伤叶片。

如何栽种菱角？

（1）育苗　育苗池水深1米以内，以条播为宜，行距2～2.6米，每667平方米秧田播种量75千克，秧田与本田比为1:(5～6)。

（2）移植　移栽前施基肥，用量一般每667平方米施有机肥1000千克，三元复合肥10千克，撒施后移栽。栽时，将菱角苗5～8株缚成一束，用长柄叉叉住菱束的绳头，栽入池底泥中。密度行距1.6米，株距1.3米。

（3）施肥管理　追肥2次，第1次采菱角后每667平方米施尿素5千克，当第3次采菱角后，进行疏塘将菱角菜拉走40%，疏塘后施三元复合肥每667平方米用量15千克，拌1千克硼肥；施肥时不能用撒施，采取每距离2～3米抓一把肥施入水中即可。

第八节　其他蔬菜的种植技术及有关问题

如何种植荸荠？

荸荠，又称马蹄，其肉质细嫩，爽脆多汁，营养丰富，有止渴、消食、解热之功效。荸荠除作蔬菜、水果外，还可加工淀粉、饴糖、罐头等，是一种很好的食品和出口商品。荸荠喜潮湿土壤，可作为早稻田、晚稻秧田、西瓜田等的接茬作物，一般每667平方米产量1000～1500千克，是水田或低洼田结构调整的好作物。其栽培技术：

（1）播种育苗　适宜播种期为6月中下旬，球茎由于经过贮藏后微有干瘪，应用清水浸种1～2天，待恢复原来大小时进行播种。播种前选择球茎圆整、芽充实、脐洼深、大小均匀、色泽鲜润、无病害、不腐烂的球茎做种。秧田选择中等肥力水平，苗床要求平整、泥烂。本田每667平方米用种量30～40千克。播种时将种球顶芽朝上，栽于苗床中，密度3～5厘米见方，秧龄20～30天，若超过30天，在苗高5厘米前用300毫克/千克浓度的多效唑水溶液均匀喷雾，以利控长促蘖。秧苗期保持浅水层。

（2）定植　定植时期一般于大暑前后，最迟不超过立秋。结合翻耕土壤施基肥每667平方米用有机肥1000～1500千克或腐熟饼肥100～150千克，配施磷肥30千克。种植密度，行距50厘米，株距35～40厘米，每667平方米种3300～3800丛，每丛大管茎苗2根，小管茎苗3～5根，栽植深度约5～6厘米，与管茎基部等齐，宜浅不宜深，若管茎太长，可将上部弯折，保持下部茎直立。栽插后顺手抹平根蒂泥土，易于成活。

（3）水肥管理　荸荠适于浅水环境，栽植后保持水层3厘米左右，发棵期水层6～8厘米，遇到高温天气应加深水位。栽后5～7天施肥，每667平方米施尿素4～5千克，结合进行第一次耘田除草，隔10～15天，进行第二次耘田除草，除草时防止碰伤地下茎。9月上中旬生长旺盛期，每667平方米施腐熟饼肥70～80千克，硫酸钾6千克。以后看苗情酌施尿素3～5千克，硫酸钾4～5千克。10月上旬后可停止灌水，保持土壤湿润。

（4）病虫害防治　荸荠病害主要有茎腐病，发病盛期一般在9月上旬～10月上旬，于8月下旬～9月上旬可用25%使百克乳油30毫升，或15%三唑铜可湿性粉剂100克兑水50千克喷雾，每隔10天1次，连喷3～4次。虫害主要是白螟，一般8月中下旬发生。药剂防治在孵化高峰后3～5天用80%杀虫单可湿性粉剂1000倍液或50%杀螟松可湿性粉剂300～500倍液防治。

（5）收获留种　11月下旬当管茎开始枯死，球茎皮色变红黑色时，可陆续收获，一般至翌年2月下旬前应收获完毕。作留种用的可延迟到清明前挖出，选取无损伤球茎，不洗泥放在露天地上阴干后，置于室内，顶芽朝上交错堆放3～4层，每层撒泥，顶层盖上泥或稻草。

如何栽培食用百合？

百合是观赏、食用、药用等兼用的多年生草本植物。鳞茎加工成的百合粉具有滋阴补阳、润肺止咳，安神定志等功效，系健身滋补佳品，市场需求量日益增加。由于野生资源的不断减少，人工栽培百合得到迅速发展。栽培技术要点如下：

（1）整地播种　百合适宜于土层深厚、土质疏松、排水性能良好的砂质土壤，可在山坡、林地旁边种植，也可与晚稻轮作，忌连作。百合用种球茎（鳞茎）繁殖，于10月份播种，晚稻田可在10月底~11月初种植。种球大小宜选用100克左右。播种前深翻土壤，整畦，畦宽3~4米，开播种沟行距50~60厘米，播沟深5~8厘米，株距20~25厘米，种球大的稀些，反之密些。种植时鳞茎芽头朝上，周围填上细土，再施基肥，每667平方米施腐熟厩肥1000~1500千克，磷肥20千克左右及适量草木灰，施于株间。肥料不能与种球接触，以免引起种球腐烂。栽后覆土5~8厘米。

（2）田间管理　播种后5~7天若遇干旱浇水1次，年前保持土壤湿润，11月覆盖稻草或地膜保温保湿，若遇特别严寒天气应加厚覆盖物防冻。2月中下旬出苗后立即去除覆盖物。出苗时若发现同一鳞茎生出多条新茎，留其中最强的1条，其余删除，以防鳞茎分裂。3月中旬进行第1次追肥，在幼苗两侧开沟施追肥，每667平方米用复合肥15千克。施肥时避免肥料接触鳞茎，施后覆土。4月进行浅中耕培土，培土不宜过深或过浅，一般使鳞茎着生位置在15厘米土层中。春季多雨季节做好清沟排水。5月中旬第2次追肥，数量、方法同第1次。6月上中旬出现花蕾时应及时摘除、打顶，若珠芽不准备作繁殖用，也应摘去珠芽。8~9月遇高温干旱时应注意灌溉，覆盖杂草降温保持土壤湿润。11月当地上部植株枯死后，鳞茎已充分成熟，宜在晴天挖掘鳞茎，切除地上部分，即放置室内，进行加工处理，避免阳光照射过久，引起鳞茎变色。

（3）病虫害防治

① 病毒病：若发现病株，及时拔除烧毁并用石灰消毒病穴。

② 立枯病、叶斑病：可用波尔多液或80%代森锌600~800倍液喷雾，7~10天1次，连喷3~4次。

③ 蛴螬：可用50%辛硫磷乳油800倍液浇根。

④ 蚜虫：可用40%乐果乳油1000~1500倍液喷雾。

如何种植食用笋和促使提早出笋？

专用食用笋主要品种是雷竹笋，其出笋期早，产量高，品质优良。栽培技术要点：

（1）挖穴　雷竹一年四季均可栽植。一般多春植，造林地经过深翻整地，于2月份按株行距3米×（3~4）米挖穴。开穴时先将表土挖堆在一边，穴长100厘米，宽80厘米，深40厘米，挖好穴后将表土填入10~15厘米，待植。

（2）母竹的选择与挖母竹　选取1~2年生，直径1~3厘米的母竹作种竹。种竹要求竹株健壮，枝叶繁茂，竹节正常，枝下高1米左右，无病虫害，竹鞭较浅为好。挖母竹之前应判断竹鞭的走向，一般竹鞭走向与竹子最下一盘分枝方向大致平行，与竹干基部的弯曲方向垂直。挖掘时，先沿竹鞭方向在距离母竹30~50厘米处轻轻挖开土层，留来鞭30厘米，去鞭40~50厘米。挖竹鞭时应多留宿土。母竹挖出后，保留下部竹枝4～6盘，削去竹梢。若要长途运输，用湿草绳或塑料膜包扎宿土，并注意保湿。

（3）栽植　栽植时先将根部包扎物去除，将母竹放入穴内，使鞭根舒展，下部与土壤密切接触，若土壤干燥，适当浇水再覆土，覆土厚度比母竹原先入土部分稍深3～5厘米，基部培土成馒头型。为防止被风吹倒，可设支架支撑母竹。

（4）竹园管理　定植后1～2年为培育期，3年后开始产笋。产笋期管理：1～2月松土施肥，将表土锄松，2月每667平方米用尿素15千克左右施入笋穴，以促使笋芽萌发。2月下旬开始采笋。3～4月开沟排水，面积小的竹园，四周开沟，使林地筑成中间高、四周低的宽垄高床，大面积的竹园每隔5～10米开1条排水沟，以利排水。雷竹采笋可采到5月下旬，竹笋采收后，结合松土挖老鞭。一般4～5年的老鞭已丧失发笋能力，6年后就需进行一次清鞭，把老鞭、竹蔸全部挖去。以后每隔3年清理1次。5～6月结合清鞭进行施鞭肥，每667平方米施尿素50千克、钾肥8千克、磷肥15千克、厩肥750千克，结合掘地翻入土中。在6月开始采收鞭笋。7～8月施肥培土，每隔3～5年培土1次。9月重施催芽肥，每667平方米施有机肥1500～2000千克、尿素25千克、钾肥15千克。9～10月钩梢，砍去1/5竹梢。

（5）促使雷竹早出笋方法　11月底～12月初施肥，每667平方米施尿素15千克、钾肥7千克，施后盖稻草、砻糠等覆盖物，厚度25～30厘米，浇透水，然后覆盖透光塑料薄膜或地膜，以提高地温并保湿，促使雷竹园能在春节前大量出笋。

如何栽培菜用香椿？

香椿是楝科落叶乔木，嫩芽可作蔬菜，有葱蒜气味，清香爽口，种子可榨油，是绿化和食用兼用树种。繁殖方法可采用种子育苗，或埋根、扦插等。现将育苗栽培技术要点介绍如下：

（1）播种育苗　播种于2～3月进行，翻耕整地做好苗床，畦宽1.5米。每667平方米用种量1.5千克左右。种子用30～35℃温水浸种24小时后，捞出后装在布袋中催芽，温度保持在25℃左右，当胚根露出时即可播种。采取撒播，播后覆土，浇足水，并覆盖地膜或稻草，保温保湿，出苗后揭去覆盖物。3～4月，当苗2～3片叶时进行间苗，株间距离保持14～15厘米，间出的幼苗另种一畦。5～6月松土、施肥、除草。7～8月幼苗生长加快，需肥量大，施肥以氮为主，配施磷、钾肥，结合进行松土、除草。9月后施磷、钾肥。

（2）定植　香椿园宜选择土壤疏松，土层深厚，砂质，排灌方便的地块。土壤深翻整地，每667平方米施腐熟有机肥5000～7000千克作基肥。香椿栽植期为自落叶至萌芽前，秋植或春植均可。将育好的苗木掘起，保护好根系。种植密度：行距7米，株距5米左右，种植深度与原苗木相同，根系舒展，填土压实，栽后浇水，以后再浇水 1 ~ 2 次。

（3）采收　翌年 3 月份部分嫩芽即可采收，以芽长 10 ~ 12 厘米，芽色紫红为优。第 1 年采收时要留主干 2 米高，只收主干顶芽，促侧芽生长；第 2 年可采收侧枝顶芽，促第二侧枝萌发；第 3 年后，枝干已定型，所有顶芽都可采摘，一般可摘收到 5 月结束。

如何进行菜用香椿矮化栽培？

香椿嫩芽作为蔬菜食用，香气浓郁，营养丰富，深受消费者喜爱。香椿矮化密植栽培其育苗、定植同常规栽培，而定植密度为 40 厘米 ×50 厘米，每 667 平方米栽植 3000 株左右。现将矮化技术介绍如下：

（1）品种选择　矮化栽培食用香椿品种宜选用红油椿、红芽绿香椿和红香 1 号等品种。其共同特点是：发芽早，耐低温，芽柄和嫩叶为棕红色，叶脆嫩多汁，味甘甜，香味浓。

（2）整形　定植的苗木若未经矮化整形的，应进行整形平茬，即在 6 月底以前，对进行矮化密植的苗木于苗干 15 ~ 20 厘米处剪去顶端，促发下部 2 ~ 3 个侧枝，作为一级侧枝。一级侧枝长到 30 厘米以上时，剪去顶梢，保留 5 ~ 10 厘米的枝桩，促发二级侧枝。经 2 ~ 3 年后即培育成具有 4 级侧枝，高 1 ~ 1.5 米的多头树形。

（3）矮化处理　矮化处理有摘心、短截、平茬等方法，于 6 月 ~ 7 月，对 1 年生枝条摘心或短剪，留干 15 ~ 25 厘米，20 天左右可抽发 2 ~ 5 个侧枝，秋季长成 10 ~ 15 厘米的充实短枝，翌年可收椿头芽。对生长过旺的植株或枝条，可再摘心一次。摘心、短截后可增加芽量，提高产量 1.5 ~ 2 倍。

（4）施肥与田间管理　树苗定植后，每半个月浇 1 次水，保持土壤“见干、见湿”干湿交替。浇水后或雨后及时中耕除草，防止积水。4 ~ 5 月和 7 月各追肥 1 次，每次每 667 平方米施尿素 10 ~ 15 千克，8 月再施 1 次氮肥，并控制浇水。9 月份施 1 次磷肥每 667 平方米施过磷酸钙 50 ~ 60 千克，以促进木质化，增加抗寒力。

成龄树，每年 2 月下旬根部覆盖地膜，促使早萌芽，在第 1 次采收前 3 ~ 5 天，每 667 平方米施尿素 20 ~ 25 千克，新梢长到 30 厘米时，根外追肥喷施 0.2% ~ 0.3% 的尿素或磷酸二氢钾溶液 2 ~ 3 次，交替使用。6 ~ 7 月，经大量采摘后，应追肥 2 ~ 3 次，每 667 平方米施复合肥 20 ~ 30 千克。落叶后结合深翻，施腐熟有机肥作基肥。

香椿抗病性较强，病虫害少，一般很少用药防治。主要有叶锈病、根腐病和斑衣蜡蝉，以农业防治为主，辅以有针对性的药剂防治。

（5）采收　定植后第二年，当新梢长至 25 厘米，嫩芽颜色变为红褐色时，即可采收，剪枝梢 15 厘米，保留 2 ~ 3 片复叶。侧芽萌发至 25 厘米就可采收，剪梢部 20 厘米长嫩芽。最初 1 ~ 3 年一般每年只采收一次，采收顶芽，促发侧枝，培养树冠。3 年后一般每年可摘 2～3 批，顶芽、侧芽均可采收。管理得当的椿园，每隔 20 天左右可采一次，通常 1 年可收 6～10 次。

野生蔬菜马齿苋、苦菜、蒲公英有哪些特性？

马齿苋、苦菜、蒲公英等野生蔬菜具有独特的风味，以及适应性广，生长速度快，抗逆性、抗病力强等特性，已广泛地被人们用作蔬菜栽培，供应市场，深受消费者青睐。其品种主要特征特性如下：

（1）马齿苋　又名长寿菜、蚂蚱菜。属马齿苋科一年生草本植物。马齿苋味酸、性寒，喜高温高湿，有向阳性，适应性广，抗病性强。春季于 5 月中下旬播种，地膜覆盖可提前在 4 月播种，6～8 月生长旺季，可陆续采收到 11 月。马齿苋抗性强，一般不发生病虫害，人工栽培不必用农药防治病虫害，无农药污染。

（2）苦菜　又称苦荬菜。属菊科多年生草本植物。苦菜适应性广，抗旱耐瘠，田间路旁均能生长，喜欢冷凉气候。作蔬菜栽培，大棚种植于 7 月下旬～8 月中旬播种，苗叶生长到 4 厘米时便可采摘嫩叶嫩茎上市，1～12 月周年采收。

（3）蒲公英　又称婆婆丁，属菊科多年生草本植物。蒲公英适应性广，抗旱耐瘠，田边、路旁、丘陵山地、干燥或潮湿土壤均能生长。蒲公英味苦、性寒，药菜兼用。根及全草入药，有清热解毒，消炎散结等效果。嫩茎叶，可生吃凉拌也可熟吃，与鸡蛋混炒别具风味。一般于 4 月份播种，大棚栽培可在 10 月上旬播种。

马兰头的特性及如何进行大棚栽培？

马兰，俗称马兰头，又称鸡儿肠。菊科马兰属，多年生草本植物。马兰头生长速度快，适宜性广。马兰头采摘叶片和嫩茎做菜。夏季开花，种子于 10 月份成熟，若不收种子，开花前剪去花枝，冬季用大棚保温 1 年可采收 4～6 次。马兰头可用老茎繁殖或分枝繁殖，也可用种子繁殖。种子繁殖以春播较好，于 4～5 月播种；秋播于 10～11 月播种。

马兰头人工大棚栽培方法：一般可采用老茎繁殖，于 9 月下旬或早春平均气温稳定在 10～15℃时，采集野生马兰头，剪短根系留根长 8～10 厘米，然后进行栽植，密度 10 厘米见方，每穴种 2 株，栽后浇薄肥活棵。当苗高 10～15 厘米时，即可剪取嫩梢上市。11 月上中旬搭棚架覆盖薄膜保温。一般每隔10～15 天采剪一次，采后及时追施氮肥，由于采收间隔时间短，宜采用速效肥，如充分腐熟的人粪尿或畜粪肥，并保持土壤湿润，促进新芽生长。开春后揭开棚膜。在人工栽培条件下，一年四季可连续采摘。

荠菜的特性及如何栽培？

荠菜是十字花科，一年生或越年生草本植物。荠菜耐严寒，喜湿润，适于光照充足的环境。生长适宜温度 12～22℃，种子发芽温度 20～25℃。作蔬菜食用，可炒食或作馅，气味清香，味道鲜美，营养丰富，特别是富含维生素 C 和胡萝卜素。常食有明目，有辅助降低胆固醇、甘油三酯，降血压和抗癌作用。已被开发为野生蔬菜人工栽培，在市场上颇受消费者青睐。

1. 品种

荠菜0工栽培生长快，周期短，效益好。品种主要有板叶荠菜和花叶荠菜：

（1）板叶荠菜　又名大叶荠菜。叶片大而厚，浅绿色，叶缘有羽状缺刻，稍有绒毛，全株18片叶左右，产量高，商品性好，易抽苔。

（2）花叶荠菜　又名小叶荠菜。叶较窄短，叶缘羽状缺刻深，叶面绒毛多，全株20片叶左右，较耐寒、耐旱，香气浓郁，抽苔开花较板叶荠菜迟，收获期长。

2. 栽培技术

（1）整地播种　荠菜一年四季均可播种，可成片栽培，也可利用田边地角、零星杂地种植。成片种植宜选择土壤肥沃的砂性壤土，不宜连作。翻耕时施基肥每667平方米用腐熟有机肥1000～1500千克、尿素10千克、磷肥25～30千克、钾肥8千克，或三元复合肥25千克左右。然后做成宽2米左右的高畦。播种量冬播与夏播每667平方米1.5千克左右，春、秋播每667平方米1千克左右。宜与少量细泥拌和后，均匀撒播。播后盖土，覆盖一层薄稻草，浇透水，出苗前薄水勤浇，保持土壤湿润。

（2）田间管理　出苗后，及时去除覆盖稻草，1叶1心时进行删密补稀，株间距离10～15厘米。多余的苗可另种一畦。2叶期追肥每667平方米施腐熟人粪尿750～1000千克，或尿素8千克左右。隔15～20天再施肥1次，一般施3～4次，当长到13～15片叶便可采收，采收前5～8天用2%尿素水溶液浇施。采收时从基部剪取地上部，采大苗留小苗，每采收1次追肥1次，当再抽生新叶时，结合喷水，每隔7～10天用0.2%磷酸二氢钾或其他叶面肥连续喷施2～3次，促进叶片生长。

（3）病虫害防治　荠菜抗病性强，为了保持其天然无污染的特点，尽量少用农药。主要是防治蚜虫，要勤检查，在发生初期用2.5%溴氰菊酯乳油1500～2000倍液喷雾，隔5～7天喷一次，连喷2～3次（药剂安全间隔期2～3天以上）。杂草可结合删苗及采收，及时人工拔除。

薄荷有何特性?

薄荷属唇形花科多年生草本植物。味辛，性凉。归肺、肝经，有发散风热，清利咽喉，止咳，透疹解毒，疏肝解郁和止痒等功效，适用于感冒发热、头痛、咽喉肿痛、无汗、风火赤眼、风疹、皮肤发痒、疝痛、下痢及瘰疬等。外用有轻微的止痛作用，用于皮肤有灼感和冷感，它对皮肤瘙痒具有抗过敏和止痒作用，又对神经痛和风湿关节痛具有明显的缓解和镇痛作用。同时薄荷对蚊虫叮咬皮肤、上呼吸道感染、痔疮、肛裂等，均有消肿止痛、消炎抗菌的作用。

薄荷喜温，既耐热又耐寒，喜湿润而不耐涝，对土壤适应性较广，除过酸的土壤外一般都可栽培，以肥沃的壤土或砂壤土为宜。比较耐阴，与其他作物间作套种，生长旺盛，品质优良。肥料以氮肥为主，钾肥、磷肥次之。薄荷嫩茎叶可作蔬菜，凉拌食用，味道清凉爽口，有清热解毒功效，是近几年逐渐发展起来的绿叶蔬菜。繁殖方法可用种子繁殖或以根茎等无性繁殖方法。种子繁殖的播种期为4月上旬左右。生产上多采用根茎、插枝、分株等无性繁殖方法。其中以分株繁殖法简单易行。宜于清明前后栽植，通常种植一次可以连续采收2~3年。

如何防治莴苣笋菌核病?

莴苣笋菌核病是莴苣重要病害，是由核盘菌浸染引起，属真菌性病害，除危害莴苣外，也危害萝卜、甘蓝、白菜、番茄、马铃薯、菠菜、洋葱等蔬菜作物。雨量多的年份，特别是秋季多雨、多雾发容易透发菌核病。地势低洼、排水不良以及连作的田块发病较重。栽培上种植过密、通风透光差，氮肥施用过多的田块发病重。

症状：主要危害莴笋茎部，植株茎基部先受害，病斑最初为褐色水渍状腐烂，逐渐扩展到整个基部，但无恶臭味。湿度大时，病部表面普遍产生白色棉絮状菌丝体，后期形成黑色鼠粪状的菌核，病株叶片变黄凋萎，发病严重的植株生长不良，甚至全株腐烂枯死。植株茎部膨大期至采收期最易染病，春季3~5月和秋季9~11月为主要发病期，大棚莴苣可周年发生危害。

防治方法：

（1）农业防治　选用抗病、耐病品种，做好种子消毒。实行轮作，并做好开沟排水，降低田间湿度。清洁田园，摘除黄叶、老叶、病叶，改善田间通风透光条件。

（2）药剂防治　发病初期选择：① 43% 好力克悬浮剂5000倍液；② 50% 速克灵可湿性粉剂1000~1500倍液；③ 50% 农利灵可湿性粉剂1000~1500倍；④ 50% 扑海因可湿性粉剂1000倍液；⑤ 70% 甲基硫菌灵可湿性粉剂700倍液；⑥ 40% 菌核净可湿性粉剂500倍液。以上药剂任选1种喷雾，隔7~10天用药1次，连治3~4次。喷药时药剂应喷洒在病株基部。

如何防治蔬菜潜叶蝇?

蔬菜潜叶蝇，药剂防治可选用：① 1.8% 阿维菌素乳油4000倍液；② 1% 绿剑乳油1500~2000倍液喷雾。安全间隔期7天以上。

如何防治蔬菜地下害虫?

防治蔬菜地下害虫可用：① 3% 米乐尔颗粒剂每667平方米用量3~5千克；② 5% 柴丹（毒死蜱）颗粒剂每667平方米2~5千克；③ 50% 辛硫磷乳油每667平方米250毫升；④ 3% 辛硫磷颗粒剂（即立本净）每667平方米用1.5~2千克。上述药剂任选1种拌细泥撒施或穴施，然后用锄头松土，使药剂与土壤拌和，以提高药效。

如何进行蔬菜地土壤消毒?

蔬菜地进行土壤消毒，如果是以杀菌为目的，可选用：① 20% 地菌灵可湿性粉剂每 667 平方米用量 2 千克；② 5% 敌克松可湿性粉剂每 667 平方米用量 1.5 千克，拌细泥撒施，也可兑水喷淋。

如果以防治地下害虫为目的，可选用：① 3% 米乐尔颗粒剂每 667 平方米用量 3 ~ 4 千克；② 3% 立本净颗粒剂每 667 平方米用量 1.5 ~ 2 千克撒施，或与基肥一起施后，翻耕整地，与土壤充分混合。

如何安装育苗电热温床?

采用电热温床进行蔬菜保温栽培，早春可提前播种，提早上市。用于土壤加温的电热线的规格通常有：1000 瓦，长 120 米和 100 米；800 瓦，长 100 米；500 瓦，长 60 米等不同功率。电热温床由电热线和温度控制器两部分组成，安装前先根据电热线功率、长度和温床预定功率进行计算。例如：电热线功率为 1000 瓦，长度为 100 米，设定温床功率为每平方米 50 瓦，苗床畦宽 1.2 米。则温床面积为 1000 ÷ 50 = 20（平方米）；温床长度为 20 ÷ 1.2 = 16.7（米）。电热线圈数为（100 − 1.2） ÷ 16.7 ≈ 6（圈），线圈间距离为 120（厘米） ÷ (6 + 1) = 17.1（厘米）。

根据以上计算的长、宽度，在地面挖深 20 厘米的低畦温床，底部要平，并铺上 8 ~ 10 厘米厚的稻草作隔热层，摊平、踩实，再铺上 3 厘米厚的干细土。然后在温床两端参考线圈间距离打桩，固定电热线。温床两边密些，中间可稀些，单向拉线，不能相互缠线，线的两端接在控温器上。然后在上面铺上 8 ~ 10 厘米厚的培养土，平整畦面，便可播种育苗。播后覆盖 2 厘米厚的肥土，浇足水，温床上再搭拱棚，盖膜保温，需要加温时便可通电。电热温床应注意温度调控，温度一般控制在 20 ~ 25℃，同时保持土壤湿润，防止受旱。

变频杀虫灯的性能如何?

变频杀虫灯主要性能：① 带蓝色光，诱虫效果好；② 能产生一种香气更符合害虫对气味的嗜好；③ 光的波长适应害虫的趋旋光性要求；④ 瞬间高压电流能有效杀死飞近的害虫。因此其杀虫效果好于普通黑光灯。

第五章　花卉苗木种植技术

第一节　樟树的种植技术

如何进行樟树种子育苗？

樟树又称香樟树，属樟科樟属的常绿乔木。树高可达 40～50 米，树龄成百上千年。樟树的木材耐腐、防虫、致密、有香气，是家具、雕刻的优良木材；樟树还用来提炼樟脑，有强心解热、促进血液循环、杀虫之功效；樟树也是被广泛用于园林绿化或作为行道树的优良树种。樟树种子育苗的方法：

（1）种子采集　11 月间樟树的果实表皮呈紫黑色时即成熟，及时采收，随收随处理。方法：将采收的果实浸水 2～3 天，然后在水中搓擦漂洗干净，再拌草木灰经 12～24 小时脱脂。经处理后的种子可随即催芽播种，或砂藏后春播。砂藏方法：将种子洗净后阴干，与湿沙（含水量约 30%）拌和，层积于通风的室内。

（2）催芽播种　播种前 2 天进行催芽，用 50℃温水浸种，待冷却后再用 50℃温水重复浸 3～4 次，催芽时切不可温度过高以免烫种伤芽。播种可采取条播或撒播，条播行距 20～25 厘米，播后盖土或焦泥灰厚 1.5 厘米左右，再覆盖稻草或杂草。

（3）苗圃管理　出苗后及时去除覆盖物，并松土，除草，或于 5 月份用 50% 扑草净可湿性粉剂每 667 平方米用 200 克，兑水 40 千克喷杀杂草。当幼苗长出 3～4 片真叶时进行间苗，苗高 10 厘米左右即可定苗，苗距 4～6 厘米。7～8 月适施追肥，遇干旱天气及时浇水抗旱。

何时是樟树移栽适期？

香樟栽植适期是 11～12 月，此时树体枝叶已基本停止生长而根系尚处在活动期，这时移栽有利于树体保持水分动态平衡。也可在 2～3 月底至 4 月初进行植苗，天气宜选择阴天栽植为好。移栽时必须带土球，栽前将苗木枝叶疏剪去 1/3～1/2，以减少水分蒸腾，提高成活率。栽后浇透水，并注意清沟排水防止渍害。

如何促使樟树苗木长粗？

促进苗木增粗措施常采用截干法。在樟树苗茎干的 3.5 米高处截干，同时增施复合肥、有机肥，修去下部枝条，加强管理，做好松土，除草工作，一般能达到增粗的效果。苗圃地栽植苗木过密，易引起增高生长。而为使茎干增粗，可移去部分苗木，增加苗木之间的营养空间，以达到增粗的目的。而不能使用矮壮素等药物促使苗木长粗，以免对树体生长产生不良影响。

在紫砂土上种植樟树，上部叶片发白是什么原因？

樟树是喜酸性土壤的植物，紫砂土铁的含量较低（16.6～24 毫克/千克），而且有的紫色土 pH 较高，呈碱性。而在碱性土壤上不宜种植樟树，易发生缺铁症，出现叶片发白。

矫治方法：① 用硫酸亚铁兑水浇根；② 种植樟树应选择酸性土壤，如黄筋泥、潮土等地块；③ 定植樟树时在树穴内填上黄筋泥后再种植。

樟树苗圃如何使用草甘膦除草？

香樟苗圃除草，若用草甘膦一般是在播种（栽种）前使用较安全。种植后使用，应采取定向喷雾，不得喷（洒）到植株叶片等绿色部位，避免造成药害。而香樟苗圃除草方法通常是：① 用 23.5% 果尔乳油加 50% 乙草胺乳油，每 667 平方米各 20 毫升，拌泥土撒施可防治禾本科杂草和阔叶草；② 用 50% 扑草净可湿性粉剂每 667 平方米 200 克兑水 35～40 千克喷杀杂草。

樟树叶子发黄、落叶怎么办？

樟树是弱根系树种，忌潮湿。樟树叶片发黄可能是由于根系周围积水或土壤过于潮湿而引起。矫治方法：在樟树四周做好开沟排水，降低地下水位，保持土壤适度水分。

樟树被冻坏枝条要否剪掉？

樟树晚秋梢因未木质化，遇到寒冷天气易被冻伤。凡是被冻坏、枯损的枝条必须剪去，剪至青枝青髓部位，并留取一个健壮腋芽，以保持苗木干形。

第二节　红豆杉的种植技术

红豆杉有何药用价值与发展前景？

红豆杉又名紫杉，属裸子植物门，松杉纲，红豆杉目，红豆杉科，红豆杉属，常绿针叶乔木。原是野生树木，是优良的生态绿化树种。其木质坚实美观属高级木材树种。由于红豆杉内层树皮、树根和枝叶含有丰富的紫杉醇及其衍生物，是昂贵的天然新型抗癌药物的原料。用紫杉醇为主要原料生产的治疗乳腺癌、胃癌、结肠癌等 10 多种癌症以及风湿性关节炎、牛皮癣、特应性湿疹等药品，药效独特，已被临床上广泛应用。为此红豆杉又是珍贵的药用树种。据业内人士预测，目前全世界每年需要紫杉醇 1920～4800 千克，而紫杉醇年产量仅有 250 千克左右，市场严重供应不足。我国目前销售的紫杉醇注射液在 200～300 万瓶，需要紫杉醇原料药约 1000 千克。随着国内外临床应用的深入研究，不难预测紫杉醇将成为一种基本的抗肿瘤重要药物之一，由于红豆杉是国家一级保护珍贵树种，目前除了加强自然资源保护外，鼓励大量发展红豆杉的人工栽培及其技术的研究与开发。如云南、上海、福建等省（市）科研院、校均进行了红豆杉人工林培育，硬枝扦插育苗，割茬再生等技术研究与开发。在北京、上海、辽宁、云南等地成立了提取紫杉醇总厂。所以红豆杉具有良好的发展前景。

如何进行红豆杉播种前种子处理？

红豆杉是世界珍稀植物，是优良的绿化树种和具有独特药用价值的树种，近年来被广泛进行人工栽培。红豆杉可以用种子繁殖。其种子播前处理方法：红豆杉种子采集后用湿沙低温贮藏。播前用温水和冷水相间浸种，每次温水浸2天间隔1～2天倒去水液，如此反复，处理半个月左右将种子阴干。播种采用撒播、条播或营养钵育苗，播后覆盖稻草或杂草保湿。

如何进行红豆杉快速育苗？

红豆杉种子由于休眠期长，发芽困难，发芽率低，播种至发芽通常需3～4年之久，因而成为人工栽培的主要制约因素。经过园艺科技工作者的反复试验研究，形成了一套快速发芽育苗新技术。现介绍如下：

（1）种子采集与处理　种子必须经充分成熟，果皮呈红紫色时进行采收，最好让其自然落果。种子采收后掺和适量的砂，用搓衣板在水中反复搓洗，然后用清水漂洗干净，摊晾阴干，在一周内即行播种。播种前将种子置于50°白酒和40℃温水等量混合液中浸泡20分钟，捞出后再用浓度为500毫克/千克的赤霉素溶液浸种24小时。经这样处理后去除了外种皮，磨损了坚硬的内种皮，使其易于透气吸水，促进种子发芽加快。发芽时间可缩短为6个月，发芽率可由通常的10%提高到85%左右。一般以当年采集，随即播种为好。若将种子砂藏，第二年开春播种，将会显著降低种子的发芽率。

（2）播种及苗床管理　苗床选择排灌方便，土层深厚，土质疏松的砂壤土。施基肥每667平方米复合肥60～80千克，深翻整平，做成宽1.2～1.5米的苗床。种子密播于苗床，以不重叠为度，盖细泥厚2厘米左右，浇透水，平铺覆盖地膜，膜上再盖8～10厘米厚的泥土和稻草，呈龟背状，以避免苗床积水，防止种子霉烂。第二年立春前后经常检查种子，若发现大部分种子开始露白萌发，即除去苗床覆盖物，搭拱棚架盖膜保温，以利发芽出苗。同时注意膜内温度调控，遇到晴热天气应打开棚膜两端降温、换气。幼苗出土后，每隔3～4天喷水1次，保持土壤湿润。当苗长至2叶1心时揭膜炼苗，并注意防鼠害。

（3）移植及苗期管理　当苗长3～4叶期，选择阴天，进行移栽，行株距25厘米×15厘米，移栽后20天左右进行浅中耕，松土除草，5～7月间中耕2～3次，中耕时注意勿损伤苗根。每次中耕后施追肥每667平方米用尿素5～7千克，氯化钾3～5千克，兑水浇施或喷洒。红豆杉原野生于深山中，抗逆性强，病虫害较少，若发现有蚜虫或蜘蛛危害，可用杀虫剂防治。1年后苗高一般可长到40厘米以上，翌年冬春便可出圃造林。

如何进行大龄红豆杉植株移栽？

红豆杉系国家一级保护树种，凡野生红豆杉移植，必须经过林业部门的批准，方可进行移栽。经批准移植的红豆杉树，一年四季均可以进行移栽，大龄树移栽时必须带土球直径100厘米以上，疏截掉1/3以上枝叶，枝干用塑料薄膜或稻草捆扎，树体用黑网遮盖，一般成活率可达50%以上。

第三节　桂花的种植技术

如何繁育桂花苗？

桂花苗木可以用种子繁殖、扦插、压条、嫁接等方法。常用的是扦插育苗，其方法简单易行，繁殖数量多，速度快。方法：在春季桂花树发芽前，剪取两年生的枝条作插穗，插穗长10～12厘米，插穗顶端留2片叶。也可在6月中旬～7月上旬，进行扦插，选用当年生半木质化的健壮枝条作插穗，于节下0.2～0.3厘米处剪下，插穗长10～12厘米，顶端留2片叶。扦插前插穗基部用50～100毫克/千克浓度的“ABT”3号生根粉浸半小时左右，以促进发根。扦插时将插穗2/3插入苗床沙土内，行株距为10厘米×3厘米。插后压实基部土壤，浇水，覆盖薄膜，保持土壤湿润，并进行遮荫，以利成活。成苗后，浇施催根素和氮磷钾复合肥0.2%混合液，做到保持苗床适当湿度，并防止床苗沟内积水。夏季搭架盖遮荫网遮荫。冬季搭低架暖棚保温越冬。

何时进行桂花种子播种育苗？

桂花种子成熟季节是4～5月，充分成熟时果实呈蓝黑色，这时便可采收。采集的种子可即行播种。播前将果实搓洗，擦去果皮，取出净种子，稍阴干后即可播种育苗。育苗方法：

（1）播种　深翻圃地，整平苗床，一般采取条播，行距20厘米左右，每667平方米播种量12～16千克。播后覆盖细土，再覆盖稻草，喷洒水，保持土壤湿润。

（2）苗期管理　出苗后应及时拔草，松土，施肥，桂花苗忌积水，苗圃应做好开沟排水，防止雨季积水渍害。夏季高温天气要搭荫棚遮阴，同时做好喷水降温，以少量多次为好，并注意灌水防旱。冬季做好保温防寒工作。一般第3年可出圃移栽。

种植丹桂前景如何？

丹桂，是桂花中的一大类。“金秋十月，丹桂飘香”，花色有橙黄或橙红之分，开花时花香较淡；叶较小，披针或椭圆形叶。品种有大丹桂、小丹桂、硬丹桂、软丹桂等。桂花是中国十大名花之一。丹桂不仅有观赏价值，花可制作香料等，园林绿化价值高。发展丹桂大苗培育和品种选育具有良好前景。

如何防治桂花叶尖发黄和苗期叶焦？

桂花叶片发黄原因有两种可能：

（1）涝害造成　桂花苗不耐湿，在潮湿的土壤环境条件下，根系生长不良，导致营养障碍，而发生生理病害，会出现老叶的叶尖发黄；对幼苗会导致叶尖、叶片边缘发焦现象。矫治方法：进行开沟排水，改善根系生长环境，并补施有机肥和磷、钾肥。

（2）病害引起　例如：桂花感染叶褐斑病，可导致叶尖发黄；叶斑病能引起焦叶。这两种病可选用杀菌剂65%代森锌可湿性粉剂500倍液，或50%退菌特可湿性粉剂800倍液防治。隔7～10天1次，防治2～3次。

桂花扦插后插穗落叶是什么原因？

桂花扦插后插穗落叶原因有：因插穗基部腐烂或者插穗未生根导致供水断缺，都会造成落叶。

防治措施：

（1）薄膜遮荫　覆盖薄膜，提高湿度，黑网全遮荫，以促进插穗生根。

（2）加强肥水管理　适当增施磷、钾肥，或喷施浓度0.2%～0.3%磷酸二氢钾溶液，促使幼苗健壮生长，增强抗逆性，以提高成活率。

桂花播种后如何进行化学除草？

桂花播种后化学除草方法：于播后出芽前用药。①24%果尔乳油每667平方米用30～60毫升兑水50～70千克，喷洒苗床，能杀死大多数阔叶草；②50%乙草胺乳油，每667平方米240毫升，加24%果尔乳油50毫升兑水150千克混合施用，能杀死禾本科杂草和阔叶杂草。

如何进行桂花苗圃化学除草？

桂花为阔叶树种，其叶厚、革质。苗圃化学除草方法：

（1）药水喷洒　桂花移栽后，在杂草尚未出长前（如果已有少量杂草先人工除去），用24%果尔乳油，每667平方米60毫升兑水50～70千克喷洒苗床。

（2）毒土撒施　可选用：①50%乙草胺乳油每667平方米200毫升；②5%精禾草克乳油80毫升；③50%扑草净可湿性粉剂100克，上述药剂任选一种，制成毒土撒施，以封闭杂草生长。对附着在枝、叶上的药土必须抖落，以防药害。

如何防治桂花褐斑病？

桂花褐斑病是由真菌引起的病害，病菌靠风、雨、浇水等方式传播侵染。老叶比嫩叶易感病。褐斑病在4～10月均有发生，高温高湿有利于发病，春末至中秋间发病最为严重11月后病情消退。

症状：发生初期在叶上出现一些小黄斑，散生，逐渐变为黄褐色至灰褐色的近圆形斑点，或呈不规则形状斑点，直径2～3毫米，没有明显边缘，外缘有一黄色晕圈。在叶片正面产生大量细小的灰黑色霉点。病斑可相互汇合成大斑，导致叶片枯死。

防治方法：

（1）农业防治　剪除病枝、病叶焚烧。加强水肥管理，增施腐殖质肥料和钾肥，以增强植株抗病力；发病期不宜喷淋，避免雨淋。切忌土壤积水。

（2）药剂防治　发病初期用：① 50% 退菌特可湿性粉剂 1000 倍液；② 用 65% 代森锌可湿性粉剂 500 倍液喷雾；③ 用 1∶2∶200 波尔多液喷雾防治。

第四节　佛手的种植技术

佛手有什么经济价值？

佛手，是芸香科柑橘属小乔木或灌木。佛手首先可以作为绿化盆景，其果实顶端纵裂分歧成指状具有独特的形态，有极高的观赏价值。

佛手也是有广泛用途的药用植物。其果含有丰富的挥发油、高级醇类、脂类及醛、酮类、有机酸类、黄酮、柠檬碱和维生素 C、维生素 P、柠檬素、果胶及多种矿物质。佛手的醇提取物和佛手固醇苷能扩张动物的冠状动脉，增加冠脉血液流量，防止心肌缺氧，预防心律失常等效果；佛手挥发油对胃肠道有温和刺激作用，促进肠胃蠕动及祛痰作用；佛手醇苷有抑制心肌收缩力、减慢心率、降低血压效果；佛手的柠檬内酯有行气平喘、祛痰镇咳和抗菌作用；柠檬烯还有很强的溶解胆石作用；佛手内酯对肝癌、肿瘤有明显的抑制作用，对艾氏腹癌细胞有杀灭效果；佛手果有较高含量的天冬氨酸和少量的蛋氨酸，具有抗癌作用。由于佛手多种成分的生理生化作用，在治疗原发性肝癌、胃癌、胰头癌、胰腺囊肿等方面，已有较多应用。同时佛手油在镇痛、镇静、抗炎和促进智力，增加机体免疫力等方面也有重要作用。

目前利用佛手深加工开发成的产品有：佛手片、佛手露酒、金佛酒、佛手干花、佛手茶、佛手蜜饯、果脯、佛手香精油等。用佛手制成的主要方剂有：佛手露、佛手半夏茶、佛手败酱汤和佛手丸、佛手止痛丸、玉佛和胃散、闽东健曲等。所以佛手有很高的经济价值，发展前景看好。

盆栽佛手如何管理？

佛手适宜于湿润的气候土壤环境，又不耐湿；对冷敏感，又忌干热。所以盆栽佛手需要精心管理，才能正常开花结果。其主要管理技术应掌握以下几个环节：

（1）肥水管理　佛手的水分管理原则“稍湿润，多半墒，冬春稍干，夏秋湿润”。佛手栽种或换盆、套盆后，第 1 次浇水要浇透，待干透后，再浇第 2 次水。平时浇水要干湿交替，即干透浇透，切忌盆栽土长期烂湿，或浇而不透。夏季高温时多浇水，早、晚浇，避免过度干燥。中午不浇，避免烫伤幼根。晚秋后及冬季低温少浇水。再者，小苗、弱苗少浇，促花时少浇，幼果期少浇，适当控制水分，果实膨大期保持湿润。

（2）施肥原则　坚持“薄肥勤施，兼重施，配施钙、镁、磷、钾肥”。佛手苗期，1 个月左右施 1 次腐熟人畜肥，浓度 10% ~15% 。结果树，4 ~5 月 7 ~10

天施1次肥，人畜肥为主，浓度15% ~25%。梅雨期，施饼肥或复合肥，每盆10~25克。盛花结果期和果实膨大期，每5天施1次肥，并增施磷、钾肥。越冬前重施、干施腐熟的饼肥和磷肥，但对有病或霉根的植株不宜浇水和施肥。

（3）修剪抹梢　苗期修剪，开春出棚后至8月上中旬，以抹芽、放梢、摘心为主，辅之必要的修剪，培养良好树冠。成年树修剪，一般在春芽萌发之前于2月下旬~3月下旬和7月下旬~8月中旬，修剪2次。剪去密生枝，细弱、病枯枝以及交叉枝、下垂枝；强枝、短枝不剪，衰老枝短截，徒长枝打顶。对春梢保留一部分，对没有花蕾的春梢全部抹去，避免抽生夏梢。无花夏梢基本上全抹掉，隔1星期抹1次，持续到8月初，避免夏梢与果实争养分造成以后落果。秋梢是来年的结果枝，予以保留。9月底以后抽发的晚秋梢及时摘除。通过抹芽、修剪，使枝条伸展有序，疏密相当，形成圆头形树冠，或符合观赏要求的特殊造型。

（4）疏花疏果　佛手春花一般较多，但花多不结籽，4~5月开花结果期，及时疏去雄花和瘦弱的两性花。6月~7月上旬，伏花结果率高，应摘去一部分，保留强势的两性花，每花序或每果枝保留1~2朵。9月中旬前后的早秋花仍能发育成果实，可予保留，晚秋花应摘除。疏果是在幼果期进行，疏果宜分次进行，如果一簇有数果的，留下健壮的1~2个果，一般1枝条保留2~3个健果。树冠中、上部多留果，底部少留果。

（5）及时换盆　盆栽佛手，一般2年换盆1次，于3~4月或7月下旬~8月上中旬进行，换盆时，将植株连土整株取出，剔除部分旧土，剪去老化根、霉烂根，换上稍大的盆钵定植。

（6）越冬越夏　采果后及时施肥，增施磷、钾肥，以提高抗寒力。立冬前后在背风向阳处建造塑料大棚，进棚前施肥喷药，拔除杂草，并将佛手枝条束缚夹拢。适期入棚，越冬初期和末期注意通风，中期密封保温，整个越冬期盆土保持湿润而稍干，温度控制在5~12℃。夏季是佛手的主要生长季节，枝梢和幼果生长需要消耗较多的水分和养料，但幼果期要适当控制肥水，不能过干、过湿，施肥不宜过浓。高温期采取降温措施，防止根系、叶片受高温灼伤。遇干热西风（焚风）时，需加强浇水降温和防风措施。

（7）病虫害防治　佛手主要有柑橘炭疽病、疮痂病、煤污病等，虫害有柑橘红蜘蛛、潜叶蛾、蚧壳虫、凤凰蝶、蚜虫等。病虫防治以预防为主，重点抓好：①4~6月的红蜘蛛、蚧壳虫的根治，保护老叶和春梢；②7~9月的秋梢萌发期及时防治潜叶蛾，继续控制红蜘蛛，保护结果母枝；③抓好冬春防病，喷施或根施波尔多液，喷施石硫合剂，保护绿叶。乐果对佛手容易产生药害，应慎用或不用。

佛手结果很多要否疏果？

佛手结果虽然很多，但很容易自然落果，疏花疏果的目的是为了提高坐果率。佛手疏果的基本要求是：在幼果期如果是一簇有数只果的，留下健壮幼果1~2只，1枝条上若幼果过多的，可疏去一部分，宜分次进行。到定果后，一般1枝条保留1~2只健壮幼果。

如何防治佛手潜叶蛾？

潜叶蛾俗称画图虫，在夏秋季节发生最多，是佛手夏、秋梢叶的主要害虫，对叶片危害十分严重。

危害症状：潜叶蛾主要危害叶片特别是幼嫩新叶，幼虫在叶背上吸食汁液，叶片受害部位仅留下正反两层白色膜状表皮，使叶片卷缩，严重影响光合作用和植株生长。

防治方法：一般应在新梢刚萌发0.5~1.0厘米时进行喷药。重点是防治低龄幼虫或成虫。药剂可选用：①1.8%海正灭虫灵乳油4000倍液；②2.5%百得利乳油750~800倍液；③5.7%百树乳油1000~1500倍液；④48%乐斯本乳油1000倍液喷雾，隔7~10天喷1次，直到停止抽梢为止。

佛手不结果是什么原因？

（1）水分管理不当　盆土过于板结或盆太小，土壤不透水、通气，或雨水过多，浇水过滥，没有干湿交替，导致根系溃烂。

（2）施肥不当　施肥过量，或施用未经腐熟的有机肥，导致根部受灼伤；或者施肥结构不合理，缺少有机肥，偏施化肥和偏施氮肥，缺乏磷、钾肥或微量元素营养，特别是孕花结果期，更需要磷、钾等微量元素，如果缺硼也会影响其坐果。

（3）修剪不当　不注意整形修剪，树膛荫蔽影响光照，诱发病虫害，或者夏梢没有及时修剪与幼果争养分，引起落果。

（4）未及时疏花疏果　若花和幼果太多，消耗大量养分，导致落果严重。

（5）病虫害严重或受冻害　佛手树受病虫害严重危害和越冬期受冻害等，都会影响开花结果。虫害严重的佛手植株便会造成大量落叶、枯枝，导致减少开花，少结果和落果严重。此外气候干燥，受西北风袭击等都会引起不结果。

提高坐果率措施：

（1）加强肥水管理　增施有机肥，在营养生长前期以有机肥和氮肥为主，孕花结果期应以磷、钾肥为主。宜采用多种肥料相互配合使用，以及用磷酸二氢钾和硼砂根外追肥。浇水掌握“不干不浇、浇则浇透，干湿交替”的原则。

（2）及时疏果与修剪　4~5月，必须及时疏花疏果，追施肥料及控制新梢生长。7~8月底，必须修剪枝条、抹梢，使佛手树促发秋梢，长成结果母枝，为翌年结果打下基础，并抹掉晚秋梢。

（3）搞好病虫害防治和越冬保温　其措施可参照“盆栽佛手如何管理”的相关部分。

第五节　红花木莲、杜英、红花檵木的种植技术

如何进行红花木莲育苗？

红花木莲为木兰科木莲属，是常绿速生乔木。树形优美，叶浓绿、秀气、革质，倒披针形或长圆状椭圆形，全缘。其1年2度开放粉红或玫瑰红色硕大花朵，花色艳丽芳香，为名贵稀有观赏树种。因而在园林绿化中倍受青睐。红花木莲的育苗方法：

（1）苗床整地　土壤翻耕后泥土捣碎，过筛，整平，用生黄心土铺垫3～5厘米厚待用。

（2）播种　播种时间，2月日平均气温达10℃以上时，即可进行播种。采取撒播，播后用黄泥土加焦泥灰加砂混合后覆盖，厚度以不见种子为度。然后架拱型低棚覆盖塑膜，保温增湿。

（3）苗圃管理　出苗后7～10天，喷50%托布津可湿粉100倍液2～3次，以预防立枯病。4月中下旬进行芽苗移栽，密度33厘米×33厘米，每667平方米种植6000株左右。红花木莲幼苗喜荫忌强光照射，在芽苗移栽后需要架设荫棚，覆盖黑色遮阳网遮荫，高度1.7～2米，以便于苗圃管理操作和可让侧光照射。

红花木莲圃地施用石灰过量如何补救？

红花木莲是适应于酸性土壤生长的树种，当苗圃地施用大量石灰时，会产生过强的碱性，造成根系腐烂而死苗。

补救办法：① 施过磷酸钙和腐熟有机肥，中和土壤碱性；② 灌“跑马水”，冲淡土壤碱性；③ 加客土；④ 将未枯死的苗木移栽到别处种植。

山杜英有什么特性？

山杜英，杜英科、杜英属，乔木，用材和绿化兼用的速生树，也是有名的色叶树。其适应性强，生长快，材质好。树形美观，叶色灰绿，树冠一年四季常见挂几片稀疏红叶，春夏两季红叶数量尤多，叶色鲜红艳丽。

山杜英被广泛用于园林绿化，是庭院观赏和四旁绿化的优良树种，具有广泛的发展前景。

如何进行山杜英播种育苗？

（1）采种　山杜英的种子成熟期是在10月中旬～11月上旬。当果实颜色由青绿逐渐转为暗褐色时即表明种子已成熟便可采摘。采种母树年龄在15年以上为好。采种时用高枝剪将果枝剪下，摘取果实，然后将果实放入水中浸泡3～5天，用手搓或用木棍搅拌，去除肉质种皮，用清水漂洗干净，随即进行层积沙藏。

（2）苗圃整地　山杜英幼苗期喜荫耐湿，育苗圃地应选择日照时间短，排

灌方便，土质疏松肥沃、湿润的土壤。播种前进行全面深翻。施基肥每667平方米用腐熟厩肥2000千克，或饼肥100千克，整成宽1.2米，高20~25厘米的苗床，然后施粉状硫酸亚铁75千克进行土壤消毒，以备待用。

（3）播种　通常采取春播，于2月下旬~3月中旬播种。山杜英发芽出土时间参差不齐，播种前应进行催芽。采用横条播，行距20厘米，播后用焦泥灰或细泥盖种，再用狼衣草（蕨类植物）覆盖苗床，厚度以不见泥为度，以保持床土湿润，利于种子发芽。

（4）苗期管理　经催芽的种子播后一般30~50天能发芽出土。苗期保持土壤湿润。出土后，应及时揭去覆盖物。4~6月进行除草施肥，5月中旬除草1次，施用适量氮肥，并做好间苗、删密补稀和排涝、防病等工作。7~8月除草，松土3~4次，结合追施尿素或复合肥，施肥做到适量多次。8月底在条播行间铺盖杂草，抗旱保墒。8月底~9月上旬停止施肥，以防徒长受冻害。条播苗1年生苗高60~80厘米，每667平方米产苗量可达1.3~1.6万株。

如何进行山杜英扦插育苗

（1）苗床整地　苗床整成宽110~120厘米，高30厘米，整平后畦面覆盖约3厘米厚的黄心土，以防杂草和减少病虫害。

（2）插穗准备　山杜英扦插育苗以5月~6月上中旬为扦插适期。插穗从2~3年生的实生幼树的枝条中剪取上年抽生的已木质化的秋梢或当年抽生并已基本木质化的春梢。插穗粗细以0.2~0.5厘米为佳，长度5厘米，插穗上端剪成平口下端成斜面，上部留有1~2片叶。插穗用生根粉浸泡1~2小时备用。

（3）扦插　扦插行距5厘米，株距3厘米，深度约1厘米左右，插后浇透水。然后搭架高50~60厘米的弧形拱棚，覆盖塑料薄膜密封保湿。拱棚上面再搭遮阳网，以达到苗床遮荫。

（4）苗期管理　插后加强水肥管理，每隔10~15天检查1次。30天左右插穗开始生根，拱棚应进行通风，逐步改为日盖晚揭，8月可逐渐减少遮荫，9月下旬高温天气过后可拆去拱棚。山杜英幼苗易受冻害，冬季要加强防冻措施，以及做好病虫害防治。

红花檵木如何扦插育苗?

红花檵木为金缕梅科檵木属观赏灌木。叶片呈紫红色，是既可观花又可观叶的彩色树种，在城市的园林绿化中被广泛应用。红花檵木的繁殖在生产上多采用扦插育苗。

其技术如下：

（1）扦插时间　红花檵木扦插季节不限，而一般在5月下旬~6月上旬，此时嫩枝呈半木质化状态，其再生能力强，生根快，插条成活率高，为扦插适期。

（2）苗床整理　选择背风，通透性好的砂质土壤，做成高30~40厘米、宽1米的苗床，上面铺垫1~2厘米厚的黄心土或细砂。扦插前3天苗床，用50%

多菌灵可湿性粉剂500～800倍液喷洒消毒。

（3）插穗准备　选择晴天早晨或傍晚，剪采无病虫害的当年生半木质化枝条作插穗，也可结合园林修剪，选取健壮的嫩枝作插穗。枝条采回后，摊放室内喷水保湿，然后剪成长15～20厘米的插穗，插口剪成斜切面，剪去基部叶片备用。

（4）扦插方法　用刀或其他工具在苗床上划一道缝隙，将插条插入缝隙，深度6～7厘米，插后浇透水，然后搭拱形棚架覆盖塑料薄膜和黑网遮荫、保湿。

（5）苗期管理　插后保持土壤湿润，夏季气温高，当棚内温度超过30℃时，应在中午揭开薄膜换气，并洒水降温，傍晚再覆盖好薄膜和遮荫物。每次浇水不宜过多，达到湿润即可。红花檵木插后20天左右即生出少量须根，40天后便有大量新根长出，此后可减少浇水量，见干见湿，浇则浇透，待干后再浇。同时仍需盖好塑料薄膜和遮荫网，每隔10～15天用0.2%尿素、磷酸二氢钾溶液喷洒叶面，喷施2～3次。9月上旬随光照减弱和气温下降，逐渐揭开薄膜及减少遮荫物，9月底揭去全部覆盖物，浇1次透水，喷施1次叶面肥，5～7天定时检查水分，炼苗1个月后，即可进行移栽。一般扦插成活率可达95%。

如何防治红花檵木叶斑病?

红花檵木发生叶斑病后，叶片出现斑点并脱落，影响植株正常生长。

药剂防治：可用25%使百克可湿性粉剂1000～1500倍液或40%百可得可湿性粉剂1500倍液喷雾防治。

如何防治红花檵木白粉病?

红花檵木白粉病是由真菌引起的病害，其菌丝发育所需适宜温度为18～25℃，空气相对湿度55%～85%。春末夏初病情发展迅速，如果温度高、光照少、通风不良，昼夜温差大于10℃以上，偏施氮肥或者氮肥过量，土壤潮湿，常会导致病害大面积严重发生与蔓延。塑料棚苗圃发病一般较重。

防治方法主要是农业防治：加强苗圃管理，增加透光通风。做好清沟排水，增施磷、钾肥。出现发病植株，及时剪除病叶。喷施等量式波尔多液。

红花檵木能否用禾草克、盖草能除草剂?

禾草克、盖草能除草剂都是属内吸传导型、选择性除草剂，主要用于防治一年生和多年生禾本科杂草，作为茎叶处理。红花檵木属双子叶植物，所以可以用这两种除草剂除草。这两种除草剂对3叶期前的禾本科杂草效果较好，一般每667平方米用10%禾草克乳油25～35毫升兑水50千克，或12.5%盖草能乳油20～30毫升兑水40千克喷雾。若防治4～6叶期杂草则用量分别提高到50～80毫升和40～60毫升。若防治以多年生杂草为主，用量应提高到每667平方米80～100毫升。防治时要避免喷到单子叶作物上，以免产生药害。如果兼除双子叶杂草，可与苯达松、杂草焚、阔叶枯等除草剂，隔天搭配使用。

第六节　其他花卉苗木的种植技术

香花槐有何特征特性？

香花槐又称富贵树，是豆科落叶乔木，株高10～15米，树干表皮灰褐色至褐色，光滑有少量枝刺，树形自然开张，树态苍劲挺拔。叶互生，羽状复叶，叶片椭圆形至卵长圆形，长3～6厘米，叶面光滑，深绿色有光泽，青翠碧绿，美观对称，观赏性强。一年两季开花，属蝶形花，花红色或粉红色，有浓郁芳香，且色泽艳丽，花多可同时盛开200～500朵红花，非常壮观美丽。香花槐叶繁枝茂，具有很高的观赏价值。香花槐适应性广、耐寒、抗旱，南方、北方均可种植。是城市园林绿化的优良树种。

紫叶矮樱有何特征特性？

紫叶矮樱属于蔷薇目，蔷薇科，李属，是紫叶李和矮樱的杂交种。优良的绿化苗木，以叶色而闻名。紫叶矮樱为落叶灌木式小乔木，株高1.8～2.5米，冠幅1.5～2.8米。幼叶紫红色，一年生枝条木质部呈红色，叶片有锯齿，花为粉红色。性均喜光及温暖、湿润，耐旱，耐寒性较强。花单生，淡粉红色，花瓣5片，微香，花期4～5月。紫叶矮樱观赏效果好，生长快、繁殖简便、耐修剪，适应性强。一般采用嫁接和扦插繁殖，嫁接砧木一般采用山杏、山桃，以杏砧最好。其萌蘖力强，可以在园林栽培中易培养成球或绿篱，通过多次摘心形成多分枝，冬季前剪去杂枝，对徒长枝进行重短截，具有很好的观赏效果。

厚叶厚皮香树有什么特性？

厚叶厚皮香为山茶科厚皮香属常绿彩叶小乔木，是国家重点保护的珍稀濒危树种，高达6～8米，小枝粗壮，枝叶茂密。叶宽椭圆形至椭圆状倒卵形，长6～8厘米，宽2.5～4厘米，全缘，叶片厚，革质，蜡质层厚，富有光泽，表面绿色，背面淡绿色，叶常簇生于枝顶，春秋叶片深绿色，深秋至冬季则叶片边缘鲜红色。开花期4～5月，花萼5片，花肥厚艳丽，花香果红，具有很高的观赏价值。耐阴也耐强光，较耐寒，喜酸性土壤，也能适应中性土和微碱性土壤，对土壤要求不严，适应性广。须根系发达，抗风力强，抗污染力强，生长较缓。优良的园林、庭院绿化树种。

女贞果实采集后怎样进行处理？

女贞果实当表皮转紫黑色时则为种子已经成熟，即可采摘。果实采集后可随即进行播种，且发芽率高。也可春播，但要经过贮藏，将采集的种子，先搓擦果皮，漂洗干净，获取纯净种子阴干，再用湿沙分层贮藏，待翌年2月春播。

枳壳种子如何保管？

枳壳种子采收后用湿砂混合贮藏，砂不能太湿，以手捏成团，摊开能散为宜，用量为种子的3～4倍，种子与湿砂混合均匀后，置于屋内通风阴凉的地方，堆成厚度30～40厘米。堆上覆盖薄膜或稻草，每隔15天检查1次，调节干湿度，保持种子不干枯、不霉烂。

乐东种子采后贮存应用什么药剂消毒？

乐东种子砂存的方法是：先将乐东种子从果实内剥出来，然后用清水浸2小时，再冲洗干净阴干，再用0.2%高锰酸钾溶液消毒。用于贮存的砂也应洗干净晒干，也用高锰酸钾消毒。砂不宜太湿，含水量约5%左右。砂与种子混合后堆积成厚度为20～30厘米。置于阴凉、通风的室内。

何时进行含笑播种？

含笑类树种是新兴的园林绿化树木，其叶、花、果、香味等方面均有显著优越性。其播种期春播通常是2月。冬播也可以，播后必须覆盖稻草或杂草等，以保持土壤湿润。同时要搭拱棚架覆盖塑料薄膜，以增温保湿。

无患子如何育苗？

无患子俗称肥皂树，是落叶乔木，树型高大，树姿挺秀，适宜作"四旁"绿化、庭院绿化树木。无患子种子于9～10月成熟，采回果实浸入水中擦去外果皮，洗净种子，阴干，沙藏，待翌年春播种育苗。3月上旬左右翻耕苗圃，施足基肥，平整苗床，采取条播，行距20～30厘米，株距7～10厘米，每667平方米播种量50千克左右，播后覆土3～4厘米，苗出齐后松土，于6～8月松土、除草，追肥2～3次，9月停止施肥，并做好排水防渍和浇水抗旱工作。

如何进行乐昌含笑播种育苗？

乐昌含笑种子育苗方法：种子采集后立即进行湿砂分层贮存或与湿砂混和置于低温1～5℃冷藏。经2～3个月后播种，播种前用温水浸种24小时，再用1%高锰酸钾浸泡20～30分钟。苗床宽1.2米，高25～30厘米，床土先用1%硫酸亚铁溶液或0.5%硫酸铜溶液喷雾消毒。播种时开沟条播，行距15～20厘米，种子入土1厘米左右。播种后搭拱型塑料棚保温、保湿。经40～45天长出幼苗，育苗期内浇水应适度，控制好土壤湿度，防止过湿导致种子霉烂。

如何移栽金合欢树苗？

金合欢是速生常绿乔木。适宜浙、沪等地生长的金合欢又称"澳洲合欢"。花期2～4月，花为头状花序，黄色有香味。金合欢树苗常年均可移栽，苗高10～30厘米的幼苗，可不必带土移栽，若稍大的苗木则必须带泥球移栽，栽后在树旁插根小竹竿扶持幼苗，避免被大风吹倒。

如何进行观赏厚朴的繁殖和种植？

厚朴，名紫朴、紫油朴、川朴、温朴等，为木兰科、木兰属落叶乔木，其树皮和花可入药，为常用中药。始载《神农本草经》，列为中品。又是观赏树种植物，常见为厚朴（原亚种）与凹叶厚朴（亚种）两种，主产于四川等省。厚朴枝条分布匀称整齐，树冠优美，叶大奇特，叶与花于4～5月同放，花繁叶茂，花大重瓣，壮观美丽，芳香浓郁。

繁殖与种植技术介绍如下：

（1）繁殖方法　厚朴的繁殖可采取插条育苗繁殖，此法简单易行，速度快。具体做法：于2～4月植株开始萌动前，在树冠中下部选取粗1.5厘米的1～2年的健壮枝条，剪成长20厘米的插穗，上端平，下端削成斜面，置于1500毫克/千克浓度的“B_9”（比久）溶液中浸1分钟，经冲洗后，随即斜插入苗床。上端1～2个芽露出土面。插后浇水，适当遮荫，保持湿润，当苗长出两片真叶时，施稀薄粪肥加适量磷、钾肥，以后每个月施1次，追肥3次。注意防旱、防渍。苗高1米以上即可移栽。

（2）适时种植　定植时间于秋季落叶后至春季萌芽前进行。一般以春季为好，容易成活。定植前开挖60厘米见方，深50厘米的定植穴，施入有机肥和磷肥作基肥，若作为庭院周边或行道树，株行距为（3～4）米×5米，栽时根系自然舒展，然后培土，踏实，浇透水，再盖一层松土。栽后经常保持土壤湿润。成活后适当松土施肥，并注意防病治虫，促进快速生长，迅速成林。

紫薇的特征特性？如何修剪？

紫薇树是千屈菜科落叶乔木，高可达10米，是我国珍贵的环境保护植物。人们称之为百日红、“痒痒树”，因为只要轻轻一动它的树皮，它就会颤抖不止。这是因为其树干对振动十分敏感。它是圆锥花序着生于当年生枝条的顶端，花序甚大，长30～50厘米，上面有花数十朵或更多；花直径约3厘米，白色、堇色、红色和紫色；每年夏秋季开花，每花序可开放50天左右，全株花期长达4个月之久。是优良的园林观赏花木，也是良好的树桩盆景种类之一。

紫薇树抽生分枝能力强，当主杆枝条长到1.5～2米高时，需定杆，培养树冠蓬形。一般采用疏散分层形或自然开心形修剪。每年对紫薇树修剪时，应将枯枝、内膛纤弱枝、病虫枝以及从基部长出的萌蘖枝全部剪除，使养分集中供给开花枝条，并有利树形整齐美观。如果长期不对老枝进行修剪，就会造成植株越长越高，开花位置逐年向上移，花朵稀少，树形难看。

紫薇树冬季修剪，地栽的应在主枝定干（拳）高度处剪去当年生的枝条，使翌年抽出壮枝开花；盆栽的首先剪去所有的萌蘖枝、病枯枝、交叉重叠枝，为了美化造型，对其他枝条的饱满顶芽的上方1厘米处短截，一般只保留5厘米左右。

金边瑞香的特征特性？怎样栽培管理？

金边瑞香又名瑞香、睡香、风流树等。金边瑞香是瑞香的变种，属瑞香科瑞香属常绿小灌木。其是我国传统名花，也是世界名花。肉质根系，叶片密集轮生椭圆形，长约5～6厘米，宽2～3厘米，叶面光滑而厚、革质，两面均无毛，表面深绿色，叶背淡绿色，叶缘金黄色，叶柄粗短；呈顶生头花序，花被筒状，上端四裂径约1.5厘米，每朵花由数十个小花组成，由外向内开放，花期两个多月，盛花期春节期间，花色紫红鲜艳，香味浓郁。其生长主要特点是耐干恶湿，不耐严寒又不耐热，喜肥又不耐肥。在不同生长发育阶段和不同季节对管理方法要求各异。要因时、因地制宜进行栽培管理，才能收到事半功倍的效果。

（1）春季管理　做好防病，此时处于抽芽展叶时，叶嫩易感叶斑病、花叶病、枯萎病等，每月需喷3～4次杀菌剂和淡肥薄施，但不可不施，也不可浓施，可结合喷药加入1000倍液的复合肥。并注意遮荫，若光照过强易引起萎蔫。

（2）夏季管理　重点是蔽荫与增湿、降温。可采取叶面喷水，同时加入适量的磷肥和杀菌剂，以促生花芽分化和预防真菌性病害的侵染。

（3）秋季管理　需要施肥促进花蕾生长发育，中午避免强日光暴晒，及防止刮到寒风，而导致叶片失水提前衰老。

（4）冬季管理　注意保温，夜间低于5℃时应移入室内，保持温度在5～15℃，白天打开南窗接受日照，并减少施肥、浇水，保持土壤湿润即可。

此外，盆土宜选用砂质酸性土壤，忌淋雨，花盆应使用瓦盆，便于透水通气。

小叶冬青的特征特性？其叶片黄化是什么原因？

小叶冬青是小叶女贞的别名，为木犀科女贞属的植物，是中国的特有植物。常生长在路旁、沟边、河边灌丛中以及山坡上，是常见的园林植物。叶薄革质；花白色，香，无梗；花冠筒和花冠裂片等长；花药超出花冠裂片。核果宽椭圆形，黑色。小叶女贞主枝叶紧密、圆整，庭院中常栽植观赏。叶入药，具清热解毒等功效，治烫伤、外伤；树皮入药治烫伤。小叶冬青对二氧化硫（SO_2）抗性强，可在大气污染严重地区栽植，是优良的抗污染树种；它叶小、常绿，且耐修剪，生长迅速，也是制作盆景的优良树种和园林常用绿篱树种。小叶女贞的主要害虫有青虫、吹绵介壳虫和天牛等。

其叶片发黄，可能由于生长环境长期积水，造成根系生长受阻或者烂根，导致植株根系吸收矿物质营养能力丧失或减弱，使抽生枝条、叶片能力衰退，从而抽出的叶片变小，叶色黄化、枯萎，终至植株枯死。防治措施排除积水，修剪枯黄枝叶。

七叶树的特征特性？其下半年出现停止生长怎么办？

七叶树是无患子目七叶树科七叶树属聚伞圆锥花序组的落叶乔木。掌状复叶对生，椭圆形小叶5～7个，有细锯齿，叶柄有柔毛。七叶树种子可食用，但直接吃味道苦涩，需用碱水煮后方可食用，味如板栗。也可提取淀粉也可作药用，榨油可制造肥皂，其木材细密可制造各种器具。七叶树又是优良绿化树种，树形优美、花大秀丽、果形奇特，是观叶、观花、观果不可多得的树种，为世界著名的观赏树种之一，也是我国的特有植物。七叶树最宜作庭院绿化和行道树，在园林绿化中占有一定的地位。

其苗木生长发育具有独特的规律：一般4月初开始萌芽，初期纵向生长，增高迅速，占全年生长量的70%左右，5月份后增高锐减，7月份纵向生长停止，树不再长高而转变为横向增粗生长，因而7月份以后，七叶树不长高，这是正常现象，是该树种本身生物学特性的表现。只要按照正常的栽培管理措施，进行松土、除草、培土和追肥2～3次，旱情严重时注意浇水保湿，及时防治病虫害，便能正常生长。

七叶树除草用什么除草剂?

七叶树化学除草可选用：5%精禾草克乳油每667平方米30～60毫升或35%稳杀得乳油50～100毫升，兑水40～50千克在杂草3～4叶期喷雾。

广玉兰的特征特性？其苗叶片被高温灼伤如何防治?

广玉兰属于木兰科木兰属，长绿乔木。高可达30米，树冠卵状圆锥形。小枝和芽均有锈色柔毛。由于花很大，形似荷花，固又称“荷花玉兰”。叶革质，背被锈色绒毛，表面有光泽，边缘微反卷，叶长10～20厘米，另一变种称狭叶广玉兰，叶较狭长，背面毛较少，耐寒性稍强。广玉兰花大白色，清香，直径20～30厘米，花通常6瓣，花期5～7月，种子外皮红色，9～10月果熟。广玉兰原产于美洲，所以又有人称它为“洋玉兰”，分布在北美洲以及我国的长江流域及以南，北方如北京、兰州等地，已由人工引种栽培。广玉兰可入药，也可做道路绿化。其喜温暖湿润气候，要求深厚肥沃排水良好的酸性土壤，抗烟尘毒气的能力较强。病虫害少，苗期生长速度中等，3年以后生长逐渐加快。广玉兰树姿雄伟壮丽，叶厚光亮，花大芳香，为城镇绿化的优良树种，特别适宜厂区绿化。

广玉兰喜阳光，幼树颇能耐荫，不耐强阳光或日晒，否则易引起树干灼伤。尤其1～2年生嫁接苗木叶片柔嫩，若连续被太阳强光照射或被地表高温热气灼熏，容易产生伤害，导致苗木叶片枯焦。防治措施：于上午5～8时苗圃灌“跑马水”降低土壤温度，有条件的可在上午10时前进行喷灌，可有效预防高温灼伤。此外，下午5～6时，用2%尿素水溶液对苗木进行根外追肥，以提高苗木抗性。

广玉兰叶片发病如何防治?

广玉兰是常绿阔叶树种，原产北美，引种到我国长江流域生长极好，其叶厚革质，病虫害较少。而在春季多数嫁接苗木，常有叶枯病、疮痂病等病害发生。药剂防治可用0.5%等量式波尔多液和50%甲基托布津可湿性粉剂600倍液喷洒1～2次。

红叶李的特征特性？其枝叶上被菟丝子缠绕会有损害?

红叶李，属蔷薇科落叶乔木，又称紫叶李、樱桃李。叶常年紫红色，著名观叶树种，孤植群植皆宜，能衬托背景。紫叶李枝干、叶片、花柄、萼片、果均为暗红色或紫灰色，嫩芽淡红褐色，叶全缘，叶子光滑无毛，花蕊短于花瓣，花瓣为单瓣。

菟丝子是寄生性植物，其体表色素会随着被寄生植物的体色而变化，例如寄身生于红叶李树上，则成红色菟丝子，若寄生在豆科、菊科植物时，则为黄色。菟丝子自身不会制造养分，依赖着吸取被寄生植物体上的养分供其生长，从而严重影响被寄生植物的生长发育，属有害植物。

防治方法：① 有寄生史地域，栽植树木或其他作物时应将土壤深翻至40厘米以下，发现菟丝子残体应彻底去除掉，可减少危害；② 发现有菟丝子寄生危害时，应及时拔除，拔除时要认真细致，不留丝毫残体，这样才能根除。

银杏有什么特征特性?

银杏为银杏目银杏属的落叶乔木，又名公孙树、鸭脚树、蒲扇。4月开花，果实10月成熟，种子为橙黄色的核果状。银杏是现存种子植物中最古老的孑遗植物，和它同纲的所有其他植物都已灭绝。它是世界上十分珍贵的树种之一，是古代银杏类植物在地球上存活的唯一品种，因此植物学家们把它看作是植物界的"活化石"，身在几亿年前，现存活在世的银杏稀少而分散，上百岁的老树已不多见。变种及品种有：黄叶银杏、塔状银杏、裂银杏、垂枝银杏、斑叶银杏等26种。银杏自然界中只分布在中国温带和亚热带气候区内，我国大部分省、市均有分布。银杏是落叶大乔木，高达40米，胸径可达4米，幼树树皮近平滑，浅灰色，成年树皮灰褐色，不规则纵裂，有长枝与生长缓慢的距状短枝。叶互生，在长枝上辐射状散生，在短枝上3~5枚成簇生状，有细长的叶柄，叶扇形，两面淡绿色，在宽阔的顶缘多少具缺刻或2裂，宽5~8厘米（有的可达15厘米），具多数叉状并歹帕细脉。银杏树体高大，躯干伟岸挺拔，雍容富态，树形优美，端庄美观，季相分明。银杏抗病害力强、耐污染力高，寿龄绵长，几达数千年。它以其苍劲的体魄，独特的性格，清奇的风骨，较高的观赏价值和经济价值而受到世人的钟爱和青睐。

银杏幼树白粉病如何防治?

银杏幼树在持续高温干燥的天气情况下，易感染白粉病，白粉病是由真菌引起的。大部分花木均会感染此病，白粉病的种类很多，但各种白粉病在症状、危害、发病流行方式和防治方法等方面，有许多相似之处。

症状：白粉病发生在叶、嫩茎、花柄及花蕾、花瓣等部位，初期为黄绿色不规则小斑，边缘不明显。随后病斑扩大，叶片产生许多细小白色斑点，最后该处生成无数黑点。染病部位变成灰色，连片覆盖其表面，边缘不清晰，呈污白色或淡灰白色。受害严重时叶片皱缩变小，嫩梢扭曲畸形，花芽不开。

防治方法：防治办法主要是加强苗圃管理，遇旱情严重时，进行灌溉防旱。晚秋到次年早春越冬期间，彻底清洁苗圃，剪去病虫枝集中销毁；生长期间及时摘除染病枝叶，彻底清除落叶，剪去病虫枝和中下部过密枝，集中销毁；不宜种植过密，及时排除田间积水，浇水不宜多，以降低湿度；增施磷钾肥，少施氮肥，使植株生长健壮，多施充分腐熟的有机肥，以增强植株的抗病性。药剂防治可用50%退菌特可湿性粉剂800倍液喷雾。

如何防治毛杜鹃黑刺粉虱和叶片褐斑病？

毛杜鹃叶片通常会被黑刺粉虱、黑点蚧等害虫寄生在叶片背面，使叶片发红、发黄，导致叶片停止生长。药剂防治：

（1）虫害　可用① 40%速扑杀乳油1000倍液；② 25%扑杀灵可湿性粉剂1000倍液；③ 10%蚜虱扫光1500倍液防治。

（2）叶片褐斑病　可用50%托布津可湿性粉剂800～1000倍液喷雾。

柠檬树叶片黄化是何原因？

柠檬树叶片黄化有多种原因：有生理性黄化，也有黄龙病黄化以及缺素黄化，例如缺镁、缺铁等都会出现叶片黄化现象。应根据实际情况，采取准确的相应防治措施。此外，柠檬适宜于气温较高的地区生长，不同的气候条件对柠檬的生长发育也有很大的影响，因此引种时须慎重。

如何进行毛杜鹃苗圃化学除草？

毛杜鹃苗圃化学除草可用48%氟乐灵乳油每667平方米苗圃83～104毫升兑水50千克，喷雾苗床，喷后再用清水喷洒冲洗附着在苗叶上的药液。也可用23.5%果尔乳油每667平方米50毫升拌和细泥25千克，均匀撒施在苗床上，再用扫把扫掉黏附在苗叶上的毒土，以防药害。

黄心夜合有什么特征特性？

黄心夜合是常绿阔叶乔木。树冠塔形，树皮灰色，光滑。小枝条绿色无毛，芽卵圆形或椭圆形，密生灰黄色或红褐色长毛。叶革质，倒披针形，或狭倒卵状椭圆形，叶长12～18厘米，叶宽3～5厘米，先端尖，基部楔形，叶片表面深绿色，有光泽，中脉下凹，两面无毛，叶柄无托叶痕。花黄色芳香，花被片6～8片，雄蕊长1.3～1.8厘米，雌蕊群长3厘米，淡绿色，聚合果长9～15厘米，扭曲。开花期2～3月，果期8～9月。

如何防治八角刺、茶梅上的蚧壳虫？

八角刺蚧壳虫药剂防治，可选用：① 40%氧化乐果乳油800倍液，加40%扑虱灵乳油1200倍液；② 50%马拉松乳油600倍液，加高效吡虫啉1200倍液；③ 50%乙酰甲胺磷乳油800倍液，加4.5%高效氯氰菊酯乳油800倍液。以上药剂任选一种交替使用。防治茶梅上的蚧壳虫，药剂浓度可适当降低，以防药害。防治时间应掌握在卵孵初盛（虫卵吸盘开始露出白色的丝状物）至孵化高峰期，若错过防治适期，则防治效果变差。

如何防治法国梧桐刺蛾类害虫？

法国梧桐常易发生虫害，主要有刺蛾类食叶害虫。刺蛾幼虫啮食叶肉，使叶片只留下叶脉，影响植株生长，严重的导致死亡。有些刺蛾幼虫身有毒毛，化蛹成蚕如蚧壳虫。药剂防治：① 于幼虫期用90% 敌百虫原粉800～1000 倍液；② 80% 敌敌畏乳油1000 倍液等喷杀，大龄幼虫防治效果差，故应及时检查，掌握防治适期用药；成虫可用灯光诱杀。

乐昌含笑幼苗使用托布津、敌克松后产生药害怎么办?

乐昌含笑幼苗细胞组织幼嫩，对高浓度药物忍耐能力较弱。使用托布津、敌克松必须稀释成700～1000 倍以上施用。若稀释成300 倍以内的药液，对幼苗易产生药害，则影响植株生长点和幼期细胞正常生长发育，苗木停止生长或成为“小老头苗”。故应尽量避免药害。产生药害后补救措施：① 可浇水，树体通过吸收水分以稀释苗木体内的药剂浓度；② 用1 毫克/千克浓度“九二〇”喷施，促进苗木生长。喷“九二〇”须先做小试验，待一个半月后视药效情况，再慎重使用。

如何促进金合欢发芽?

金合欢种子表面具有蜡质，若不经过去除则难以发芽。促进金合欢种子发芽方法：可用“热水浸种法”处理种子。在3 月中下旬播种前几天，将种子浸于70℃热水中，自然冷却至第二天，漂洗出膨胀种子，经湿砂堆藏催芽2～3 天后播种。余下未膨胀的种子继续用80℃热水浸泡，再漂洗出膨胀种子用同样方法进行催芽。对还未膨胀的种子再用100℃沸水做第三次浸泡，同时不断搅拌，对浸胀的种子用同样方法继续催芽。

毛竹有什么好品种? 如何栽培?

毛竹在生产上未曾进行专门的品种选育。当前生产上用的毛竹品种具有生长快、成材早、伐期短、产量高、材质好、用途广等特点，是我国竹类中面积最大、产量最多、用途最广的竹种，占全国竹类总面积的70% 左右。毛竹的竹材和竹笋产量、质量，因栽培技术和立地条件的差异而有较大的悬殊。毛竹栽培技术：

（1）造林　毛竹适宜酸性土壤，山区、丘陵、平地都可种植。造林时期于12 月～翌年2 月下旬，造林前全面整地，挖穴、施基肥。毛竹以母竹造林或实生苗造林为主。

① 移竹造林：利用2～3 年生的母竹。选择生长健壮，节密竿色深绿，分枝低，无病虫害，胸径2～4 厘米；竹鞭绿黄色、扁平粗壮，根多，根芽健壮的母竹造林。挖母竹时，一般竹竿基部弯曲的内侧是竹鞭所在，分枝方向与竹鞭走向大致平行。根据竹鞭位置和走向，离母竹30 厘米左右找鞭，按来鞭20～30 厘米，去鞭40～50 厘米的长度截断。母竹挖起后，留枝3～5 盘，削去竹梢。在造林地上挖穴，每667 平方米种植20～35 株，穴长1 米，宽60 厘米，深40 厘米，穴底施基肥。栽植挖穴时做到：“深穴、浅栽竹、坚壅土、下实、上松、厚盖草”。栽后立支柱，以防被风吹倒。

② 实生苗造林：实生苗用种子繁育，7～8 月种子陆续成熟，及时连枝采

下，经晒干、脱粒、扬净，即可贮藏或直接播种。播种期有春播和秋播。播种前种子用0.3%的高锰酸钾溶液浸种3~4小时后即可播种，采用穴播，株行距30厘米见方，每穴播种子8~10粒，播后用焦泥灰覆盖，再盖草、浇水。出苗前注意防鼠、雀、虫等危害。竹苗出土后分批适量揭草，揭草后搭棚遮荫。利用阴天进行间苗，每穴留苗1~2根，将多余竹苗带土移植到缺苗穴内。此后经常除草松土，培土壅根。6~8月，分次施肥，高温干旱期适量浇水。9月份停止施肥，并撤除荫棚。造林时，从圃地将实生分蘖苗整株挖起，带土，留根3~4盘，剪去梢部，适当留叶。种植时挖穴，穴长、宽、深各30厘米。每667平方米挖40~50穴，每穴种植1丛，3~4株竹苗，栽植深度比苗根际约低3厘米，植后壅土培根，成馒头型，踏实，浇足定根水。

（2）竹林抚育　冬施有机肥；春、夏除草松土，培土壅根，施速效肥，护笋养竹；入秋后，除草松土，浇孕笋水，促进笋芽生长膨大，防治病虫害；秋末冬初钩梢整枝，钩梢强度不超过竹冠总长的1/3，每株留枝不少于15~20盘。

（3）冬季采伐　一般用材竹林要留三度竹（6年生）砍四度竹。大小年分明的竹林，每两年采伐一次，换叶当年冬季不能伐竹。年年出笋换叶的花年竹林，每年冬季伐竹。伐竹原则："去大留小，去老留幼，去弱留强，去密留疏"。砍去竹叶发黄的小年竹，保留竹叶茂密的大年竹。伐后每667平方米留竹150~200株。

怎样进行菊花植株矮化？

促使菊花植株矮化，主要应掌握以下技术环节：

（1）扦插上盆　一般5月份扦插，待3~4周成活后上盆。

（2）摘心　一般需摘心2~3次，移栽后半个月内，当苗高15~20厘米，6~7片叶时进行摘心，留基部3~4片叶，将顶端全部摘去。约3~4周后，对萌发出的新枝留下2~3片叶，将顶端全部摘除。并做好抹芽、除蕾。

（3）浇水　菊花需要充足水分，宜做到"干透浇透"，但摘心后适当控水。浇水应在早上进行，傍晚不浇水，以防夜间凉爽而使植株拔高。

（4）喷激素　9月中下旬~10月，用100~200毫克/千克浓度的比久，每7~10天喷1次或用多效唑50~300毫克/千克浓度，喷2~3次。为使菊花长得大，首先要加强肥水管理，使叶片长得大张。在孕蕾期暂停施氮，用磷酸二氢钾喷施每周1次连续喷3~4次。

如何防治菊花叶片发黄？

菊花植株缺镁会引起叶片发黄。矫治方法：可施多元微肥和施钙镁磷肥，或喷施0.2%硫酸镁水溶液。

月季花生长不良该怎么办？

月季在土壤潮湿情况下，根系发育不良，叶片衰死，生长受阻。预防方法：

保持土壤适宜水分状态，施用多元微肥及喷施广谱杀菌剂农药如：10% 世高水分散剂 1500 ~ 3000 倍液；25% 使百克可湿性粉剂 1500 ~ 3000 倍等。

哪些莲藕品种适于制作盆栽？

（1）红娃娃　园艺栽培品种，最大立叶 44 厘米、宽 52 厘米、叶柄长 110 厘米。花期 6 月下旬 ~ 8 月上旬，群体花期 40 多天。花蕾长卵形，紫红色，花单瓣，红色。莲蓬碗形，蓬面凸，植株较小，适宜移植于缸、钵中。

（2）厦门碗莲　最大立叶长 11 厘米，宽 13 厘米，叶柄长 28 厘米。开花多，花期 6 月上旬 ~ 9 月初，群体花期长达 80 天，观赏期长。花蕾长卵形，绿色，上部紫红色。花单瓣，白色，花瓣 14 ~ 17 枚。莲蓬倒圆锥形，蓬面平。植株矮、花小，适于栽植盆、钵、碗中。

（3）红碗莲　最大立叶长 13 厘米、宽 17 厘米、叶柄长达 38 厘米。花多，花期 6 月中旬 ~ 7 月下旬，群体花期 40 天左右。蕾卵圆形，粉红色，花重瓣，红色。花瓣淡玫瑰色，瓣 81 ~ 95 枚，莲蓬倒圆锥形，蓬面平，适于小钵栽种。此外，有艳新装、露华农，花红色，重瓣，群体观赏期 1 ~ 2 个月；荆州黄莲，单瓣花，花黄色，株高 20 ~ 40 厘米。

荷叶枯萎如何防治？

荷叶叶片枯萎，一般是由于病菌侵染而引起。药剂防治可选用咪唑类杀菌剂：① 25% 菌威乳油 700 ~ 1000 倍液；② 25% 使百克乳油 700 ~ 1000 倍液。于晴天下午 4 点钟后左右，均匀喷洒在叶片正反面，隔 5 ~ 7 天 1 次，连喷 3 ~ 4 次。

第七节　园林绿化有关问题

有哪些园林绿化优良苗木？

园林绿化主要优良树种：

（1）乐昌含笑　又名南方白兰花，是常绿阔叶乔木，植株高大，株高可达 30 米，胸径 1 米，树形壮丽，花黄白带绿色、芳香，是优良的观赏绿化树种。

（2）马褂木　落叶乔木，树皮纵裂，叶片形态奇特，花淡黄绿色大而美观，是珍贵的观赏绿化树种。

（3）红花木莲　常绿乔木，株高可达 30 米，胸径 1 米，叶色深绿，叶形倒披针形、长圆形，花芳香，花色玫瑰红或粉红色，有的年份开花二次，是优良的园林绿化树种。

（4）山杜英　常绿大乔木，是用材与绿化兼用树种，树冠圆锥形，一年四季挂几片红叶，极具观赏价值，是新兴的园林绿化树种。

（5）峨眉含笑　常绿大乔木，花呈黄色，适应性广，生长迅速，是园林绿化新优树种。

（6）枫香　落叶乔木，树冠形态端正，秋叶紫红色，绚丽夺目，是优美的色叶树种。

（7）湿地松　常绿针叶大乔木，一年四季翠绿，生长速度快、耐湿。是平原替代马尾松、杉木等首选树种。

（8）落叶大苗类　如黄山栾、无患子、合欢、白玉兰、大叶榉、青桐、龙爪槐、喜树、马褂木，以及七叶树、槭树、银杏、金丝垂柳 1010、金丝垂柳 1011 等。花灌类苗木：南天竹、良种腊梅及梅花等。

（9）常绿大苗类　如罗汉松、日本冷杉、南方红豆杉、大叶冬青等稀有苗木，及高干女贞和单干桂花。

（10）色叶类　国红栌、洒金桃叶珊瑚、金银边黄杨等，均被广泛应用于城市园林绿化。

各地新开发的彩叶、复叶、大叶、大花等新优绿化树种，如黄心夜合、金合欢（银荆）、栾树、七叶树等均有较高的绿化价值，被园林绿化逐渐广泛采用，受到人们的普遍喜爱。

如何选择园林绿化树种？

不同的场合，不同的用途，绿化树种的选择应有所不同：

（1）公路、铁路、河道两旁绿化　可选择：栾树、金丝垂柳、火炬松、湿地松等。

（2）行道绿化　选用：红花木莲、乐昌含笑、醉香含笑、金叶含笑、天竺桂、红楠、榉树、五角枫、珊瑚朴等。

（3）庭园小区绿化　选用：银杏、花石榴、竹柏、山杜英、黄心夜合、峨眉含笑、观光木、椤木石楠、重阳木、南方红豆杉、红花檵木等。

彩色树有哪些树种？

彩色树种是指在不同物候期间，树叶有明显的颜色变化，或色彩特别鲜艳而非绿色，其在园林绿化中占有重要地位。主要树种有：枫香、椤木石楠、火炬树、厚皮香、五角枫、栾树、无患子、杜英、紫叶矮樱、金叶含笑、红叶李、红叶石楠、银杏、美国红栌、木荷、金丝垂柳、金叶女贞等。

什么是灌木和乔木？

灌木的主要特征是：主茎较矮小，侧枝发达，或主茎与侧枝区别不明显，树体呈丛生状，如杜鹃花、山茶花、月季、玫瑰、小叶黄杨等。乔木，树体较高大，主茎和分枝有明显区别，如香樟、马尾松、水杉等。

苗木被机油喷过能否进行嫁接？

苗木的枝条被机油喷过后，其表面会附着上一层油脂薄膜，若随即进行嫁接会影响成活率，应在间隔 15～20 天后再进行嫁接。

潮湿地如何种植树苗？

潮湿地方种植树苗，应在周围开挖深沟排水，降低地下水位，同时进行高畦种植。宜安排种植耐湿性强的树种，例如湿地松、金丝垂柳、山杜英、美洲黑杨等苗木。

如何能使盆景花卉生长长久不衰?

长久性花卉盆景，一般宜选用多年生木本植物种植（制作)，只要保持正常的肥水管理和注意防治病虫害，便会保持长久生长。如果采用一年生或越年生的花卉制作盆景，由于生育期的限制，当其完成一个生育周期后便会自然枯萎或死亡，目前尚无特殊的药剂或营养剂使之长久生长而不衰。

如何防治苗圃地老虎?

苗木圃地药剂防治地老虎，可选用3% 米乐尔颗粒剂每667 平方米3 ~4 千克，或5% 紫丹颗粒剂每667 平方米2 ~2. 5 千克，拌细泥25 ~30 千克撒施。

园林苗圃除草用什么农药?

(1) 24% 果尔乳油　每667 平方米30 ~60 毫升，在播后芽前和杂草2 ~4 叶期使用，可防治多种阔叶杂草、莎草科杂草和多种禾本科杂草。

(2) 12. 5% 盖草能乳油　每667 平方米25 ~35 毫升，在杂草3 ~5 叶期使用，可防治1 年生和多年生禾本科杂草。

(3) 50% 乙草胺乳油　每667 平方米50 ~80 毫升，在播后芽前和杂草萌芽前使用，可防治1 年生禾本科杂草和部分阔叶杂草。

(4) 60% 丁草胺乳油　每667 平方米50 ~100 毫升，在播后芽前和杂草2 叶期前使用，可防治1 年生禾本科杂草和莎草等。因树种不同和树苗生长期而异，使用方法和用量可参照出厂说明书要求，经小区试验后，方可大面积使用。

如何防治绿化草坪上的小虫?

防治草坪害虫，可用42. 5% 农林乐乳油15 毫升兑水15 千克或4. 5% 高效氯氰菊酯乳油15 ~20 毫升兑水15 千克，于下午3 ~4 点钟喷洒草坪，施药后人畜不要接触草坪。

第六章　畜禽养殖技术

第一节　生猪的养殖技术

如何进行肉猪肥育饲养？

当肉猪体重达到60千克以上时，便进入肥育饲养阶段。此时猪体各种生理机能均得到不同程度的发展，是肥育猪生长速度最快时期，同时也是脂肪迅速沉积期。为了提高瘦肉率，在肥育阶段应逐渐限制猪饲料喂量，一般比充分饲养减少15%～20%，并及时改变饲料配方调整饲料日粮中营养成分，降低能量饲料（精饲料）如玉米、大麦、稻谷等谷物类及其加工副产品在饲料中的比例，增加粗饲料，以控制体内脂肪的大量沉积。在限量饲喂情况下，一般每日喂2～3次为宜，比例为早晨35%，中午25%，傍晚40%。饲料应喂以生料，不宜喂熟料，避免饲料中的营养成分因煮熟而受到破坏降低利用率。同时，每日供应充足、卫生的饮水。保持猪舍的卫生、安静、通风和适宜的温度、湿度。冬季做好保温工作，夏季采取降温防暑措施。

屠宰适期因猪种不同而异，如大约克猪（瘦肉型猪）以90千克重屠宰为宜，地方猪种及二元杂交猪（肉脂兼用型）以70～80千克重，三元杂交种猪多属兼用型以85～90千克重，外引瘦肉型猪种及纯三元杂种猪属晚熟品种90～110千克重为宜。

如何促使母猪多产仔？

（1）仔猪提前断乳法　当仔猪出生35～50天就离开母猪，不再哺乳，这种母猪在仔猪断乳后7～9天内发情配种。这一方法对于上一胎断乳后延迟发情，或者反窝较多而使下一胎有可能赶不上分娩季节的母猪较为适宜。

具体方法：①留仔移母：即把仔猪留在原圈舍内补饲而将母猪移到别的圈舍内饲养。②加强饲养管理：提前断乳的仔猪给予精心饲养管理，喂以易消化的饲料，每天8～9次，少喂勤添。③断乳后的母猪不能马上降低饲养标准，而要加强能量饲料供给，这样可促使母猪在仔猪断乳后立即发情，并可增加排卵数。

（2）母猪涨乳法　即给仔猪间隔断乳加以人工补饲，从而使母猪涨乳来促使母猪在哺乳期发情配种，而达到缩短母猪繁殖周期的目的。

具体方法：①当母猪哺乳到20～35天时，白天将母猪赶走，与仔猪隔离，夜间与仔猪圈在一起，这期间对母猪应加强饲养管理，加大能量饲料及青绿饲料供给量。②母猪涨乳期间，每天用公猪诱情2次。同时，将手指曲成半弯状，空心不断触及乳头，用手指端在乳头四周做圆周运动，按摩乳房及其深处乳腺层10分钟左右，促使母猪发情排卵。③ 加强对隔乳仔猪的护理，增加饲喂次数。

同时，对母猪要勤观察，适时配种，做到配种配稳。对妊娠母猪饲养管理的重点是保证胎儿正常发育，预防早产、流产和死胎，提高仔猪的初生重和成活率。

养殖野猪前景如何？

随着人们生活水平的提高，保健型肉类食品将越来越受到青睐。据报道，用野猪肉加工的火腿、香肠、风味腊肉等，畅销国内外市场。野猪养殖，发展前景看好。

野猪肉质鲜美，瘦肉率高，营养丰富，其胴体瘦肉率比家猪高6%～8%。野猪肉含有丰富的蛋白质和不饱和脂肪酸，据测定其亚油酸含量比家猪高出1.5～2倍，亚油酸是对人体最重要的一种脂肪酸。野猪经驯化后，仍保持原有的体型和野味，抗病力强，食量小，耐粗饲，合群性强等特性。野猪肉价格高，据测算总体效益是家猪的8倍。而利用纯种野猪作父本以杜洛克、长白猪作母本进行杂交而产生的后代称特种野猪，具有生长发育快、瘦肉率高等特点，将有极好的发展前景。

然而，有些地区野猪肉市场仍处于培育之中，因此上项目时，应对产品的销路进行实际考查，慎重发展。同时驯养野猪必须按照《中华人民共和国野生动物保护法》的相关法律规定，事先经县级政府野生动物行政主管部门（陆生动物由林业部门主管）批准，办理“野生动物驯养繁殖许可证”，再向工商行政部门申请注册登记，领取营业执照后，才能从事野猪驯养繁殖活动。在生产期间及其产品营销全过程要严格遵守国家法律。

如何预防母猪流产？

母猪流产的原因很多。例如有气肿、木乃伊，或是未成型的胎儿等都会引起母猪流产。还有可能是疾病引起，造成流产的疾病有：常见的如细小病毒、弓形体、乙脑、猪瘟等。预防这些疾病主要是打疫苗。在饲养管理方面预防措施是：

（1）保持母猪体况　即实行合理饲养，维持母猪的种用体况，使母猪保持在8成膘左右，以保证胎儿有充分全面的营养。

（2）合理喂料　多喂给母猪青绿、多汁料和麸皮等轻泻性饲料，以防止母猪便秘。不喂霉变、有毒饲料（如棉籽饼、发芽马铃薯、蓖麻油等），不喂酸性大的青贮料和含酒精过多的酒糟等。

（3）加强饲养管理　① 防止近亲繁殖，淘汰有遗传缺陷的母猪。② 防止碰撞、追赶、拥挤、鞭打等机械性引起的流产、死胎。③ 防止母猪妊娠期发生疾病。

此外，对物理性的流产或者在预产期前1～2周时出现产前症状，可用肌肉注射肌黄体酮2.0×2毫升，进行保胎。

如何预防母猪产木乃伊、死胎？

母猪怀孕期间发生死胎或木乃伊，产出畸形小猪，原因有两种：一是乙型脑炎；二是呼吸与繁殖综合征引起。前者多发生于秋季产仔期，尤以初产母猪发生较多。预防方法：头胎母猪应在配种前注射乙型脑炎疫苗进行预防。一般在每年4～5月，蚊子大量繁殖之前，对母猪注射乙型脑炎疫苗，并做好猪舍周围场所环境卫生和防蚊、灭蚊工作。后者是病毒引起的，预防方法是在配种前30天，注射呼吸与繁殖综合征疫苗。

如何防治母猪产后缺乳、无乳？

防治母猪产后缺乳、无乳的方法：注射母猪初乳，选择健康无病、产后泌乳量多的母猪，取其初乳（产后1～3天内分泌的乳汁）3毫升，对产后缺乳或无乳的母猪进行皮下注射，第二天即可泌乳。如果找不到供乳的其他母猪，也可利用缺乳母猪其自身的初乳3毫升皮下注射，泌乳量也会增加。

猪气喘病的症状及如何防治？

猪气喘病是猪的一种高度接触性、慢性传染性疾病。其临床特征为咳嗽和气喘，影响正常生长。病变特点为融合性的支气管周围炎，病原是猪肺炎霉形体。该病原对青霉素、链霉素、磺胺类不敏感，对壮观霉素、丝裂霉素、泰乐霉素、卡那霉素敏感。一般消毒药均有杀灭作用。猪气喘病的自然病例仅见于猪，不同年龄、品种、性别的猪均易感。可通过呼吸道排毒，飞沫传染。一年四季均可发生，但以冬、春季节多发。由于是呼吸道感染往往继发巴氏杆菌、肺炎球菌、化脓性菌类、猪鼻霉形体等。一旦感染，猪场不易消除此病。该病的潜伏期为10～16天。可分为急性、慢性和隐形型。

临床症状：

（1）急性型　见于首次发病的猪群，各年龄猪均易感，多发于母猪和小猪，发病率可达100%。表现犬坐，腹式呼吸，咳嗽少而喘得严重，体温正常，继发感染时发热。病程1～2周，病死率较高。

（2）慢性型　小猪通常3～10周龄时出现第一次症状。以咳嗽为主，在剧烈运动和清晨时咳嗽明显，呈痉挛性连续性剧咳。表现拱背、伸颈、痛苦状。病程长达2～3个月，甚至半年。在外表康复后，当猪达到16周龄时可能复发或第二次暴发。

（3）隐形型　由急性和慢性转变而来。一般不表现明显的症状，但生长发育不良，饲料报酬降低。当外界环境变差，应激因素增加时常转为阳性发病。

猪气喘病的防治主要以预防为，采取综合性防治措施：

（1）未发病猪场应坚持“自繁自养”　即严格执行产房、保育舍“全进全出”制度；新引进猪必须隔离观察1～2个月，经确认无病后方可合群饲养。

（2）加强饲养管理，减少应激反应　保持适宜的饲养密度，猪舍注意通风和温度控制。断奶后仔猪继续在产房饲养3～7天后再转入保育舍；各阶段换料要逐渐过渡，防止发生应激反应。

（3）定期免疫接种，做好消毒工作　对成年种猪，每年用猪气喘病弱毒冻干疫苗免疫接种1次；后备种猪于配种前免疫接种1次；仔猪于7～15日龄免疫接种1次。同时，做好猪舍消毒工作。每天要及时清理粪便、污物，进行无害化处理；每周坚持对猪舍环境进行1～2次消毒，常用消毒药物有来苏尔、苛性钠等。

（4）阶段性药物预防　母猪可于产后3天、后备母猪于配种前1周，选用10%支原泰妙（延胡索泰妙菌素）混饲1周，剂量为1千克/1000千克饲料；公猪每间隔2～3周用药1疗程，每疗程1周，药物可选用支原泰妙，剂量为1千克/1000千克饲料，或呼诺玢，剂量2千克/1000千克饲料；仔猪哺乳期至断奶后1周内，连续7天混饲泰舒平，剂量为1千克/1000千克饲料，或支原泰妙，剂量1～1.5千克/1000千克饲料；保育猪、育肥猪转群变料后可按照上述仔猪用药物和剂量连续给药1周，也可按每1000千克饲料添加400～800克土霉素碱，较长时间饲喂。

（5）发病后及时治疗　应立即隔离治疗，药物防治可采用：卡那霉素、泰乐菌素、林可霉素、金霉素等，均有一定疗效。

仔猪黄痢和仔猪白痢的症状及如何防治?

仔猪黄痢和仔猪白痢病为致病性大肠杆菌引起的仔猪疾病，常引起严重的腹泻和败血症，影响仔猪生长和造成死亡。病原是大肠杆菌为革兰阴性、中等大小的杆菌，对外界环境不利因素的抵抗力不强，一般的消毒药均可杀死。

1．仔猪黄痢

（1）症状　发生于1周龄以内的仔猪，以1～3日龄最为常见，1周龄以后不发生。同窝发病率很高，在90%以上。病死率很高，有的全窝死亡，不死的仔猪需经较长时间才可恢复正常。此病的传染原为带菌的母猪和病仔猪排的粪便。一般为消化道感染，少数为产道感染。该病的发生无季节性，与环境卫生关系密切。临床症状：潜伏期短，在出生后12小时内就会发病，一窝仔猪出生时还正常，而于12小时后突然有1～2头表现全身衰弱很快死亡。其他仔猪相继发生腹泻，粪便呈黄色浆状，含凝乳块，甚至有血液。头颈部，腹部皮下有水肿现象。肠炎症状主要集中于十二指肠，属卡它性肠炎。

（2）预防措施　妊娠母猪产前42天和21天用大肠杆菌苗（K88、K99、987P）接种1次。加强饲养管理，改善环境卫生，增强猪体的抵抗力。严格做好检疫工作，防止疾病的传入和扩散。在仔猪接产时将母猪每个乳头挤掉乳汁少许，用0.1%高锰酸钾清洗乳头，可预防仔猪感染。同时做好猪圈的清洗消毒。仔猪出生后及时喂初乳，初乳中的母源抗体可增加仔猪的免疫力。常规药物均有疗效，但易产生抗药性，必须做药敏试验选择最佳药物。

2. 仔猪白痢

（1）症状　一般发生于10日龄~1月龄的仔猪，以10~20日龄较多。不是同窝发病，发病率高达50%以上，死亡率低。该病的发生与菌群失调和母源抗体减少有关，并与各种应激因素有密切的关系。临床症状：病猪突然发生腹泻，排出浆状、糊状的粪便，色乳白、灰白或黄白，粪腥臭，性黏腻。病猪行动迟缓，皮毛粗糙，发育停滞。病程2~3天，能自行康复，死亡的很少。

（2）预防措施　妊娠母猪产前42天和21天用大肠杆菌苗（K88、K99、987P）接种1次。加强饲养管理，应尽早补料建立肠道的正常菌群。给母猪和仔猪喂食一定的抗贫血药物可起到预防和治疗作用。民间用干的黄土块炒熟喂猪也有一定的效果。治疗药物与仔猪黄痢相同，可采取止泻、收敛、补液、助消化药。

猪血能提取SOD吗？

SOD是超氧化物歧化酶的简称，是广泛存在于动、植物及微生物体内的金属酶。其临床上主要用于延缓衰老，防止色素沉着，消除局部炎症，特别是风湿性关节炎、慢性多发性关节炎以及放射治疗后的炎症。SOD主要从猪血、牛血和屠宰动物废弃物中提炼，但提取率极低。据悉，目前我国江苏省无锡市一家化工厂能大规模生产精品SOD。一般农户生产是有难度的，所以若要投资生产需充分论证可行性。

猪舍消毒用什么药？烧碱可否放在铁桶里溶解吗？

猪舍消毒可以用抗毒净500~1000倍液喷洒猪舍。烧碱化学成分是氢氧化钠，是强碱性物质，同铁、铜等金属器皿会发生反应，造成腐蚀。所以不能用铁桶，应该放在木桶或瓷盆内溶解烧碱。

第二节　奶牛的养殖技术

母牛发情不明显，应如何识别？

母牛发情不明显又称为“发哑巴情”。母牛发哑情，外表不具有正常发情的征兆，不叫唤，不爬牛，精神无异常。往往由于不注意观察，或没掌握发情特点，常错过母牛配种时期，降低了母牛繁殖率。

然而，若认真观察，也不难发现其发情的一些“蛛丝马迹”。主要表现为：① 在正常饲养情况下，吃草减少，饮水量减少；② 闹栏，有欲出走模样；③ 阴户浮肿或微肿；④ 亲牛，愿意靠近公牛；⑤ 阴户的“垂丝”（即从阴户有黏液流出）较细，有时不见黏液，但可见尾根处附着有干后的黏液。根据上述5种现象，即可判定为母牛发哑巴情，即应适时进行输精配种。

怎样计算母牛的预产期？

为了合理安排母牛的生产，正确养好、管好不同阶段的妊娠母牛，便于做好产前准备，必须计算出母牛的预产期。计算方法：一般母牛的怀孕期为280天，可采用“减3加6”的方法，也就是产犊月份是配种月份减去3，产犊日期是配种日期加上6。例如：1头母牛最后一次配种时间为2008年7月15日，这次母牛的预产期为2009年（7－3＝4）4月（15＋6＝21）21日。另一头母牛的最后配种时间是2008年1月29日，这头母牛的预产期为2008年11月4日（月份：1＋12－3＝10月，日期：29＋6＝35日，因10月是31天，则是11月4日）。生产实践中，为了减少烦琐的计算，常将母牛预产期制定成母牛妊娠日历表，根据配种日期，便可查得母牛的预产期。

如何防治奶牛产后无奶？

奶牛产后无奶可用激乳素250克，分成3包内服，第1天服1包，以后每隔1天服1包，可配入饲料喂饲，有催奶作用。

奶牛产奶量不高怎么办？

提高奶牛产奶量的方法有：① 改用高产品种公牛冻精配种；② 应用精料补充料新配方；或采用添加剂喂饲可增加产奶量；③ 引进年产奶量在6000千克左右的高产奶牛品种，引种时可请专家帮助选购。

高温季节如何预防奶牛中暑？

奶牛是恒温动物，汗腺不发达，其怕热不怕冷，当环境温度达到25℃以上则影响产奶量，同时使觅食量下降；当温度达到30℃时觅食量将明显下降，严重的下降幅度可达40%，特别是夏季若遇到持续高温天气，奶牛最容易发生中暑。为了预防中暑及热应激，可采取以下措施：

（1）保持牛舍通风　牛舍应保持自然通风，可安装电风扇、排风扇，加速空气流通，以利牛体散热降温。

（2）牛棚遮荫降温　牛舍屋顶可覆盖稻草、茅草或松毛等遮荫，气温过高时在屋顶喷水降温，以减少热辐射。

（3）保持牛体清洁　经常洗刷牛体，使之保持清洁、干净，以提高新陈代谢能力。并供应充足清凉饮水，在饮水中加50～100毫升复方B族维生素液效果更好。

（4）改善奶牛饮食　高温使奶牛觅食下降，直接影响到产奶量，因此必须采取措施，提高奶牛食欲。增加适口性好的优质粗料，如冬瓜、南瓜、西瓜皮等青绿多汁饲料。同时在饲料中适当增加矿物质成分如钙、磷、镁、钠、钾等，避免大量排汗而引起矿物质不足，注意合理使用添加剂。

（5）促使牛体降温　有必要时可在奶牛身上浇凉水（水温不宜与体温差异过大）或在头部敷以冷水毛巾，以降低牛体温。以及内服十滴水、藿香正气水或人丹等药品，预防中暑。

如何防治奶牛乳房炎

奶牛乳房炎，是由细菌感染或挤奶损伤引起的。奶牛乳房炎分急性和慢性乳房炎。

症状：牛乳房肿胀，发红质硬，有痛感，精神萎顿，食欲不振，发高烧；挤出的奶带黄色，变稀，混有絮状物，产奶量下降。

药剂防治：① 乳炎安 10 毫升 ×1，用乳导管注入乳头管内；② 青霉素 160 万单位、链霉素 1 克、灭菌水 20 毫升，用乳导管注入乳头管内，每日 3 次，连续 3 天；③ 大油剂 300 毫升 ×2，肌肉注射。若尚未好转，改用高牌乳炎消油剂，每日 2 次，每次 15 毫升，连续 3 天为 1 疗程，一般会痊愈。

奶牛产后出血怎么办?

奶牛产后 5 ~6 天还出血属正常现象，产科称流“恶露”，过 15 天后会恢复正常。为了促进子宫恢复，可增喂益母草红糖水。即益母草 250 克加水 1500 克，煎成水剂后加红糖 1000 克，然后再加水 3000 克，分 3 天喂饮，每天 1 次。若 15 天后仍有恶露，须请专业兽医诊治。

奶牛腹泻用什么药?

奶牛腹泻可以服用健胃灵；此外，用中牧力克肌肉注射，每天 2 次，每次 5 ×5 毫克。

第三节　羊的养殖技术

养羊的前景如何?

羊是食草动物，也是节粮型养殖业，肉质鲜美，营养滋补，百姓喜爱，皮毛价值又高，适宜在山区、半山区和丘陵地区发展。

养羊适合于大、小不同规模养殖和农户散养，可放牧，也可圈养，以放牧为主。各种杂草、灌木枝叶，农作物副产品如稻草、秕谷、豆荚、玉米与豆类秸秆等均是羊的好饲料。养羊投资少、资金周转快、见效快，有利于提高养畜业综合效益。尤其是山羊，以食草为主，适应性广，特别耐粗饲，其对灌木类杂树的木质素消化率达 30%，各类牧草的纤维素消化率达 70% 以上。山羊疾病也少。山羊肉用性能好，是高蛋白、低脂肪的营养食品，尤以 7 ~10 月龄肥羊羔肉质更佳，目前市场上羊肉俏销。羊肉市场需求量呈上升趋势，据报道我国羊肉价格比国外低 30% ~80%，羊肉具有较强的国际市场竞争力。

此外，山羊皮是制革优质原料，山羊肠是我国传统出口产品，所以养羊市场前景看好。但由于本地山羊体型小，生长速度慢，繁殖率低等缺点，经济效益有限。要重视品种改良，或者引种肉皮兼用的杂交山羊品种进行饲养。

商品肉羊目前提倡推广杂交山羊，即本地白山羊与波尔山羊杂交种，或马头山羊与白山羊杂交种，以及马头山羊与萨木山羊杂交后再与白山羊杂交的三交种等改良品种，其具有肉质好、体型大、生长快、繁殖率高等优点，从而提高经济效益。同时，发展养羊业要有足够的饲草资源，做到草畜同步发展。

此外，奶山羊是当前乳品业的新亮点，羊乳的营养成分接近于人乳，易于吸收消化，目前已有部分农户已开始养殖。如果能够与有关乳品公司签订产销合同，可以试养。

小尾寒羊适应什么样的气候条件饲养？

小尾寒羊属绵羊类型，适宜于我国北方地区饲养，在南方地区的气候条件不适合饲养小尾寒羊，但可养殖湖羊。湖羊是皮、肉兼用羊，其羔羊皮品质优良，是我国珍贵的羔羊皮绵羊品种。具备养羊条件和有饲养经验的养殖户，可引种试养，成功之后再扩大养殖适度发展。

波尔山羊能否与本地山羊杂交？

波尔山羊可以与本地山羊交配，以波尔山羊作父本，用其冻精受予本地母山羊，其杂交第一代还可与马头羊杂交，育成三交种，其特点：生长速度快，耐粗饲，抗性好，肉质优，经济效益高。

山羊疥癣病如何防治？

山羊疥癣病是螨虫寄生引起的皮肤病。

症状：皮肤红肿，患部皮上结痂，剧痒，脱毛，影响羊的正常食欲和生长。

防治方法：

（1）药物涂擦 ① 敌百虫3%～5%溶液涂擦患处；② 来苏尔5份溶于100份水中，再加5份敌百虫，制成混合液涂擦患处；③ 中草药：酸模根捣碎后与醋混合，取混合液抹擦患处直至出血为止。

（2）口服灭虫灵 按羊体重每千克，用灭虫灵0.2克量拌和饲料喂饲，日服1次，7～10天1疗程，如果未愈，再服1疗程。此法在屠宰前28天应停止用药，若奶羊其服药期间及最后1次服药后28天以内羊奶不能食用。

适合养羊的有哪些多年生牧草？

俗语说“羊吃百种草”，几乎所有的牧草均可用于喂羊。适合养羊的多年生栽培牧草主要有：

（1）串叶松香草 菊科多年生牧草，适应性广，耐湿、耐高温、耐寒性能好。一般可生长10～12年以上。春、夏、秋均可播种，秋播8～10月份播种，越早越好，每667平方米播种量200～300克，播种偏迟的需覆盖地膜，确保安全越冬。作青饲料于株高80厘米左右刈割，第1年刈割6～8次，以后每年可刈8～10次，每667平方米年产鲜草1.5万千克以上。

（2）高丹草4号、高丹草1号 对土壤适应性广，在砂壤土、微酸性黏土和轻度盐碱土的地方均可种植。4月上旬播种，每667平方米播种量2千克，行距40～50厘米，每667平方米种植2200～3000株，播后6～8周可收刈1次，刈割时留茬15厘米左右，第1年一个生长季节可刈割4～6次，每667平方米产鲜草0.5～1万千克，第2年后每年可刈割6～8次，每667平方米产鲜草2～3万千克。如果间隔20～25天播种1期，可保持整个夏季都有青饲料供应。

(3) 大叶速生槐　多年生豆科灌木，4～5月份扦插，用直径0.5～1厘米粗的主、侧根剪成7～8厘米长的根段，用平埋法，埋于大田，株行距50厘米×60厘米。一次种植多年利用，作青饲料，当株高1米左右是收刈适期，栽植当年刈割2～3次。以后每年刈割4～6次。每667平方米产鲜槐叶2～3万千克。

此外，还有白三叶（多年生豆科草本植物）和多年生黑麦草（千麦草）等，均是养羊好饲料。

第四节　兔的养殖技术

养殖肉兔市场前景如何？

我国是兔肉生产大国，年产兔肉约40.9万吨，占世界总产量的22.1%；国际兔肉贸易总量为7.5万吨，我国出口量占国际兔肉总贸易量的47%～60%。因此，我国兔肉出口还是占有一定的优势，兔产品外销量将会逐渐增加。但是，国内兔肉消费量却很少。由于我国兔肉制品少，加工量不大，规模小，质量低，兔肉配套加工跟不上，产品增值难。兔肉价格不高，因此，只有微利，或者很难有利润。为此，需要加大国内市场的开发力度，提高饲养水平，提高品质，大力发展兔肉深加工，增加花色品种并提高产品档次，增加附加值，提高利润。此外，我国是兔毛产销大国，国内外市场前景看好。

养殖野兔前景如何？

野兔是皮毛、兔肉兼用的野生动物，野兔是食草性节粮型家畜，抗逆性、适应性强，抗病性极强，成活率高，比家兔繁殖率高，耐粗放饲养，成本低效益好。业内人士认为国际市场野兔肉紧缺，市场容量大。日本、韩国、俄罗斯、欧洲的一些国家兔肉需求量大增，其本国供不应求，大量从我国进口，另外港、澳、台地区也频频向内地要货。由于目前我国饲养量少，饲养量不及市场需求量的1%，所以市场潜力巨大，为野兔养殖业创造了发展空间。因此，若能规模化养殖野兔，效益明显，前景看好，但引种时应注意防止以家兔冒充野兔种。

养殖獭兔的前景如何？

獭兔以吃草为主，需要精料较少。獭兔养殖具有繁殖快、饲养周期短、设施简单、投资小等特点。獭兔是以取皮为主，肉皮兼用的两用兔。獭兔可以选择个头大的，其毛皮质量好，具有绒毛细密平整、光泽好、皮毛柔滑轻柔，手感好等特点，颇受消费者欢迎，在国际裘皮市场上具有一定竞争力，养殖前景看好。然而，獭兔皮主要是出口，其市场行情随出口量的变化而起伏，所以价格变动大。业内人士认为，由于加强对水貂、狐狸等野生动物的保护，使全世界裘皮业发生了从野生向家畜转化的趋势，而獭兔裘皮正顺应了这个潮流，以其优良的毛质和相对低廉的价位被众多消费者所接受。西欧，特别是俄罗斯等消费市场对此反应尤为强烈。同时，目前国际市场已认可我国獭兔产品，预计獭兔的发展势头将呈现上升趋势，但仍需持稳妥的态度，而且要依靠科技提高饲养技术和管理水平，把确保獭兔产品质量放在首位。

如何进行肉兔引种及其养殖技术？

肉兔引种首先是选用优良兔种，引种时间以春、秋季为好，兔龄在3～4月龄的青年兔为佳。引种时应进行免疫接种。

肉兔养殖，一般以笼养方式饲养较好，便于管理。肉兔以产肉为主，肥育期饲料主要有玉米、豆饼、薯类等，适当添加骨粉、食盐、木炭粉等，多喂青饲料。掌握少喂多餐的原则，同时供给充足的饮水。肉兔在幼兔肥育期对公、母兔进行去势，特别是公兔，可提高饲料利用率，改善肉质，提高出肉率。成年兔肥育后期要限制运动，放置在安静、光线较暗的环境中高密度饲养。此外，宜加强饲养管理，注意预防疾病，及时注射兔瘟疫苗，做好兔舍消毒，保持兔笼及环境清洁卫生。

如何治疗兔葡萄球菌病？

兔葡萄球菌病是家兔常见传染病之一，可表现出多种症状，如：转移性脓毒血症，在头部、颈、背、腿等处形成脓肿，以及仔兔脓毒败血症、仔兔黄尿病、乳房炎等。药物治疗可用青霉素、链霉素、氯霉素、庆大霉素等肌肉注射。脚皮炎、皮下脓肿等可采取手术排毒。然后，用0.1%高锰酸钾溶液清洗，涂抹抗菌消炎软膏。

如何防治兔的螨病？

家兔螨病，又称疥癣病，是因螨虫寄生引起的慢性皮肤病，患部皮肤红肿，皮上结痂剧痒，脱毛等。秋、冬季是该病流行季节。药物治疗可用灭虫丁肌肉或皮下注射，或用除虫精、双甲脒溶液、敌百虫0.3%溶液等药水涂抹患部；土法：用米醋加酸模根磨出汁或烟叶与醋煮沸去渣后外涂。涂抹前将白色结痂刮去再涂效果更好。此外，搞好笼舍消毒工作保持清洁卫生。

第五节　鸡的养殖技术

山区如何办土鸡场？

山区比较适合发展养殖业。山区发展土鸡养殖是具有得天独厚的优越自然条件，无工业和生物污染，良好的森林覆盖形成特有的小气候，可以利用林地或果园，采取自然放牧的饲养方式，让鸡群自由活动，自由觅食，既能促进土鸡生长，又能提高土鸡品质。山区还有丰富的野生中草药资源，可供土鸡防病治病，以达到减少或无药物残留，生产真正的纯天然绿色食品。此外，鸡的粪便，可以肥沃果园林地，合乎生态循环原理，有利于提高山区、半山区和丘陵的综合生产力。

办土鸡场的方法：

（1）场地选择与棚舍搭建　选择避风向阳，地势较平坦，不积水的草地、山坡或树林、柑橘、桃、梨、葡萄等果园，四周用网或栏栅围住，园内盖一棚舍，供鸡晚上栖息。棚舍一般宽4～5米，长7～9米，棚顶中间高度1.7～1.8米，棚顶盖油毡、稻草，最上面再盖一层塑料膜，以防水保温。棚舍地面铺垫锯屑、稻草或谷壳之类，厚度3～5厘米，达到保温，吸湿。在棚舍宽度一侧头开一门口，供饲养人员和鸡群出入。

（2）品种选择　优势土鸡品种有：桃源鸡、仙居鸡、肖山鸡、三黄鸡、清远麻鸡、杏花鸡等，这些鸡种具有体型小、耐粗饲、抗病性好，适于放养，且蛋、肉品质好等特点。或选择优良的本地土鸡品种。

（3）鸡群的饲养管理

① 雏鸡饲养管理：雏鸡先喂水后开食，可用碎米、玉米粉或小鸡配合颗粒料。雏鸡一般让其自由采食，每餐喂八成饱，每次喂料量以15～20分钟吃完为宜。同时应做好疫苗预防接种，1日龄接种马立克、鸡痘疫苗（孵化场接种）；7～10日龄，接种新城疫苗；7～14日龄，接种法尔囊疫苗。宜分群饲养，经常检查，在早晨第1次喂食时，弱雏鸡易被挤出来，即捉出分群喂食。对患病严重的雏鸡及时淘汰。

② 生长期、育肥期管理：生长期阶段生长快，食欲旺盛，以放牧为主，结合补饲。精饲料以稻谷、玉米、大麦、小麦等为主，喂饲时让其自由采食，可采取公、母分群饲养。果园或林地内间作套种牧草。鸡在园内吃草、吃虫、排泄的粪便可肥沃土壤。早、晚各补饲1次，用稻谷、玉米等谷物或配合饲料，以吃饱为主，并供应充足的清洁饮水。每周饲饮1次0.04%高锰酸钾，10周龄左右至上市前为育肥期，应增加动物性脂肪饲料，相对减少蛋白质含量的饲料，以适度增加脂肪沉积改善肉质。同时减少鸡的活动范围，缩小活动场地，以利肥育。

③ 做好卫生防疫：整个饲养过程要经常保持场地，棚舍环境卫生，定时进行消毒，做好驱虫和疫病防治工作。一般放牧20～30天后，就驱虫1次，驱除体内、体外寄生虫，以及做好灭鼠除蚊工作。同时，饲养土鸡的场地要有合理的布局，根据土鸡不同的生长阶段和防疫卫生要求，设置不同的饲养区。学习和掌握科学的饲养管理方法，掌握最佳上市时机等。

养殖土鸡前景如何？

据业内人士分析，就国内肉类市场来说，鸡肉价格比较平稳，养鸡会有一定利润。尤其是土鸡价格高，近年来土鸡市场价比大型肉鸡价格高出1～3倍，养土鸡饲料用量比大型肉鸡少，所以养殖土鸡利润一般较高，优良品种土鸡优势更加明显。同时随着生活水平的提高，人们对食品要求返璞归真，崇尚自然，优质土鸡和鸡蛋将会受到越来越多消费者的青睐，市场前景看好。同时，优质土鸡是我国独有优势鸡种，在国际上无竞争对手，国内市场无进口压力，市场空间宽松而巨大，发展潜力大。同时，利用果园、林地，采取回归自然的饲养方法，发展生态型放牧土鸡，饲料消耗少，成本低，鸡肉风味好，肉质鲜美。有条件的地方可创建“绿色土鸡”品牌，将会受到国内外市场的广泛需求，不愁销路。另外散养土鸡除了让其自然觅食外，同时要补充适当的全价饲料，以保持营养平衡。

如何进行茶园养鸡?

茶园养鸡，可参考果园养鸡的方法。技术要点：

（1）鸡舍搭建　在茶园内选择高燥地方，按每平方米棚舍养育20～25羽计算，建简易鸡棚舍，棚高2.5米左右，供夜间栖息和躲避风雨。

（2）放养密度及放养方法　一般每667平方米茶园可放养1000～1500羽。雏鸡应在鸡舍内圈养20天左右。然后可在晴天放养，开始时用尼龙网限制在小范围，每天放2～4小时，以后逐步延长时间和扩大范围。有条件的可用铁丝网栏隔，分区轮放，每周调换一处。

（3）饲养管理　雏鸡阶段用优质全价饲料喂饲，自由采食。过渡到大鸡逐渐减少喂量，一般放养第1周早、中、晚日喂3次，第2周早、晚日喂2次，5周以上逐步换为喂饲谷物、杂粮。

（4）疾病防治　进行鸡新城疫等疾病防疫接种的同时，特别注意防治雏鸡白痢、球虫病和定期驱虫预防蛔虫。

雏鸡如何保温培育?

雏鸡培育成败的关键是调控好温度。0～6周龄为雏鸡培育期。适宜温度1周龄内32～34℃，以后每周降2～4℃。4周龄以上保持21～23℃。其次湿度要调控好，1～10日龄适宜湿度为相对湿度60%～70%，10日龄以后为50%～60%，供热方式有电源设备的，可采用保温伞或红外线灯，大规模育雏采用立体笼式育雏器等进行保温育雏。

如何饲养绿壳蛋鸡?

（1）温度调控　出壳30天内为育雏期，应在室内保温饲养，出壳3天内以33℃为宜，以后每周降2℃，4周龄后保持21～23℃。

（2）科学喂食　出壳后先饮水，然后再开食，日喂全价饲料4～6次，定量喂料每餐喂八成饱，在饮水中加入适量水溶性多维素。

（3）蛋鸡饲养　种鸡在8周后改为黑暗鸡舍，每日光照8小时，到20周龄后，逐渐增加光照时间，然后改为自然光。其他饲养管理措施和疾病防治可参照一般蛋鸡。

如何防治鸡球虫病?

鸡球虫病的药剂防治可用：① 神特神球特号，1 罐兑水 100 千克配制成水溶液，让鸡饮水 1 疗程 3 天；② 用三字球虫粉 1 包兑水 25 千克以水溶液喂饮水，1 疗程 3～5 天；③ 青霉素按鸡体重 1 千克 6 万单位水溶液喂饮水，1 疗程 3～5 天。

如何预防鸡群啄毛?

鸡群啄毛，又称“啄癖”。大群体饲养的鸡群容易发生啄癖（啄羽、啄尾、啄翅、啄蛋），其机理错综复杂。

主要原因：

（1）鸡舍光线太亮　鸡舍光照若太强则要影响鸡的休息，使鸡烦躁起来产生啄癖。

（2）饲养密度过大　鸡舍饲养密度过大，缺少活动空间和空气质量不好，刺激呼吸道，引起啄癖。

（3）饲料不得当　缺乏矿物质和微量元素营养，如缺铁、钙、硫等也会产生啄癖。

预防措施：

（1）改善鸡舍环境　降低鸡舍光线强度，避免光线太强，鸡舍经常消除粪便，保持清洁卫生和空气流通。

（2）减少饲养密度　对啄癖的肉鸡及时隔离施治，避免进一步扩散，鸡舍保持适宜的饲养密度。

（3）补充维生素　在饲料中适当补充多种维生素，加入适量钙、磷和 B 族维生素为主的添加剂饲料，及加入适量石膏粉、砂砾等，每只每天 1～4 克。

（4）断啄　对于大规模鸡场可对初生雏鸡及时断啄，用机械进行断啄，但要掌握好断啄的分寸。

冬天遇到反常天气养鸡应注意什么?

冬季气温低，养鸡在做好日常饲养管理的情况下，应加强鸡舍的保暖防寒工作。同时要注意以下几点：

（1）防止感冒　雨天要控制鸡群到野外活动，防止打湿着凉感冒。

（2）保持鸡舍良好空气质量　高密度饲养的群体要注意鸡舍内的空气质量，特别是在长期低温的情况下突然气温升高，要防止鸡舍内氨气和二氧化碳有害气体的含量超标，调整好被缩小或封闭的通风换气窗口，保持鸡舍内良好的空气质量。

（3）保持鸡舍干燥　鸡舍内严防垫料潮湿和采取堆积性的铺垫法。

（4）预防疫病　做好呼吸道疾病和肠道性疾病的预防工作，预防在冷应激后潜伏性疾病的爆发。

第六节　鸭、鹅、肉鸽的养殖技术

养殖鹅、鸭前景如何？

养鹅、鸭仍然是朝阳产业，已成为广大农村致富的支柱产业。其以食草为主，抗性强，适应性好，抗病性较强，耐粗放饲养，设施投入少。所以养鸭、鹅经济效益好，利润高。我国是世界上第一个鹅、鸭生产大国，国际上鸭、鹅产品需求量呈明显上升趋势。国际市场鸭、鹅产品主要由我国提供，国内外市场潜力都很大，鹅肥肝比纯肉鹅养殖效益更佳。为了使鸭、鹅生产取得更好效益，宜走规模化、产业化生产道路。特别要以龙头企业带动，并进行良种改良和培育、繁殖，解决农户买种难的问题。根据各地的条件可发展郎德鹅、永康灰鹅、莱茵鹅、隆昌白鹅以及番鸭、蛋鸭等品种。

办鸭场应具备哪些条件？如何饲养管理？

鸭是喜水家禽，养鸭场地应设在有水源的地方，这是创办养鸭场的必备条件。如山塘、水库、溪流、湖泊等附近，四周没有污染源。鸭舍可因陋就简。

饲养管理技术：

（1）雏鸭饲养　雏鸭进育雏舍前其设备须用抗毒净1000倍液消毒。进舍前1～2天对雏鸭舍加热到30～32℃。雏鸭饲料可用碎米或小米煮至8成熟，漂洗后放在塑料布上让其啄食。每天喂腥料如鱼粉、鱼虾、蚯蚓等2次。

（2）中鸭饲养　一般2周龄后可转入中鸭舍饲养，养殖密度，每平方米8～10只，中鸭舍与雏鸭舍温差不超过3～5℃。中鸭饲料参考配方如下：各配料成分：玉米45%、稻谷9%、大麦15%、麸皮20%、豆饼2%、菜籽饼3%、鱼粉3%、贝壳粉1%、骨粉1.7%、食盐0.3%。每天喂饲4～6次。鸭喜欢水浴或在水中嬉水游耍，每天游水3～4次，每次20～30分钟。7周龄开始适当控制下水活动时间，以减少能量消耗。

雏鸭如何保温培育？

雏鸭体温调节能力差，对温度变化十分敏感，育雏温度过低则雏鸭挤近热源，相互扎堆，尖声鸣叫；温度过高则远避热源，双翅下垂，张口喘气；温度适宜则雏鸭分布均匀，精神活泼，或食或卧。所以保持适宜的育雏温度对雏鸭健康成长至关重要。一般适宜育雏温度为：1～3日龄28～33℃，4～6日龄24～28℃，7～10日龄21～24℃，14～21日龄20～24℃，21日龄后保持20℃。进育雏舍前应预热育雏舍，温度30～32℃。育雏舍供热可用育雏器、煤炉供温等。有电源设备的可采用保温伞或红外线灯，大规模育雏采用立体笼式育雏器等进行保温育雏。

肉鸭如何饲养管理？

肉鸭饲养管理技术要点：

（1）自由采食肥育 肉鸭一般5周龄开始实行肥育，饲养密度每平方米5～6只。饲料以颗粒饲料为宜，饲料参考配方：玉米54%、小麦16%、麸皮9%、豆饼13%、鱼粉6%、骨粉1.7%、食盐0.3%。喂料时一次加足，任其自由采食。鸭舍内应设置砂盘和饮水器，供应充足饮水。

（2）填喂肥育 为了加快增重和积累脂肪，可采取填喂肥育，填喂饲料配方：玉米55%、大麦8.5%、麦麸20%、鱼粉2%、豆饼12%、贝壳粉1%、骨粉1%、食盐0.5%。填喂量随鸭龄增加和生长情况，逐渐增加，以干料计算，初期每只每天250～350克，后期400～500克，每天分3～4次填喂。每次填喂后应让鸭下水池进行水浴，但时间不宜太久。此外，白天应每隔2～3小时缓慢驱赶活动1次。

蛋鸭如何饲养管理?

蛋鸭的育成期饲养管理技术要点：

（1）育成期饲养管理 蛋鸭31～90日龄为“育成期”，可利用池塘、稻田、河沟等进行放牧饲养，放牧鸭每群以500～1000只为宜。每日放牧时间6～7小时，鸭群在水中应逆水放牧，以利寻觅食物。为控制体重和性成熟年龄，可采取限制饲养，降低饲料中的粗蛋白和能量饲料水平，粗蛋白质比例为10%～20%，精、粗、青料比例为3∶2∶5。每天喂量一般减少15%～20%，日喂2～3次。

（2）产蛋期饲养管理 蛋鸭90～100日龄开始进入产蛋期，此后一般表现连续产蛋。产蛋期的饲养，应根据四季气候变化及产蛋率的起伏，采取相应的饲养管理措施。春季产蛋旺季，要适当增喂动物性饲料，做好圈舍卫生保洁，防湿防潮工作。夏季做好防暑降温，适当减少能量饲料，增加蛋白质饲料、青绿多汁饲料。秋季气温多变，加上连续长时间产蛋，营养消耗多，应合理调配饲料，适当增加能量饲料，减少各种应激因素。冬季气温下降，蛋鸭常会聚伏一起取暖，造成体内脂肪沉积，因此应加强防冻保暖工作，经常“噪鸭”以增加运动量，提高御寒能力。同时注意做好鸭病的防治和防疫注射工作。

哪些鹅品种适宜生产鹅肥肝?

适合生产鹅肥肝的鹅品种：①朗德鹅，原产法国，每只鹅肝重可达700～800克，是生产鹅肥肝的专用品种。同时人工拔毛的耐受性能也较好。②莱茵鹅，原产德国，是肉用与肥肝兼用品种。但上述品种鹅苗一般需要到上海去购买。而永康灰鹅、浙东白鹅等也可作为生产鹅肥肝进行饲养。

生产鹅肥肝的饲养技术要领是：在4周龄以内，以饲喂全价配合饲料为主，5周龄以后放牧为主，9～10周龄后转为舍饲，饲料配比是：玉米50%、碎米20%、蛋白质饲料30%。当鹅的体重达到4～5千克，每天精料摄取量达到200克左右时，即可转为填肥期，用玉米强制填喂4～5周，体重比填肥前增加

80% ~90% 时，屠宰摘取肥肝。

肉鸽养殖效益如何？

肉鸽主要作为肉食，鸽肉是高蛋白、低脂肪，营养价值高，具有大补养血等功效的肉类。由于缺乏深加工，没有形成产业化生产，因而消费量相对较稳定，价格坚挺。肉鸽饲料以谷物、玉米、豆类为主，肉料比为 2∶1，与仔鸡相似，饲养成本低，如果有稳定的销售渠道，养殖效益良好。据行家分析，发展前景看好。

如何配制肉鸽饲料？

肉鸽饲料自行配制参考配方：

（1）青年鸽及休产鸽配方　① 玉米 50%、小麦 20%、高粱 10%、豌豆 20%。② 玉米 35%、小麦 25%、高粱 25%、大米 5%、豌豆 10%。

（2）育雏期产鸽配方　① 玉米 40%、小麦 20%、高粱 10%、豌豆 30%。② 玉米 20%、小麦 10%、豌豆 30%、稻谷 40%。

（3）保健砂配方　① 黄泥 30%、粗砂 25%、贝壳粉 15%、骨粉 10%、旧石膏粉 5%、熟石灰 5%、大炭 5%、盐 5%。② 黄泥 1%、粗砂 35%、骨粉 8%、盐 4%、贝壳粉 40%、木炭末 6%、细花岗石 6%。保健砂可每天喂，也可 1 周集中投喂 2 次，一般每 5 天一对鸽子吃 5 ~9 克，全年 3 千克左右。

第七节　饲料相关信息

鲁梅克斯 K－1 生长特点及如何栽培？

鲁梅克斯 K－1 是“鲁梅克斯 K－1 杂交酸模”品种的简称，为蓼科酸模属多年生草本植物，是一种新型的高蛋白植物资源。生长特点：寿命长，生长期可达 25 年，在良好的田间管理条件下，高产期可达 10 ~15 年。直根系，根体粗，根深可达 1.5 ~2 米。生长第 1 年为若干叶片和芽组成的叶簇，第 2 年抽茎开花结实。叶片长 45 ~100 厘米，宽 10 ~20 厘米；茎生叶 6 ~10 片，叶小而狭，几乎无叶柄。茎直立，茎粗 1.9 ~2.4 厘米，中空，开花期株高可达 1.7 ~2.9 米。花两性，雌雄同株，瘦果，具三棱、褐色，种子千粒重 3 ~3.3 克。生长快，再生性强，产量高。在水肥条件较好的情况下，每 30 ~45 天可收割 1 次。每年鲜草产量可达 150 ~225 吨/公顷，南方可更高。在乌鲁木齐地区生育期为 85 天左右。6 月下旬种子即可成熟。种子产量高，可达 1500 千克/公顷左右。

鲁梅克斯 K－1 牧草栽培技术要点：

（1）播种　鲁梅克斯 K－1 一年四季均可播种，当地温达到 10℃以上时即可春播，一般播种期 3 月 15 ~30 日。而当地温超过 35℃以上时不宜播种。播种量每 667 平方米 150 ~250 克，为使播种均匀需混合 10 倍左右的填充料，可用小米等与其种子大小、相对密度相近的且对其出苗无损害的填充料拌和播种。当幼苗8～9片叶时移栽，密度33厘米见方。

（2）把好越夏关　播后2个月便可割青，经过2次割青后7月中旬～9月中旬用遮阳网遮荫及保持土壤湿润。也可与夏玉米或墨西哥玉米间作，以达到遮荫效果，安全越夏。越夏后若有少数发生死苗，可用其根繁殖补苗。

（3）病虫害防治　鲁梅克斯K－1主要病害有根腐病和白粉病。根腐病用43%菌力克4000倍液或40%百可得可湿性粉剂1500～2000倍液喷雾；白粉病用25%多菌灵可湿性粉剂1000倍液喷雾。

黑麦草何时播种？长势不好怎么办？

黑麦草适宜播种期一般于9月底～11月为好，到次年春季时便开始返青、分蘖，产量高。春季2月也可以播种。播前浸种8小时，播种时先松土，采取散播或开沟点播。黑麦草播种后，一般经30～40天齐苗。长势不好的原因，主要是播种偏迟，生长前期遇到气温偏低，天气干燥，则导致生长缓慢，长势差。解决办法：可追施氮肥，例如人粪或猪粪每667平方米500～800千克兑水泼浇。

多年生黑麦草有什么特征特性？

多年生黑麦草（又称千麦草）是禾本科多年生草本饲料作物，适宜于湿润，排水性能良好的微酸性粘壤土或红黄壤上生长。再生力强，耐刈割和放牧。一般可连续生长4～5年，在我国南方夏季气温高的地区，6～8月高温季节茎叶会枯死，但是根仍活着，待天气转凉后，长出新芽，继续生长。所以在夏季气温高的地区一般作越年生利用，于9～11月播种，每667平方米用种量1.5千克左右。播后3个月便可割青，第1次刈割在拔节前期，株高70厘米左右割青，留茬5厘米以上。一年刈割3～5次，每667平方米年产鲜草3000～4000千克，高的可达8500千克左右。5月份采收种子。

白三叶有什么特征特性？

白三叶是豆科多年生草本饲料作物，适宜于湿润的气候，耐湿、耐寒性强，喜中性或酸性土壤，以富含钙质的黏壤土最适宜，再生能力强。白三叶一年四季均可播种，一般以9～10月播种为宜，每667平方米播种量0.75～1千克。第1次刈割于初花至盛花期，一年可刈5～6次，每667平方米鲜草产量3000～4000千克。白三叶适合间作套种，可与禾本科牧草如黑麦草等混播，混播时播种量可减少1/3左右。

墨西哥玉米有什么特征特性？

墨西哥玉米是禾本科一年生草本饲料作物，株高3～4米，分蘖发达，可达20多枝。植株庞大，茎叶繁茂，玉米较小。须根发达，入土深，近地面茎节长有不定根。叶片剑状，淡绿色，叶鞘包茎。墨西哥玉米需要充足的水分和养料，适合于土质较肥沃或中等肥力的壤土、沙壤土栽培。播种期3月上中旬～5月上旬，直播与育苗移栽均可。播后30～50天内生长较慢，到5～6片叶时生长速度加快。当株高1～1.5厘米时可刈割，留茬8～10厘米，1年可刈割2～3次，每667平方米年产鲜草8000～10000千克，最高可达15000千克。墨西哥玉米开花期一般于9～10月，种子成熟11月左右，青贮在扬花至灌浆期刈割。

作饲料的玉米地该用何种除草剂？

玉米地除草剂可选择30%广草杀可湿性粉剂，每667平方米90～100克，兑水30～60千克喷雾。该药剂具有对玉米安全性好，杀草谱广、效果佳。使用时注意：应在玉米出苗前使用，一般在播后2～3天喷雾；兑水量要根据土壤干湿度而定，对干燥土壤应加大用水量，反之可减少。

玉米胚芽总能量多少？含蛋白质多少？

玉米胚芽是利用玉米进行生产玉米糁、玉米淀粉或玉米淀粉糖等过程中回收的麸粕通称为玉米胚芽。玉米胚芽是很好的畜禽饲料，一般总能量为25～29兆焦/千克，主要成分含量：粗蛋白含量10%～15.6%，粗脂肪50%～52.8%，粗纤维5%～7%，无氮浸出物19%左右。

饲料中可否添加油菜籽饼吗？

普通品种的油菜籽饼粕含有较高的硫代硫酸苷（简称硫苷）和芥酸。动物如果食入过量的硫苷后会引起腹泻，所以不宜直接作为饲料使用。如果确实要用，而只能在饲料中加入少量菜籽饼，每次数量应掌握在5%以内，同时要加入适量的“6507”脱毒剂脱毒。

小鸡饲料中可以添加小鱼干吗？

小鱼干是动物性蛋白质饲料。小鱼干有两种，淡水小鱼干和咸水小鱼干。淡水小鱼干，可按4%～5%的用量添加于小鸡饲料中，用量不宜过大。因为未经脱脂脱毒处理的鱼干中含有大量的有毒物质；咸水鱼干中含盐量高达15%，如果在小鸡饲料中添加3%食盐，就会造成小鸡食盐中毒，所以小鸡饲料中不宜添加咸水小鱼干，包括一些劣质的鱼粉也一样不宜添加。鱼干的质量要求是干燥无霉变，色泽鲜明。所以养殖户在选择鱼干或鱼粉作添加饲料时一定要慎重。

如何防除革命草？

革命草又称水花生、水苋菜、空心莲子草等，系多年生缩根苋科草本植物，原产于巴西，原先作为饲料和绿肥作物引进我国。由于其繁殖力极强，且适应性极广，耐瘠、耐旱、耐湿，无论旱地、池塘等均能生长繁殖，断裂的茎秆能随处传播繁殖。故现在已成为发生面广、危害最为严重的一种恶性杂草。防除方法：

（1）人工拔除　可人工拔除作饲料，喂牛，喂猪等。也可集中堆沤，经过充分腐烂后作肥料。同时严格防止扩散，不要随地乱掉断茎碎枝。

（2）药剂防治　①14%水花生乳油667平方米用30～40毫升，兑水30千克；② 41%农达水剂每667平方米300～400毫升兑水20～25千克；③ 10%草甘膦水剂每667平方米1500～2000毫升，加适量洗衣粉（黏附剂）兑水25～30千克；④ 48%苯达松667平方米30毫升加20%二甲四氯水剂150～300毫升兑水25～30千克。以上配方任选一种，选择晴天进行喷雾，雾点要细，充分喷到茎叶上。喷后30天内不要翻耕土壤，过40天后再喷一次，杀灭未死的或复发的杂草。经过反复几次，可根除此杂草。

第七章　水产品及特种动物养殖技术

第一节　主要水产品的养殖技术

如何养殖河蚌育珠？

养殖河蚌育珠主要掌握好以下技术环节：

（1）选择手术蚌　手术蚌包括制片蚌和育珠蚌，用于淡水育珠的河蚌主要有三角帆蚌、褶纹冠蚌、背角无齿蚌三种，其中以三角帆蚌育珠质量最好，是目前应用较多的河蚌，其对养殖水体要求高，病害较多。制片蚌宜选择2～4龄，壳长10～12厘米的健壮无外伤的年轻蚌，不宜用2龄以下或5龄以上的蚌制片；育珠蚌选用3～5龄，壳长12～18厘米，外壳完整、年轮线较宽、斧足肥壮、闭壳肌强劲有力的健壮蚌。插片手术也是解决育珠品质和产量的关键，一定要按照操作规程进行。

（2）接种季节　要求水温10～30℃，最适水温15～25℃。一般在3～5月或9～10月进行较好。

（3）水域条件　一般可供养鱼和无污染的水域都可以养殖育珠蚌，但最好选择水面宽阔，饵料生物丰富，溶氧充足和有微流水的水域，尤以沙泥底质的水域对于三角帆蚌更为适宜。

（4）育珠蚌的养殖管理　育珠蚌的养殖方式有吊养、底养、笼养等，通常采用吊养，将育珠蚌用绳吊挂成每串1～2只（水深1～1.5米）或3～4只（水深1.5米以上）每串行距1～1.5米，间距50厘米左右。在接种手术后的养殖初期每隔2～3天检查1次，看是否有吐片、烂片、伤口感染或死亡等。针对不同情况采取补片、药物治疗、病蚌隔离等措施。10天以后，若蚌体后面的出水管有水流射出，说明伤口愈合，可正常生长育珠。管理的重点是适时施肥、换水，使水中有充足的浮游生物供作饵料和保持水质透明度在30厘米左右，pH调控在7～8。同时根据不同季节及时调整吊养深度，经常清洗蚌壳上的附着物，及时防治病害。三角帆蚌养殖3夏2冬便可采收珍珠，采珠季节一般以水温15℃以下的秋末，冬初采收较为适宜。若采珠蚌是年轻蚌可将外套膜制取细胞小片用于接种。采珠时若蚌珠大小差异大，可先采大珠，将小珠继续养1～2年再采收。

育珠蚌常见病如何防治？

育珠蚌常见病主要有：

（1）细菌性烂鳃烂足病　流行高峰期在5～7月。

防治方法：用海因制剂、二氧化氯全池泼洒，具体剂量浓度应根据水体状况病蚌大小数量等情况，参照药物剂型按说明书使用（下同）。

（2）寄生虫鳃病　流行季节5~7月，可用阿维菌素杀虫剂防治。

（3）细菌性肠炎　流行季节4~10月，常用药有三氯异氰尿酸、海因制剂、二氧化氯等。

（4）蚌瘟病　危害性较严重的育珠蚌病害，目前尚无良药可医，重点应做好防病措施，例如做到自繁、自育、自养，不到疫区引种，尽量做好插片消毒，进行秋末最佳季节插片，加强水质管理，活水养殖，同一水域每养4~5年休养1~2年等预防措施。

（5）其他病害　如蚌壳附着物等，可用除纤毛虫类药物进行全池泼洒。病情严重的，应及时取样本送往专业治疗机构请专家诊断施治。

珍珠蚌壳上有黑油怎么办？

珍珠蚌体上有黑油，主要原因是塘内水体藻类结构不平衡引起。可采取净化水质，然后再调节平衡水体藻相，水质酸碱度pH保持在7~8，同时定期清洁蚌壳上的附着物。

育珠池塘水变为铁锈色是什么原因？

塘水变为铁锈色是由于水质富营养化而引起的。当塘水过肥，使水质变得偏酸性，致使藻类、水生微生物等快速繁殖所致。防治办法：施石灰，每667平方米用量不超过10千克，或者采取换水，每次放掉1/3水，再缓缓灌入新水，灌水时速度不能过快，避免引起水温温差变化过大，影响珍珠蚌生长。

如何养殖甲鱼？

甲鱼养殖划分稚鳖、幼鳖、成鳖三个阶段。稚鳖、幼鳖均在温室内饲养，成鳖在室外和部分室内饲养。整个饲养过程水温宜保持在20~30℃，室温30~32℃。注水时先将自然水与热水调成30~35℃后再注入养殖池。

（1）稚、幼鳖饲养　稚、幼鳖池面积以20~30平方米为宜，池深50~80厘米，池底铺少量细沙，池一端设高于水面的饲料台。初期每平方米放稚鳖80~100只，随个体增大逐步调整为20~30只。刚出壳的稚鳖2天内不宜喂料，2天后投喂开口料。刚入池稚鳖应投喂活水蚤及捣碎的鱼、肉、猪肝或煮熟的蛋黄等，然后用稚鳖配合饲料喂食。1周后喂配合饲料，投料量约占鳖体总重量的3%~5%，以次日早晨饲料台上饲料吃净为准。池水每10~15天换水1次，换水量为20%~30%，池水透明度保持在20厘米左右。

（2）成鳖饲养　成鳖水泥池面积100~200平方米，池水深1~1.5米，池底铺10~20厘米细砂，池一边设5平方米的供喂料和休息的平台。饲养密度每平方米池面放养5~8只。水深掌握1~1.5米，水位春、秋季低，夏、冬季高，夏天在池和饲料台上搭荫棚，也可培育水生植物遮荫。池水透明度保持在30厘米左右，水中保持一定数量的浮游生物，水色呈褐绿色为宜，每次换水量控制在总池水量的10%～20%。饲料以蛋白质含量高的动物性饲料为主或用鳖专用饲料，喂料每日早、晚各1次，日喂料总量约占池中鳖总重量的3%～5%，以1.5小时内吃完为宜。

养殖鲶鱼可否使用配合饲料?

鲶鱼是以动物性食物为主的杂食性鱼类。在人工饲养条件下，一般以投喂蛆、人畜粪便、动物内脏、米糠及青饲料等为主，也可投喂配合饲料。鲶鱼个体越幼小，食物组成中的动物性饲料比例愈高。随着个体长大，植物性食物成分增多。经过人工的驯养，也可转化为全吃配合饲料。配合饲料以颗粒性配合饲料较好。饲料配方中的蛋白质、脂肪含量可适当提高，粗蛋白质可达35%～36%，粗脂肪5%～6%，适量钙、磷。蛋白质原料可选择鱼粉、蚕蛹、豆粕、麸皮等，再加一些饲料添加剂及黏合剂。

如何防治草鱼出血病?

草鱼出血病是病毒引起的，发病季节一般于7～10月。鱼发病后肌肉、肠道、口腔、鳃盖和鳍条等外出血。

防治方法：首先进行池塘全面消毒2次，可用强氯精按每667平方米水面水深1米计算用250～300克兑水进行全池泼洒，然后再用止血先锋粉剂200克拌面粉1千克左右，调成糊状黏附在饲料草上投喂，连续3～5天。此外，可降低养殖密度或采取搭配混养以减少病害发生。

如何养殖黄鳝?

黄鳝人工养殖方式有稻田养殖和水泥池养殖等方式。现将水泥池养殖方法介绍如下：

（1）水泥池的建造　水泥池宜选择水源充足，进、排水方便的地方。四周用砖砌成，内外及底面用水泥抹面，高度0.7～1m，池内设进、排水口，并用铁丝做成防跳网封口，底面铺垫富含有机质的泥土，厚度20～30厘米。池内适当种植水生植物。

（2）鳝种放养　黄鳝种苗来源主要是捕捉野生黄鳝。以体色呈黄色或深黄色、带有黑褐色斑的深黄大斑鳝为好，青色鳝次之，而灰色鳝不宜作种苗，放养时间一般4～6月，鳝种规格每千克30～80尾为宜。放养前一般用杀虫剂或灭菌剂浸泡消毒。放种密度每平方米放养1.5～2千克种苗。并搭配适量的泥鳅种，以达到增氧的效果。

（3）投料与水质管理　鳝种放入鳝池后3～5天内先不投饲，待其行为正常后，再开始投饲黄鳝喜食的蚯蚓、小杂鱼、螺蚬肉等食料。当正常摄食后，以投喂活饵料如蚯蚓、蝇蛆和配合饲料为主，以及小杂鱼，螺蚬肉、猪血、动物内脏、饼粕类等，每天定时投1～2次，于上午6～7时，下午5～6时投喂，投量为全池黄鳝总体重的3%～5%。水深保持15～30厘米，保持pH6.7～7.5，定期用生石灰，光合细菌等生物制剂调节水质，适时换水，经常保持水质清新、稳定。

（4）预防鳝病　鳝池经常用浓度 1～2 毫克/千克的漂白粉溶液泼池，定期用孔雀石绿或硫酸铜全池消毒，春、秋季节洒盐水和用晶体敌百虫驱虫。对细菌性烂尾病，可用喃唑酮水溶液全池泼洒，金霉素药液浸洗鱼体。

如何防治黄鳝疾病？

黄鳝疫病，一般以预防为主，例如：防止机械损伤，放养密度不宜过大，注意改善水质。如果发生水霉病，可在池中洒入盐水；如果是细菌性烂尾病，其症状是尾柄充血发炎，直至肌肉坏死溃烂，病鳝反应迟钝，头伸出水面。

药物治疗：用喃唑酮水溶液全池泼洒，金霉素药液浸洗鱼体。

美国青蛙、牛蛙养殖前景如何？

养殖美国青蛙、牛蛙前景看好。美国青蛙体态与中国青蛙基本相似，个体重 400 克，最大可达 900 克，是食用蛙品种。其基本质地相当于牛蛙，但不同于“石鸡”，市场价格与一般牛蛙相近。由于美蛙尚处于发展时期，引种价格较高。牛蛙市场货源较少，价格坚挺，养殖牛蛙、美蛙均获利丰厚。随着饲养量的增减，价格会有波动。

牛蛙主要是内销，牛蛙市场销量比较稳定，投入产出比约 1∶(1.4～1.5)，约有 40% 左右的利润。相对普通的淡水鱼养殖利润还是较好的。但由于当前牛蛙养殖规模普遍较小，常会受到外地货源的冲击，例如，福建、安徽等地，他们多是大规模养殖，成本低，常冲击市场，引起价格波动。因此，要避免一哄而起，应稳妥慎重，着力提高养殖技术，提高质量，具备一定的规模，降低养殖成本。

养殖食用青蛙前景如何？

青蛙属野生保护动物，养殖普通青蛙需经有关行政职能部门办理青蛙驯养繁殖许可证和营业执照。如果能掌握青蛙的繁殖技术和持有驯养许可证，则养殖前景是好的。而目前养殖牛蛙或美国青蛙前景也还比较乐观。因为蛙类市场需求较平稳，销路也较好。养殖牛蛙或美国青蛙，养殖周期自孵化至培养成商品蛙需 12～18 个月，每 667 平方米年产出量可达 1000～1500 千克，投入产出比一般 1∶(1.4～1.8)，经济效益还比较好。

如何养殖田螺？

田螺养殖首先是场所的选择，一般可选择水源充足，土壤松软的池塘、溪沟、低洼地和水田。养殖时间在 3 月～11 月均可投放养殖。种螺选择体重 15～20 克，螺壳淡褐色，体圆鲜活的雌、雄螺作种。放养密度每平方米放养 100～150 只。在养螺前，养殖池先施入粪肥等有机肥，以培养浮游生物，为田螺提供饵料。田螺放入后，投喂青菜、米糠、蚯蚓、鱼虾及动物下脚料等作饲料。数量为田螺总量的 1%～3%，每隔 2～3 天投喂 1 次，一般于上午投放。如果发现螺口盖陷入壳内，则表明饲料不足，应增加投量；若发现口盖收缩，肉质溢出，说明缺钙，应在饲料中增加鱼粉、贝壳粉等含钙的饲料。螺池水深保持30～40厘米，要求水质清新，pH保持7～8，每3～4天换水1次。当气温低于15℃或高于30℃时则不需要投料，一般8月上旬～9月上旬是产卵高峰期。经1年饲养，当体重达10克以上便可捕捞商品螺出售。冬季水温降至8～9℃时开始冬眠，保持水深10～15厘米，要防止猫、鼠危害。

如何防除鱼塘藻类？

鱼塘产生藻类，可用“青苔净”杀藻，用量以每667平方米水深1米计算，用500克兑水施入塘内，可有效杀死蓝藻、绿藻。也可用草木灰均匀洒在藻类表面上，用量以覆盖满表面为宜，所用草木灰以双子叶植物如蚕豆秆、油菜秆等效果较好，稻草等应适当增加用量。施药后再用“肥水素”粉剂调节水质，用量每667平方米，水深1米，用1千克。

第二节　蚕、蜂的养殖技术

养蚕前景如何？

养蚕总体来说收入平稳，近几年蚕茧行情将有所波动。由于江、浙等省缫丝加工、消化能力较强，原料茧仍然货源趋紧，特别是优质茧，将会保持较高价格水平。城镇近郊，发展叶果兼用桑，可获果茧双丰收，提高经济效益。

蜂产品开发前景如何？

蜂蜜、蜂皇浆、蜂胶等蜂产品，营养丰富，含有多种维生素和营养物质，是高档的保健食品，市场上畅销不衰。已开发的蜂产品除蜂皇浆、蜂胶、蜂蜡外，还有皇浆冻干粉、蜂花粉、蜂毒、蜂蛹等。目前国外时尚将蜂蛹油炸后做菜，国内有的宾馆也有开发，但数量较少，销路也有限。蜂尸体可通过干燥粉碎，开发制作配合饲料等。所以蜂产品开发具有良好前景。

如何进行蜂具消毒？

冬、春是防除蜂群各类病源的有利时期，此时可对蜂箱、巢脾、蜂具及场地等进行全面的消毒灭菌。方法：将生石灰用少量水化开，配制成10%～20%石灰乳，均匀泼洒于养蜂场地及粉刷墙壁；对被污染的蜂箱、巢框等用具，用2%的烧碱溶液洗刷，然后再用清水清洗干净。小型工具、盖布及工作服等可用2%～5%的纯碱（大苏打）溶液清洗。

第三节　特种动物的养殖技术

发展肉狗养殖前景如何？

肉狗主要内销，其销量随季节性和区域性变化较强，冬季市场销量大。在目前常规畜禽肉类供应趋于饱和状态下，而狗肉需求呈上升趋势，据行家分析就全国来说，目前肉狗产销缺口在30%～40%，因此进行肉狗养殖未来仍有较大的发展空间，前景看好。

发展黑豚养殖前景如何？怎样饲养？

黑豚，属豚鼠类动物，以作为试验动物和宠物而著称。开发为肉食动物时间不长。黑豚饲养作为产业尚处在研究开发过程，若准备发展，应注意产品销售渠道。

黑豚是以食草为主，一般采用笼舍饲养。精饲料有玉米、大麦、麦麸、豆饼等，粗料有青干草、稻草，青料有青草、蔬菜、瓜果、薯类等。每隔7～10天投放一些白杨、柳树等无毒的树枝供黑豚磨齿。日常保持笼舍清洁，环境安静，因其体温调节能力差应注意防寒、防暑。并注意做好鼠瘟、感冒、腹泻等疫病防治。

养殖大雁前景如何？怎样饲养？

大雁又称野鹅，是野生水禽，属鸭科雁属。人工饲养后，肉质厚实，是高蛋白、低脂肪肉类。富含人体所必需的钙、磷、铁等元素，是理想的保健食品。其脂肪可益气解毒、舒筋活血。雁羽绒保暖性能好，轻软。食草水禽，以植物性饲料为主，饲养成本低，效益好。东北、广东等地，用家鹅和大雁杂交繁殖的鹅雁进行养殖，已发展成规模生产。其发展前景还有待于野生特禽消费市场的进一步开发培育，形成产业。再者大雁属国家二类野生保护动物，必须经过有关野生动物管理主管行政部门批准才能进行引种、繁殖饲养和销售。

大雁养殖技术：

（1）生活习性　大雁属杂食性水禽，常栖息在水生植物丛生的水边或沼泽地，采食野草、牧草、谷类及螺、虾等。喜欢在湖泊中游荡和在水中交配。合群性强，善争斗。春天10～20只一起小群活动，冬天数百只一起觅食、栖息。宿栖时，有警戒大雁，发现异常，大声惊叫，成群逃逸。群居时，通过争斗确定等级序列，王子雁有优先采食、交配的权力。

（2）养殖场所　大雁喜群栖，可笼养或断翅后放养。雁舍要求阳光充足，通风良好，冬暖夏凉。雁舍可分为育雏舍、育肥舍和种雁舍。育雏舍应保温防潮。育肥舍要设置棚架，并设有食槽和饮水器。种雁舍应有陆地和水上运动场，运动场周围设高1.8～2米的围网。陆地运动场应干爽不积水，铺5厘米厚的砂土，种上树木或作物遮荫，水上运动场的围网直通水底。还应有植物丰盛的草地供放牧。

（3）种雁来源与繁殖　种雁来源：春季大雁繁殖季节可在其分布区收集雁卵进行人工孵化，或狩猎野雁进行人工驯养。繁殖方法：大雁在春季发情，水中交配。繁殖期雌雁交配后10天开始产蛋，间隔2～3天产1枚蛋。雁卵可以让母雁自行孵化，也可用母鹅代孵或采用人工孵化。孵化方法与家鹅相似，孵化期为31天。每2～3小时翻蛋1次，翻蛋角度为90度，翻蛋时动作应轻、稳、慢。孵化后期每天凉蛋 2～3 次，凉蛋温度为 25～27℃，室温过低，会因“闪蛋”而影响发育。孵化出的雏雁可集中人工饲养，使种雁及早恢复产蛋能力。

（4）饲养管理

① 雏雁的培育：出壳至 1 月龄的小雁为雏雁。雏雁第 1 次饮水称为“潮口”或“开水”。当雏雁行走自如并开始啄食垫草时，让雏雁自行饮水 3～5 分钟。饮水后便可开食，开食饲料可用经过浸泡的碎米和切碎的菜叶，开食时间大约为 30 分钟，以吃八成饱为宜。开食后要定时饲喂，少量多餐。雏雁 4 日龄就可放牧，白天放牧 5～6 次，晚上回舍饲喂 2～3 次。雏雁怕寒，忌潮，应注意保温。1～7 日龄温度为 26～30℃，8～14 日龄为 24～26℃，15～30 日龄为 20～24℃。垫料要定期凉晒或更换。

② 中雁的饲养：1 月龄至性成熟的大雁称为中雁或育成雁。此时食量大，是迅速生长时期。留作种用的中雁，以放牧为主，适当增加精料，减少粗料，促使提前性成熟。中雁放牧前应进行断翅，割去一侧掌骨和指骨部分或切断指伸肌和腕桡侧长伸肌，1 周后伤口愈合便可放牧。不留种的商品雁应进行育肥，育肥日粮配方：玉米 70%、豆饼 15%、叶粉 10%、麦麸 4%～5%、食盐 0.3%～0.5%。育肥期应限制活动，以减少养分消耗，促使长肉。也可采用放牧与补料结合育肥。仔雁经过 15～20 天的育肥，体重达到上市标准即可出栏。

③ 种雁的饲养：春季是种雁配种繁殖期，采取以舍饲为主、放牧为辅的原则，应增加精料，日粮中粗蛋白质比例为 17%～18%，每天喂 2～3 次，晚上加喂 1 次，适当补充矿物质饲料。每天多放水几次，尤其在公雁性欲较强的上午，让种雁多在水面上游玩交配。母雁产蛋期，每天早晨将未产蛋母雁留在舍内，产蛋后，再进行放水或放牧。母雁产蛋至 7 月份后，产蛋减少渐进入停产期，将精料改为粗料，转入以放牧为主的粗饲期，可全天放牧，不予补料。但若连续雨天或严冬季节放牧条件差，应适当补饲，保持体重不下降即可。

养殖白玉蜗牛前景如何？怎样饲养？

发展蜗牛养殖前景看好。白玉蜗牛是高蛋白肉类，富含蛋白质和多种维生素，是国际上走俏的高档营养保健食品，在欧、美，尤其是法国，许多著名的酒店、宾馆以至国宴均用蜗牛做菜招待外宾。常食蜗牛可增加耐力，提高身体素质，保持皮肤细嫩健美，延缓衰老。蜗牛制品出口创汇，市场广阔，需求量大，国际市场蜗牛肉年销量达 30 万吨，目前国际市场供不应求。同时养殖蜗牛投资小，技术容易掌握，效益好，养殖前景看好。

白玉蜗牛的饲养技术：

（1）生活习性　白玉蜗牛喜温，耐湿，耐阴，生长适宜温度 18～35℃，最高可耐 40℃，适宜相对湿度 80%～85%，在适宜气温范围内，温度越高，对生长越有利。蜗牛一般栖息在潮湿、阴暗的洞穴或墙壁上。蜗牛生长期自春末（4 月底～5 月初）开始至秋初（9 月底～10 月上旬）休眠，约 4～5 个月。

（2）饲养场所　白玉蜗牛室内室外均可饲养。每平方米约养殖500只左右，可用水泥板砌成叠层箱，每平方米可养2000只以上。

（3）饲养方法　白玉蜗牛食性杂而广，以青饲料瓜、菜、果的下脚料为主加少量精饲料如大米、菜饼、米糠等，配合适量骨粉、鱼粉、蛋鸡及添加剂，制成饲料喷湿后喂饲，每天下午投料，一般每500只投青料15千克，精料2千克，青料以满足食量为度。饲养室内经常喷水，保湿，夏天气温过高时可直接喷水蜗牛壳体上。室外养殖应加盖荫棚，保持阴凉。饲养场所应经常清除饲料残体及螺粪。蜗牛对湿度很敏感，应经常保持螺体潮湿。

（4）越冬保温　秋末进入越冬期应做好保温，这是养殖白玉蜗牛成败的关键，一般保持温度20～25℃，同时避免温度忽高忽低。室内湿度保持75%～90%。

（5）病害防治　蜗牛主要病害有烂足病、消瘦病、消化道炎症等。烂足病可用兽用土霉素、红霉素或高锰酸钾涂抹患处，同时做好环境消毒。消瘦病、消化道炎症可用金霉素、强力霉素，每千克饲料拌药5克喂饲，每周1次。消化道炎症也可用乳酸诺氟沙星兑水喷洒。

养蛇前景如何？怎样饲养？

目前，发展蛇类养殖业，已成为人们致富的一条重要门路。从有关部门召开的特种养殖信息交流会上获悉，近几年来，特种动物以其投资少、见效快而火爆大江南北，而蛇类更因其特有的营养保健价值及稳定的药效倍受国内外消费者青睐，从而导致市场货缺价扬，同时也极大地刺激了养殖户的饲养热情。

毒蛇浑身是宝，经济价值很高，蛇蜕可入药治溃疡及皮肤顽症；蛇胆具清热解毒明目之功效；蛇毒可治疗坐骨神经痛、风湿骨痛、脑血栓、冠心病和手足麻木、湿疹、面疮、粉刺、皮炎、痱子以及皮肤瘙痒等疾患等；蛇皮可制作工艺品，蛇皮革制品被广泛用于出口创汇；蛇油被用于化妆品护肤养颜；蛇肉可以食用，蛇肉味道鲜美早被南方人享用，如今也被北方人接受。蛇血、蛇粪也有很高的药用价值。目前由于野生蛇资源不断减少，人工饲养育幼技术未过关，繁殖量小，不能满足市场需求，特别是药用稀有蛇种更为缺乏。蛇毒是许多疾病的特效药物，在国际市场上被誉为“液体黄金”，其价值比黄金贵十几倍，是供不应求的短缺产品，价格坚挺，所以人工养蛇效益较好，具有良好的发展前景。但对蛇肉的消费目前仍有一定的地域性，蛇肉市场还有待进一步培育开发，因此上项目时需对蛇产品销路作具体的调研，持慎重的态度。此外，有的养蛇户以收购或捕捉野生蛇为主，经过暂养后出售，这种做法违反野生动物保护法等相关法规的做法，是不可取的。养蛇户应与科研单位或大专院校加强协作，进行蛇的繁殖与育幼技术的研究，并不断提高养殖技术，达到完全靠人工繁殖饲养的目的。

蛇的养殖技术：

（1）养殖场所

① 蛇场养殖：养蛇场要求远离人畜住地，选择树多荫凉、水源方便、环境安静、地势较高的地方。蛇场四周修建高 2 米以上围墙，墙基深 0.5～0.8 米，墙的内壁光滑，无缝隙，颜色灰暗，切勿涂成白色，四个角呈圆弧形，以防蛇逃逸。围墙可不设门，人员用木梯出入。蛇场内设有蛇洞、水池、水沟、活动场、产卵室和乱石堆放处。并种植一些饲料、花草、灌木可供蛇觅食和以利夏天遮荫。蛇场内保持干净潮湿。

② 蛇房养殖：在上述养蛇场内建有蛇房，蛇房高 2 米，在蛇房的墙打个洞，使蛇能在蛇房自由出入，模拟蛇在野外自然环境中生活。蛇房内设置蛇窝和水池等，蛇窝一般用砖、石砌成，蛇窝内径和高各 50 厘米，用瓦缸作壁，外堆泥土，每窝开两个洞口，顶上设活动盖，便于取蛇、清扫。窝内铺沙土、干草，一般 20 平方米的蛇场建 4～5 个蛇窝为宜。每个蛇窝可容纳中等大小的蛇 10～20 条。

③ 蛇箱养殖：蛇箱可用木板做成，一般 2.5 米 ×1 米 ×0.8 米。蛇箱内壁宜光滑，箱顶装 1 小铁纱窗和 1 个推拉门。箱底铺 1 层 5 厘米厚的潮湿沙土，箱的四角放几块石头供蛇栖身和蜕皮。并在箱底放 1 水盆，供蛇饮水和调节温度。

（2）繁殖　蛇的生殖周期分 1 年 1 次和 1 年 2 次两类型，而多数为 1 年 1 次。蛇交配季节在春季或秋季。1 条雄蛇可与几条雌蛇交配，而雌蛇只接受 1 次交配。人工饲养毒蛇，雌、雄比例 8∶1 即可。蛇的生殖方式有卵生和卵胎生两种。卵胎生，蛇卵在母体完成胚胎发育后产下仔蛇。大多数毒蛇是卵生，母蛇生下蛇卵后在自然条件下，一般 2 月左右，孵化出仔蛇。人工养殖多数把蛇卵收集起来进行人工孵化。方法：将蛇卵放入缸或木箱的孵化器内。孵化器顶盖要通气良好，孵化器内放 20～30 厘米厚的半干半湿的松土或细沙，将卵平放在沙土上（不能竖放）。卵面上放适量新鲜稻草或青草以调节湿度。孵化温度保持 25～30℃，相对湿度 60%～80%，每隔 10 天将卵翻动 1 次，经过 30～50 天，可孵出仔蛇。

（3）饲养管理　蛇类有大蛇吃小蛇的现象，需按不同种类、大小蛇分开饲养，种蛇也应雌雄分养。蛇的食性很广泛，但不同蛇种对饲料的要求也不尽相同，喂养时应区别对待。而大多数蛇喜食青蛙、泥鳅、鼠类、蟾蜍、昆虫、鱼类等活食。投喂时应根据蛇的大小和季节变化，定时、定量投饵。一般 3～4 月每周喂 1 次，夏、秋每周 2 次。5 月怀卵期，7 月产卵期，10 月冬眠前期，这三个时期的饲料对养好蛇关系甚大，要投喂充足的饵料。养蛇房、蛇箱要保持清洁卫生，常打扫，及时清除食物残渣和粪便。蛇窝内垫的沙土要定期更换并注意通风、保暖。蛇房内温度要求保持 20～30℃，湿度保持在 50% 以上。常检查，及时淘汰行动不便和有病蛇。

（4）蛇毒和蛇胆的采集　蛇毒是毒蛇头部两则皮下毒腺的分泌物，蛇毒和蛇胆都是名贵中药材。蛇毒的采集，一般6~10月为采毒期，7~8月为采毒高峰期，每次采毒间隔时间20~30天，采毒前一周不供食，只供水，这样可提高采毒量。采毒方法：将1只60毫升烧杯固定于工作台边缘，用右手轻捏蛇颈部，并迫使毒蛇张嘴，让毒牙位于烧杯内壁，然后让其咬住杯口。同时用左手手指在毒腺部位轻轻挤压，毒液即从牙旁排出。所采毒液要及时冷冻干燥处理，以便保存。取蛇胆方法，取胆前可逗蛇激怒或将蛇饥饿2个月，这样可增加胆汁量。取胆时，双脚踩住头部和肛门处，腹面向上，再从蛇的中段偏后处剪开3.3厘米长的刀口，让胆露出，然后小心连同输胆管一起剥离，用丝线扎住胆管，将胆取下放入55°白酒中保存。也可用注射针头抽取胆汁，1个月左右抽取1次，取得的胆汁立即放入米酒中制成蛇胆酒。

养殖蟾蜍前景如何？怎样饲养？

蟾蜍俗称癞蛤蟆。蟾蜍头部耳后腺和背皮肤腺分泌的白色乳浆液可加工成蟾酥，是传统名贵药材。蟾酥含有蟾蜍毒素、精氨酸及具有强心作用的固醇类物质，具有强心、消肿开窍、解毒攻坚、麻醉止痛等功效，临床应用广泛，市场需求量大；蟾蜍表皮称蟾衣、蟾脱，用于治疗疮疡肿毒，小儿疳积以及恶性肿瘤等。由于目前野生蟾蜍资源不断减少，蟾蜍产品市场供不应求，价格呈上涨趋势。如果能实现规模化养殖，并掌握蟾衣的收集、加工和蟾酥提取等技术，是具有一定的经济效益和广阔的前景。然而养殖蟾蜍关键问题是“脱衣”。若用药物刺激脱衣，不仅伤害了蟾蜍会导致死亡，而且蟾衣含有毒性不宜作为药用。此外，蟾蜍脱衣后取蟾酥量下降，失去取酥的意义。而养蟾蜍必须达到集约化规模养殖，采用促控饲料，并搞好温、湿度调控，调整发育节奏的全息饲养技术，才能达到理想的效果。因此，养殖蟾蜍应持谨慎态度。

蟾蜍养殖技术：

（1）养殖场地　蟾蜍饲养场要靠近水源，四周有草，可利用池塘、水沟或水田作为饲养池。场地四周建立1~1.5米高的围墙，里面可设养殖池、产卵池和孵化池。饲养池周围要有草坪、菜地，饲养池中有水草生长，稀密适宜，供蟾蜍捕食、活动与栖息，场地中可安装照明灯，夜晚引虫类供其捕食。

（2）蟾蜍繁殖　5~8月为蟾蜍的产卵季节，在气温6~8℃时，蟾蜍即开始雌雄抱对，人工养殖雌雄比例以3∶1为宜。温度在16℃，相对湿度为90%时便可产卵。每次产卵量大约在5000枚左右，一般呈双行排列在管状胶质带内，卵带可长达几米，缠绕在水生植物上。蟾卵孵化水温在10~30℃，人工孵化时控制在25~28℃为宜。并随时注意调节水温。若遇寒流或暴雨天气，可用塑料薄膜覆盖。经过3~4天即可孵化出小蝌蚪。小蝌蚪生活在水中常成群游动。

（3）饲养管理　蟾蜍的蝌蚪在孵出2~3天内开始吃食，先以卵膜为食，以后吃一些植物碎屑、水中的微生物和浮游生物。蝌蚪的饲料有猪牛粪、糠麸、蔬菜、嫩草、鱼类及畜禽类、生熟废弃物等。蝌蚪池水深保持在0.2~0.4米，水温16～28℃为生长发育最适温度，随着蝌蚪的生长变大，及时分池，一般经过2个月后开始变态成幼蛙。蝌蚪变态成幼蛙后，即以活饵为食，可以培养蚯蚓、蝇蛆等各种昆虫，也可以用诱虫灯诱捕昆虫，供其食用。幼蛙饲养密度以1平方米30～50只为宜。要防止逃失和天敌侵害。

成蟾蜍主要以昆虫为食，在养殖场内可种植各种植物和堆积厩肥以孳生虫子，以及夜间用灯光引诱昆虫提供食料。夏秋季养殖池应经常灌入清水，保持水质清爽，水深保持15～20厘米。秋末可将蟾蜍捕起，放在池内养殖待售或者取酥加工。在养的蟾蜍要为之准备好越冬场所，地上的洞穴要覆盖柴草保温，饲养池要保持一定水位，也可在池的角落处堆放干草供其越冬。霜降后，气温降到10℃以下时，蟾蜍便隐蔽在土中或钻入洞内，也有的在池塘深水处集群冬眠。寒冷地区可另建越冬温室或越冬深水池，池水应比冰冻层深1倍为宜。次年惊蛰水温回升到10℃以上时，蟾蜍开始醒眠、活动、觅食，这时应抓紧投喂。

（4）蟾酥采集与加工　采蟾酥前先准备好夹钳、竹片、大口瓶或小瓷盆、竹篓等工具，采酥夹可到药材公司购置铜、铝质夹钳。6～7月是刮浆高峰期，每2周可采1次。采酥时先将蟾蜍身上的污渍清洗掉。左手握住蟾蜍的后腹部，使耳后腺充满浆液，右手用酥夹夹住耳后腺，适当用力一挤，就会有白色奖液喷射到酥夹内壁上，用力不要过大，否则会造成出血，污染蟾酥使之外观品质下降。将流出的白浆装入容器中。蟾蜍背上疣粒用竹片刮浆。刮过浆的蟾蜍不要放在水中，要放在潮湿的地上，防止伤口感染。刮出的浆液在12小时内用60～80目尼龙筛绢或铜筛过滤除杂，过滤的浆液放在通风处阴干或晒至七成干，放在铜或瓷盆中晒干制成团酥，也可放在60℃恒温箱中烘干。当酥浆阴干至棕褐色或红棕色半透明样时，即成中药蟾酥。在取酥、加工过程中，酥浆不能与铁器接触，否则会变黑而影响品质。

乌龟卵如何孵化？

乌龟是以水生为主，水陆两栖爬行动物，多数野生。目前龟类的养殖技术还不很成熟，有待总结提高，特别是龟的产卵量很低，如何提高龟卵的孵化率，对加快乌龟繁殖具有重要意义。乌龟卵可采用孵化箱进行孵化。孵化箱的底部及四周设有滤水孔，箱底铺2厘米厚的泥砂，将乌龟卵整齐排列，排放间距1厘米左右，如果龟卵数量多，可再盖1层2厘米厚的湿砂（含水量8%～10%，即手握成团，松手散开为度），上面再排放1层龟卵，以此类推，最上层覆盖5厘米厚的湿砂。乌龟卵的最适孵化温度28～31℃，空气相对湿度80%左右。卵孵化积温约1700～1850℃，在上述条件下，一般约60天左右可以孵出稚龟。稚龟（出壳后30天内）先放在浅水盆中或稚龟池内，稚龟池一般为小型水泥池，底部铺5厘米左右厚的泥砂，水深初始时2厘米，饲养池的水深随着稚龟的生长逐渐加深至20厘米，同时要设“陆地”、斜坡与水面相接，供其栖息、晒背。食台设在水、陆交界处。饲养池两端设进、排水口，及溢水口，平时注意消毒、换水。刚出壳的稚龟2～3天不喂食，3天后投喂水蚤、熟蛋黄粉、细小蚯蚓、肉末等，1周后可喂蚯蚓、螺肉、鱼肉、蚌肉等绞碎的肉末，植物性饲料有玉米、大豆、饼粕等，饵料要“细、鲜、软”。或采用甲鱼配合饲料投喂。

冬春季节选购种龟适宜吗？

冬、春季节，龟正处于冬眠或冬眠初醒状态，龟的体质、进食情况不易掌握，且冬季龟容易死亡，优质龟和劣质龟不易分辨。挑选种龟的最好时期是每年的5～10月，此时龟正处于生长阶段，且温度、湿度适宜，健康的龟主动寻食，活动量大。此时健康龟与病龟容易识别，可避免购入病龟和劣质龟。

怎样养殖蚯蚓？

蚯蚓是畜、禽、鱼类的动物性蛋白质饲料和蛙类、黄鳝等人工养殖动物喜食的活饵。也可以利用蚯蚓改良土壤，培育地力和处理城市有机垃圾，消除有机废物对环境的污染，化废为肥。蚯蚓的用途很广，具有极高的经济价值。其人工养殖技术要点：

（1）蚯蚓生活习性　蚯蚓性喜阴湿安静，适应在潮湿，疏松，含有机质丰富的土壤中生活。蚯蚓的生长温度在5～35℃，最适合温度为20℃。温度低于5℃或高于30℃，均不利于蚯蚓繁殖生长，在温度10℃以下活动迟缓，降至5℃时休眠，0℃以下就可能冻死。蚯蚓是好气性动物，靠皮肤呼吸，因此要求养殖床的饲料要疏松，保证有充足的氧气，必须通风换气，蚯蚓才能生长良好。蚯蚓品种主要以赤子爱胜蚓，日本太平2号等蚯蚓较有价值，环毛蚓也可饲养。

（2）养殖场所　养殖场应选择在背阴、潮湿和安静的地方。要求便于防暑、保温、排水良好、通风、避光、无敌害的地方。一般可利用屋边、地角闲地，大规模养殖可采用塑料棚，在地面用水泥或砖块铺设成长方形培养床，四周高出地面25～30厘米，内放15～20厘米厚的饲料土。若室内养殖也可用筐箱架设成层床进行饲养。养殖密度每平方米赤子爱胜蚓可养5000～10000条，环毛蚓约可饲养1000条。

（3）饲养方法　蚯蚓食物主要是土壤中的腐殖质，蚯蚓饲料可用牛、猪等畜禽粪便及豆腐渣、甘蔗渣、蔬菜叶或动植物下脚料等。取粪便60%～80%经过洒水、捣碎，与农作物秸秆、稻草等植物类饲料20%～40%，切成6～9厘米长，再浇水，拌均匀，使其充分湿润，然后在地面堆制（若用牛粪不必加植物类饲料）。堆料时，要求不要压实，以利高温细菌的繁殖，堆制时要充分洒水，所含水分在50%～70%，经堆积充分发酵腐熟便可。蚯蚓的生长繁殖与饲料的pH有着密切的关系，一般适应范围pH在6.0～8.0，最适宜pH为7.0。养殖过程要经常补料和除粪，当表层蚯蚓粪较厚，约占饲料层1/4，下面饲料已变疏松时，就应进行补料与除粪。方法：先把的陈旧饲料连同蚯蚓向饲养床的一侧堆拢，然后在空白处上面加入发酵好的饲料，经过1～2天，陈旧料堆内蚯蚓便进入新鲜饲料一侧，移去上面的旧饲料（连同蚯蚓粪），再加入新料。在蚯蚓繁殖期旧料和蚓粪中有大量的蚓卵，可收集后另行孵化。分离蚯蚓可用诱集法，在蚯蚓床上投放几个诱饵点，投放鱼腥等诱食力强的饲料，成蚓会快速集中到投料点，这时可将其收集。

如何利用鸡粪养殖蚯蚓?

利用鸡粪养殖蚯蚓方法是：先将鸡粪与切碎的稻草、菜叶等草料按（60～70)∶(40～30）的比例混合，加水堆制，含水量以堆底边没有水渗出为度。外表用泥或塑料布封闭。经7～15天（气温低，时间长些）进行翻堆，再进行第二次发酵，使之充分腐熟，达到无臭味，有酸味，松软，不沾手为佳，摊开作饲料土。蚯蚓池可建在室内或室外遮光、安静处架设的塑料棚内。池深30～50厘米，长宽根据需要而定；池底用水泥或砌砖，上面加10厘米厚肥泥，再放上10～20厘米厚的经腐熟的饲料土。饲养方法可参照普通饲料蚯蚓饲养法。

如何养殖蜈蚣?

蜈蚣又名天龙、百脚等，属节肢动物门蜈蚣种。蜈蚣体内含有类似蜂毒的有毒成分和多种氨基酸，可全身入药。其饲养技术要点：

（1）养殖池建造　养殖池应选择通风、阴暗、潮湿、排水方便、僻静的地方或室内。养殖池用砖切成，水泥抹面，池深80厘米，面积5～10平方米为宜，内壁四周用光滑的塑料膜粘贴，在池口镶一圈宽15厘米的玻璃，或光滑的塑膜面与池壁成直角，以防外逃。池底内壁靠墙四周挖一条宽10厘米、深4厘米的水沟，沿水沟内侧再挖一条宽30厘米、深3厘米的食槽。池内种植杂草、灌木和堆放石块等，供蜈蚣栖息。

（2）饲养方法

① 养殖密度：每平方米养殖池放养成年蜈蚣500～900条，随着蜈蚣的生长，体长变化及时调节密度和分群、分池饲养。② 投料：蜈蚣属肉食性，食物广杂。参考配方：各种昆虫、畜禽类或水产类动物肉泥、内脏等占70%，薯类、谷物类占20%，青菜、水果碎片等青料占10%。每隔2～3天投喂1次，活动期每天喂1次，喂食时间16～18时，同时料槽内放置盛有清水的盘子，供其饮水。喂后次日早晨及时清理残余食物。蜈蚣在气温20℃时活动一般，超过25℃时活动量增大，11月开始冬眠不活动、不进食。雌体在产卵前有大量进食积累营养的习性，此时应增加投量和调整食物结构增加动物性食料。由于孵化期不进食不需投料。

（3）孵化繁殖：蜈蚣自幼虫发育成为成虫产卵，需3～4年，一般3～6月交配，5～8月上旬产卵，产卵后母体将卵抱成团在怀中孵化，孵化期环境要安静、避光，在温度25～32℃，相对湿度50%～60%情况下，经20天孵化，卵壳开始裂开，幼虫孵出。幼虫经40～45天后离开母体单独爬动觅食。此时会出现抢食现象和大吃小或母食子，故应将母体移出，分群饲养。

（4）病害防治

① 绿僵菌病：于6月中旬～8月下旬发生。治疗方法：食母生0.6克，土霉

素0.25克，氯霉素0.25克一同碾成粉末，拌入400克饲料喂食。

② 胃肠类病：秋季阴雨低温天气易患，可用磺胺片0.5克、氯霉素0.25克，分别碾细与300克饲料拌匀，隔日错开喂食。

③ 脱壳病：此病因栖息场所太潮湿、真菌寄生而引发，可用土霉素0.25克，食母生0.6克、钙片1克一同碾成细末，拌400克饲料喂食，连喂10天。

如何饲养地鳖虫？

地鳖虫可作中药，在医药上称土元，具有化瘀、止痛、接骨、续筋等功效，是药材公司常年收购的紧缺药材。地鳖虫的饲养方法：

（1）饲养池和饲养土　饲养池可利用旧屋或牲口棚，挖深60厘米，宽70～100厘米，长度不限的坑，四周砌砖抹水泥，池底整平夯实。池内用薄水泥板隔成若干小格，放入饲养土。池口四周加木盖，并留有镶窗纱的通气孔。饲养土可用菜园土加入30%经发酵的鸡、猪粪。经曝晒杀菌后掺入少量草木灰，调制成适当湿度的饲养土，饲养土湿度为含水量12%～13%，放入池内。1～4月龄饲养土厚度8厘米；5月龄后厚度10厘米，冬季加厚至20厘米。

（2）饲料　精料为麦麸、米糠，碎米或玉米粉等经炒熟至有香味时，摊凉备用；青饲料以青菜、瓜皮、南瓜及水果等。幼龄若虫以精饲料为主，1月龄后搭配青饲料，高产卵成虫喂给高蛋白饲料。一般6～9月每日喂1次；冬天隔日喂1次。在脱壳期不喂或少喂。饲料放在容器内设点投喂。投量掌握在精料吃完有余为度。

（3）分群饲养　地鳖虫有互相残杀的习性应分群饲养，分成1月龄、2～7月龄、8月龄以上三档，每平方米饲养密度：分别为20万只，2万～3万只，0.8万～1万只。同时，雌雄也分开饲养，待雄虫长翅变为成虫时移入雌虫内。雌雄比例为13:5。

（4）温度控制　地鳖虫生长的适宜温度22～32℃，最适温度25～28℃。夏季温度超过时，应打开坑门通风降温，并适当降低饲养密度。冬季温度降低时，地鳖虫钻入土中冬眠，当温度升至10℃以上时出土活动，可利用阳光，生火炉等办法升温保暖。冬、夏季将坑土加厚至20厘米，以助地鳖虫避寒和避暑。

（5）病虫害防治

① 绿霉病：地鳖虫梅雨季节易染绿霉病，染病后虫体白天不入土，不食，行动迟缓，后期虫体腹部有绿色霉状物，严重者死亡。防治方法：用1%～2%福尔马林水溶液喷洒，每平方米用四环素0.25克或5万单位长效青霉素1片，拌入饲料中喂饲。

② 螨害：螨是地鳖虫的天敌。可用0.125%的三氯杀螨砜水溶液拌入饲料和饲养土进行防治。

③ 蚁害：饲养过程中如出现蚂蚁可用氯丹粉拌湿土撒于饲料池的四周，但不可将药撒入池内。池内的蚂蚁可用肉骨头诱杀防治。

第八章　农产品保鲜与加工技术

第一节　农产品保鲜与贮藏技术

如何进行橘果保鲜？

柑橘保鲜贮存，一般应在柑橘采收后当天用防腐剂处理，如果不能及时处理，放置时间最长不要超过2天，否则会影响保鲜效果。保鲜方法如下：

（1）保鲜剂配方　①5%万科得乳油（抑霉唑，进口）5毫升兑水5～10千克；②45%扑霉灵乳油（米鲜胺，进口）5毫升兑水7.5～15千克；③果鲜安可湿性粉剂（具有杀菌、生长调节、成膜等多作用效果）5克兑水4千克；④25%施保克乳油10毫升加80%2，4－D钠盐2～3克兑水10～12.5千克；⑤25%使百克可湿性粉剂750倍液加80%2·4－D钠盐5000倍液；⑥25%戴唑霉1000倍液加80%2·4－D钠盐5000倍液。

（2）贮藏方法　选用上述保鲜剂1种，将橘果放入保鲜液中浸1分钟，取出后使果皮稍晾干，预贮5～7天，以果实失重3%～5%为度，然后再装箱或筐等。保鲜贮存库房要求阴凉、通风，如果采用地洞存放，应具有通风窗，以进行温、湿度调节。贮存期间要求保持温度4～10℃，相对湿度85%～90%。当外界气度低于4℃时，要关闭通风窗，加强保暖防寒，可利用中午气温较高时进行通风换气。当外界气温升到20℃以上时，也要关闭窗户，在早、晚气温较低时进行换气。当贮存室相对湿度低于80%时可覆盖塑料薄膜或无病稻草保湿但不能密闭，也可在地面洒水或放水盆，以提高空气湿度。贮存期间应定时检查，发现烂果（库房内若闻到烂果气息）应及时去除，但尽量不要翻动。

草莓如何保鲜？

草莓果实软嫩，不易保鲜，不耐贮运。保鲜技术重点要从采收开始。用于保鲜的草莓，采果成熟度以3/4着色（即7～8成熟）。在采果前先用0.1%～0.5%的氯化钙溶液，喷施果实，或在采收后浸果，以抑制草莓软化。采收时间于晴天露水干后或傍晚进行。采果时连同花萼自果柄处剪下，并避免手触或机械损伤果实，然后剔除病果、劣果、伤果。

保鲜方法如下：

（1）药物与酸糖保鲜　①用0.05%山梨酸浸果2～3分钟。②用过氧乙酸熏蒸处理果实。③果实先用亚硫酸钠溶液浸渍后晾干，然后用9份砂糖与1份柠檬酸组成的混合物置于容器底部，再将草莓放在上面保藏。可显著延长贮藏时间。

（2）冷藏法 将果实盛在塑料盒或小篓等小容器内，用0.04毫米厚的聚乙稀薄膜套好、密封，以防水分蒸发而失重，然后预冷至果温为1℃后再冷藏，适宜贮藏温度为0℃，相对湿度90% ~95%。

（3）速冻贮藏 将已成熟的草莓，装框套入大塑料袋中密封袋口，先用-25℃以下低温急速冷冻，然后放在-18℃低温冷库中贮藏。可保持12~18个月不失风味，且能保持原来形状、色泽和营养成分。

柿果如何脱涩？

涩柿品种果实细胞含单宁（鞣酸），以可溶性状态存在于果实组织内，味涩难吃。所以柿果无论是生吃或加工都必须进行人工脱涩，使单宁物质转变为不溶性状态使涩味消失。脱涩方法因用途而异。作脆柿用主要用冷水、温水、石灰水或二氧化碳脱涩；作烘柿果，除采用自然脱涩、刺伤脱涩、酒精脱涩、熏烟脱涩外，可用霉梨、猕猴桃或乙烯利脱涩。方法如下：

（1）清水脱涩 把柿果浸泡在清水里5~7天。气温越高，脱涩越快。

（2）温水脱涩 把柿果放在缸或木制容器内，装至容量的70%为度，然后注入40~50℃的温水，将柿果淹没，缸口用厚草帘或破旧棉被等覆盖保温，经15~18小时，即可脱涩而成软柿。

（3）石灰水脱涩 用缸或木桶按水50千克，生石灰5千克的比例配制成石灰水，待石灰水的温度达到温和时将柿果放入，淹没柿果并轻轻搅拌，然后封闭缸或桶口，经3~5天即可脱涩。

（4）二氧化碳脱涩 将柿果密闭在贮藏室内或塑料大袋子内，将二氧化碳充入，使袋子内二氧化碳浓度达5%以上，如果袋内温度达25~30℃，2天就可脱涩。

（5）植物果、叶脱涩 用野生梨、苹果、霉梨、猕猴桃或松针、柏叶等。将采下的硬实柿果与霉梨或猕猴桃按10∶2的比例，分层相间排列混放于大木桶内，放满后加盖密封，防止漏气。经2~5天柿果即可脱涩。这是利用其他果实的强烈呼吸，使容器内缺氧，迫使柿果进行分子间的呼吸而达到脱涩目的。

（6）乙烯利脱涩 即用40%的乙烯利水剂，稀释成250毫克/千克的水溶液，将柿果连同盛筐在溶液中浸一下，堆放整齐，再用塑料薄膜密盖36~48小时，启封后经2~4天则能自然脱涩。但此法脱涩柿果很快过熟，不耐贮运。

（7）酒精脱涩 装柿果时，每袋，喷少量75%的酒精，密封，保温20℃，经9天左右可以脱涩。

如何进行西瓜保鲜贮藏？

用于保鲜贮藏的西瓜应该具有瓜皮坚韧、不容易崩裂、品质优良、抗病性强等特点的品种，当西瓜长至7或7成半成熟时，选择晴朗天气采摘，采摘时每个西瓜留10~15厘米长的枝蔓，剪口抹上新鲜的草木灰，防止细菌感染。西瓜成熟季节气温较高，在运输或入库贮藏前，应使瓜体温度尽快下降，有利于保持西瓜的品质。为此可利用清晨气温最低时进行采摘和运输，若利用冷风机等机械方法冷却更好。同时避免西瓜相互挤、压、碰撞造成损伤特别是内伤。西瓜贮藏的适宜温度：短期贮藏的为7～10℃，采用较低温度贮藏，可更好地保持西瓜品质，长期贮藏的为12～14℃。温度低于7℃时，易出现冷害。保鲜贮藏方法有多种，具体如下：

（1）室内堆藏法　在阴凉干净的室内或地窖，用40%福尔马林150～200倍液消毒地面，然后铺上干稻草。将采收的西瓜，放在10%～15%的食盐水中浸泡3～5分钟，稍凉后按西瓜在瓜田的长向，原先着地的那面仍然着地放置，1层干草1层瓜，留过道以便检查和通风，房间门窗白天关上、夜间打开通风换气，保持室温15～16℃、相对湿度80%左右，地面干燥时可适当喷水，以保持适宜的湿度。

（2）细沙堑养藏法　在干净、通风的库房内，先在地面铺上8～10厘米厚的干净细沙备用。采瓜时保留3个蔓节，每个蔓节上保留1片叶，剪口抹上草木灰。摆放时按西瓜在瓜田生长的方位排放在沙上，排放好第2排后，用细沙掩盖第1排西瓜，厚度5厘米左右，并将3片叶片露在沙外面以制造养分。以此类推。摆时留出管理用的走道。以后每隔10天左右，向露出的叶片喷洒1次浓度为0.2%的磷酸二氢钾溶液（即100克磷酸二氢钾兑水50千克）。当表面的沙子干燥现白时，适当喷水以提高湿度。此方法可将西瓜保鲜1个半月以上，长的可达3个月。如果不保留西瓜蔓、叶，可用0.1%的甲基托布津对西瓜表面消毒，晾干后埋入细沙中，也可保鲜一个月以上。

（3）山梨酸涂抹封藏法　选取完好熟西瓜，在5%～10%的食盐水中浸泡2～4小时，然后再用0.5%～1.0%的山梨酸钾或山梨酸涂抹西瓜表皮，密封在聚乙烯塑料袋内，置于低温处（如地下室）贮藏。此法可贮藏较长时间。

（4）褐藻酸钠涂抹法　将褐藻酸钠用温水溶解，再加水稀释成0.2%浓度的溶液，涂抹在西瓜表皮上，晾干，存放在经消毒处理过的房间内，也可以搭架多层贮藏。存放时，先在每只西瓜下面放1只经阳光暴晒消毒的草圈，再按在田间生长的方位摆放。在常温条件下，可贮藏1个多月时间。

（5）瓜蔓液汁喷涂法　将准备贮藏的西瓜，用新鲜西瓜茎蔓液浆喷涂西瓜表皮。方法是：将新鲜的西瓜茎蔓研磨成浆，经过滤后再将原浆液稀释到300～500倍，然后喷洒在西瓜的果皮上，待稍晾后立即用包装纸包装好，也可用牛皮纸或旧报纸包装。放到阴凉通风的地方。因为西瓜的茎蔓中含有抑制果实后熟的物质，其被西瓜吸收后能起到防止后熟衰老的作用。存放西瓜的地方，要求湿度不宜过大，以避免包装纸发霉而造成烂瓜。贮存过程中，每隔7～10天应翻整检查1次，拣出不宜继续贮存的个别西瓜。翻整中应注意：不要改变西瓜摆放的方位和不要弄破包装纸。

枇杷如何保鲜贮藏?

枇杷果实柔软多汁，易受机械损伤，是较难贮藏的果品。不同品种（品系）的耐贮藏性也不同。一般晚熟品种和红色果肉的果实，耐贮藏性较好。用于保鲜贮藏或远距离运输的，可在九成熟采收。采摘时，用剪刀剪取果实，剪时果梗宜短，剪口要平整，以免相互刺伤。并注意保护表皮上的蜡粉，以保护表皮防止氧化变色。枇杷适宜贮藏温度为0℃，相对湿度为90%左右。贮藏时选取无病、伤、残的枇杷，用0.1%的多菌灵溶液浸果2~3分钟，或用0.1%的多菌灵加0.02%的2，4-D混合液，浸果处理2分钟。捞出晾干后，装入竹篓或纸箱内。

贮藏方法：

（1）沟藏法　在阴凉干燥处挖一条土沟，长10米左右，深和宽各0.9米，铺上20~30厘米厚的干净细沙，然后放入盛有枇杷的竹篓或纸箱，每箱装15千克左右。在沟上搭建“人”字形顶棚，沟内温度保持在20℃以下，空气相对湿度宜保持在80%~85%，此法可贮藏1个月左右。

（2）松针法　先将新鲜干净的松针铺于干燥的地面或楼板上，再把经消毒处理的枇杷果实铺在松针上面。此法简单方便，可用于短期贮藏。

（3）坛缸法　将完好的经消毒处理的枇杷果实装于底部铺有稻草的酒坛或小缸内，坛、缸的上面盖麻袋。采用此法也可贮藏20天左右。

（4）窖藏　贮藏前，用浓度40%的福尔马林150~200倍液熏蒸地窖及器具，或采用硫磺粉（每立方米空间20克）熏蒸杀菌消毒。然后将装有枇杷的竹篓装入打孔的塑料袋密封，以“品”字形堆码成垛贮藏。垛的四周要留有一定的空隙，此法可贮25天左右。

（5）简易气调贮藏　果实采回经消毒处理后，放置于通风处两天，以散发果实自身的热气。然后用0.02毫米厚的聚乙烯薄膜袋包装，放入竹篓或纸箱内，再套上一个聚乙烯薄膜袋，在袋上打8个直径为1.5厘米圆孔，扎紧袋口贮藏。用此法结合冷藏可贮藏3个多月。

如何进行葡萄保鲜贮藏?

葡萄品种不同耐贮藏程度有很大差异，一般晚熟、果肉硬、果轴长、果轴拉力大的、不易脱粒和果柄不易折裂的品种耐贮藏，如龙眼、新玫瑰、红地球、玫瑰香、红鸡心、黑大粒等品种较耐贮藏。对于要进行贮藏的葡萄，在采前一个月要停止灌水，以提高糖度和增加果肉弹性，让其果穗充分自然成熟后再采收，这样可提高品质，而且果粉多，果皮韧，耐贮藏。采收前2天对果穗喷1次“绿达”牌葡萄专用防腐保鲜剂（CT4号），该保鲜剂具有杀灭田间病菌，抑制酶活性和呼吸作用等功能。采摘时间应尽量在晴天的上午或下午气温稍低时进行。采后将葡萄放在阴凉处冷却，使果实充分散热，或进行预冷，使果穗温度降至10℃以下，以0~1℃为宜。这样能抑制病菌发育和抑制果穗轴干枯变色，防止果粒软化脱落。

保鲜贮藏主要方法：

（1）平房贮藏 选择通风良好的房间，进程消毒处理待用。将处理好的果穗以果柄向上放入筐中，每个果穗错开放置，以每筐装20～25千克为宜。在室内架板，离地面60～70厘米，第一层果筐放好后，筐上搁木板，再放第二层，依次进行。中间留人行道，以利于通风。室内要求温度在0～1℃，温度过低时生炭炉或用红外线灯增温，相对湿度保持80%～90%，干燥时可在地上泼水增湿。

（2）二氧化硫防腐保鲜贮藏 常用的方法有：

① 亚硫酸氢钠混合粉保鲜法：果箱内放入亚硫酸氢钠和吸湿硅胶混合粉剂，亚硫酸氢钠的用量为果穗重的0.3%，硅胶为0.6%。二者在应用时混合后分成5包，按对角线法放在箱内果穗上，利用其反应时生成的二氧化硫可降低葡萄果实的呼吸强度，并具有灭菌、保色、保鲜的效果。一般每20～30天换1次药包，即可贮藏较长时间。

② 二氧化硫熏蒸法：贮藏前先将葡萄装入筐或箱，并整齐地垛起，用塑料薄膜全部覆盖成帐篷封闭；然后按每立方米空间用3克硫磺，置于铁盘上，再放入塑料薄膜帐篷内燃烧，使其生成二氧化硫，经熏蒸半小时后揭开通风。然后将处理过的葡萄果箱或筐置于0～1℃的贮藏室内贮藏。隔12～15天再熏蒸1次，以后每隔两月重熏1次。通过二氧化硫熏蒸，在温度0℃的情况下可较长时间贮藏。但此法在湿度过大时，二氧化硫释放速度太快，容易产生中毒现象和漂白作用。

③ 采用化学保鲜片剂：常见的水果保鲜剂有S－M和S－P－M两种片剂或袋装药剂。其方法：将预冷处理过的葡萄装入0.04毫米厚的聚乙烯塑料袋内，每袋装果穗4～5千克，同时将S－M或S－P－M保鲜剂放入塑料袋内，每袋8～10片（相当果重的0.2%）扎紧袋口，然后置于0～1℃的贮藏室内。袋内的保鲜剂释放出二氧化硫达到杀菌保鲜效果。这种方法简便易行，成本低，效果好，一般能保鲜贮藏达3～5个月之久，适用于鲜食葡萄的贮藏。

（3）保鲜片保鲜贮藏 保鲜片是用几种化学药剂制作而成。新型保鲜剂配方是：硫酸钾（钠）97克、淀粉（明胶）1克、硬脂酸钙1克、硬脂酸1克，加少量水搅拌成团，然后压制成0.5克的片剂。使用时用纸将保鲜片包好，均匀放入贮藏袋或箱内，每千克葡萄用8～10片，然后密封袋或箱，置于低湿冷凉处，即有良好的保鲜效果。或置于库温0～10℃，相对湿度85%～95%贮藏更好。在贮藏期间要定期检查贮藏质量及药效情况。

（4）冷库贮藏 将经过处理的葡萄装入用0.04毫米厚的聚乙烯薄膜制成的可装4～5千克葡萄的袋中，袋口密封，置于冷库内贮藏。维持库温－1.5～0℃，相对湿度为90%～95%，氧气2%～5%。

如何进行桃果实的保鲜贮藏？

桃果实柔软多汁，贮运中容易受机械损伤，低温贮藏时容易产生褐心，高温下又容易腐烂。因此，桃很难进行长期贮藏。桃不同品种之间耐藏性有很大差异，水蜜桃一般不耐贮藏，硬肉桃中的晚熟品种耐贮性较好。作为贮藏的桃应该在果实充分肥大，现出固有色泽，略具香气，肉质紧密，八成熟时采收。采收过早风味差，采收过晚，果肉软化不耐贮藏。采收时间应该选择晴天露水干后的清晨或傍晚，同一棵树上的桃果实成熟期也不一致，应分次采收。采收时，防止果实落地和刺伤，果实要带有果柄。桃采后及时预冷，因为采收时桃果带有很高的田间热，同时，刚采摘的桃释放出呼吸热多，会使果实很快软化衰老、腐烂变质。因此采后要尽快将果实预冷到4℃以下，桃预冷方法有冷风和冷水冷却两种，水冷却速度快一般在1～6℃水中15～30分钟，可将其温度从32℃降到4℃，但水冷却后要晾干后再包装。风冷却速度较慢，一般需要8～12小时或更长的时间。桃果实不耐挤压在贮运过程时，宜用纸箱、木箱或竹筐包装，包装容器不宜过大，一般装5～10千克。若用瓦楞纸箱包装，箱内加纸隔板或塑料托盘，若用木箱或竹筐，箱内要衬包装纸，并先用软纸单果包好，避免果实摩擦挤伤。主要保鲜贮藏方法有：

（1）冷藏法　桃的贮藏适宜温度为0℃，相对湿度为90%～95%。在这种贮藏条件下，桃可以贮藏3～4周或更长时间。然而桃在低温下长期贮藏，风味会逐渐变淡，低温贮藏中易受冷害，在-1℃时就有受冻的危险，果肉褐变，冷害严重时，桃的果皮色泽暗淡无光。

（2）气调贮藏法　将经过预冷处理准备贮藏的果实，单果包纸后装入内衬有聚氯乙烯薄膜袋的纸箱或竹筐内，在薄膜袋内加入一定量的仲丁胺熏蒸剂和乙烯吸收剂及二氧化碳脱除剂，将袋口扎紧，封箱、码垛。置入冷库，库温保持在0～2℃，相对湿度为90%～95%。

（3）采用变温贮藏　桃在5℃中贮藏1～2周，再转移到0℃温度中贮藏，好果率可大大增加。或在0℃贮藏期间，每隔1周在18℃或20℃的常温中变温处理2天，可延长贮藏期到20周左右，将经这种处理的桃子放在常温下后熟时，很少有褐变，能保持良好的品质。

如何进行佛手果保鲜贮藏？

用于保鲜贮藏的佛手果，首先要做好采前准备工作，采果前7～15天进行1次病虫防治，可用25%多菌灵1000倍液或50%托布津500倍液喷雾树冠。同时逐步减少浇水，采果时土壤适当干燥。保鲜用的佛手果八成熟即可采收。采收时要轻剪轻放，果蒂剪口要平，防止碰、刺、挤伤果实。采收后要进行预冷发汗，即将鲜果薄摊于通风处，促进呼吸强度下降，散失部分水分。预冷发汗时间2～5天，阴雨天或气温高时，摊凉时间稍长，反之宜短，发汗期失水3%左右为宜。发汗期不宜翻动，损伤较多的果实，预冷期可适当延长。此后经分检进行装箱贮藏。采用塑料薄膜、保鲜纸或熏蒸方法贮藏的可直接进入通风阴凉处预贮；采用药物消毒防腐或生物膜剂贮藏的，则进行相应处理后摊凉。预贮或摊凉1～2天，进行装箱或单果包纸（膜）后装箱，包装箱或筐要耐压，内壁宜光、软，箱内衬纸屑等防震缓冲物。随后进入库房或塑料帐篷贮藏。保鲜贮藏的方式主要有：

（1）自然温度贮藏　采取普通库房和土窖，依靠自然通风来调节贮藏温度和湿度。方法简便易行、成本低廉，但受自然条件影响较大，所以贮藏期短、品质不能保证，适宜短期贮藏。

（2）低温贮藏　利用冰冷或机械制冷来控制贮藏所需的低温，适宜温度为3～4℃，该温度下佛手组织能正常呼吸又能停止进一步发育，保持相对湿度85%～90%。

（3）少量佛手简易保鲜贮藏　一般可用松针贮藏法，即在贮藏箱、箩筐或缸、桶的底部铺1层6～7厘米厚的松针，然后将经过上述处理过的佛手果实摆放1层，再放上松针1层，相间安放，高度约50厘米以内。最上层松针上面再覆盖1层稻草或塑料薄膜。然后置于阴凉通风室内或场所，贮藏温度维持在3～4℃，相对湿度85%～90%。如果用药物防腐处理，可用加2・4－D浓度200～250毫克/千克加25%多菌灵400～500倍液（或50%托布津800倍液）浸果0.5～1分钟，经摊凉后，再装箱或筐。贮藏场地和用具要用石灰水或漂白粉消毒。贮藏过程要严防鼠害。

如何进行盆景佛手挂果保鲜？

佛手属芸香科柑橘属果树，其果实成熟过程呼吸特点是“非跃变型”类型，即成熟过程中不会出现呼吸高峰，而是一直处在缓慢减弱之中，所以最适合于挂果保鲜。保鲜方法：在果实成熟前加强肥水管理，提高树体抗寒能力，延缓成熟过程。当果实八成熟左右即果色由深绿变为淡绿略带黄时，开始用生长调节剂2・4－D浓度为20～40毫克/千克，或赤霉素浓度5～15毫克/千克，或赤霉素20毫克/千克与2・4－D 30毫克/千克及0.2%磷酸二氢钾水溶液配合使用，喷雾树体。一般从10月～翌年3月，每隔15～25天喷1次，当春梢萌动时结束。2・4－D防止落果及使果蒂保持鲜绿，推迟果色转黄；赤霉素有促进生长，降低果实呼吸强度，延迟成熟，防止脱落和保护果皮不老化等功能。具体采用的农药，喷药的浓度、次数与时间，应根据保鲜期的气候，保温条件及保鲜期长短等情况而定。冬季要移入室内保温御寒，同时按照盆栽佛手越冬期的管理要求，加强肥水管理，病虫防治，以提高挂果保鲜效果。为了保证晚秋果的生长活力，室内温度应保持12～13℃以上，以维持挂果新鲜，使晚秋果得到有效利用。

板栗鲜果如何保鲜？

板栗鲜果的保鲜贮藏，首先选择成熟度好、饱满、无虫眼、无霉烂的栗果进行保鲜。具体方法：

（1）做好“三防”

① 防虫：将密闭室进行熏蒸，每立方米空间，用溴烷45克，熏蒸4～8小时，或将栗果浸在50℃温水中恒温保持45分钟，便可杀死全部害虫。

② 防腐：用50%托布津可湿性粉剂500倍液浸果3分钟。

③ 防发芽：用萘乙酸1000毫克/千克溶液浸果处理，浸果处理后对品质、风味、发芽率均无影响。

（2）进行砂藏　选择阴凉、干燥的室内，地上铺一层5～10厘米厚的稻草，再铺上约5厘米厚的湿细砂，砂的含水量控制在3%～5%，然后放板栗1层，砂1层，交互层放，堆积高度不超过80厘米，最后盖1层5厘米厚的细砂，再盖1层稻草。贮藏期间定期检查，及时补充水分。一般可保藏鲜栗4～5个月。

如何进行鲜食玉米保鲜？

鲜食玉米要求是鲜嫩玉米，一般甜玉米品种的采摘期为花丝抽出后的23～25天，糯质玉米采穗期应以不超过花丝抽出后28天为宜。作为保鲜贮藏的嫩玉米，采摘后应防止雨淋和曝晒，尽量避免机械损伤，将鲜玉米放置通风凉爽处短时存放，切不可堆积，及时进行贮藏前处理。首先剥去苞叶，保留1～2层内皮（以不裸露籽粒为宜），除净玉米须，去除畸形、严重缺粒干瘪、有病虫害的青穗以及成熟度不宜贮藏的果穗，当天采收的玉米嫩穗要在当天贮存，以防止生物酶的活动致使籽粒脱水、干瘪、老化。保鲜贮藏方法如下：

（1）甘藻聚糖液保鲜法　保鲜剂采用甘藻聚糖水溶液，甘藻聚糖是以甘芋、海藻等可食用植物为原料，通过酸解而制取的一种白色结晶粉末，其水溶液具有防虫、防腐等多种效果。先将甘藻聚糖溶于水，配制成5%的水溶液备用。保鲜时将5%甘藻聚糖水溶液，再加9倍的沸水，配成0.5%的水溶液，然后将经过上述处理的玉米穗，放入水溶液中，浸渍5～10分钟，捞出并充分沥干水分。如果采收时气温高于18℃，可采取玉米穗1层，细沙1层的贮存方法，通过细沙的吸热作用解决嫩玉米发热、霉变的难题。贮藏房间要求，空气流通良好、无阳光直射，并用百菌清烟剂进行消毒处理。若是在晚秋采收的嫩玉米，可直接在空气流通、无阳光直射的贮存房间内贮存，贮存前可在地面用砖砌成30～40厘米高的通风道，然后将处理过的玉米穗码放在上面即可。

（2）血清蛋白保鲜剂贮藏法　保鲜剂配方：① 动物血清蛋白（从动物血液中提取，医药公司有售）90%；② 硫酸亚铁4.5%；③ 硬脂酸钙（化工商店有售）2%；④ 淀粉（普通食用淀粉）2.5%；⑤ 良姜（中药店有售）1%。将这些原料研成粉状，混合均匀即成嫩玉米保鲜剂。保鲜剂应现配现使用，不宜长期存放。此保鲜剂无毒无害，符合国家卫生标准。操作方法：每千克保鲜剂掺温水260千克拌匀，把嫩玉米放入保鲜剂溶液内浸泡5分钟后捞出，沥干水分，码放在无阳光直射的房间内即可。码放嫩玉穗前房间先用百菌清烟剂进行消毒处理，地面用砖排成33厘米的通风道，以利空气流通，如长期存放，每月检查

1 次，剔除霉变及不适宜继续贮藏的玉米穗。贮藏期间不需控制温度，不用电或地窖，节能，方法简单，保鲜剂对人体无任何毒副作用。经试贮 1 年，玉米穗完好率 98%，损耗率 2%。

（3）冷冻库存保鲜法　将经贮藏前处理的玉米穗放入 2% 的食盐溶液中浸泡 20～25 分钟，每浸泡 4000 个玉米穗更换 1 次盐水，将浸泡完毕的嫩玉米穗放入清水中冲洗 5 分钟。再使用热蒸汽漂烫，工艺控温为 95～105℃，时间 10～15 分钟。经过漂烫后的嫩玉米应立即放入冷却池冷却，以确保产品色泽和质量。为了节约用水，可以采用分段冷却的办法，而最末端冷却池中嫩玉米穗的中心温度控制在 10℃。嫩玉米冷冻贮存前必须进行速冻，方法是先将嫩玉米穗放在屉上沥水 10 分钟左右，水沥干后，在 -35℃ 的冷冻条件下速冻。然后将检验合格的经速冻的嫩玉米穗装入塑料袋，真空包装，每袋两穗，封口标注生产日期，并装箱打包后，放入 -18℃ 的冷冻库内贮存。在此低温下微生物的生长几乎停止，酶的活力大大削弱，嫩玉米的水分蒸发极少，贮藏保质期为 1 年。

如何进行鲜食花生保鲜？

鲜食花生保鲜可用甘藻聚糖保鲜剂进行保鲜。甘藻聚糖水溶液具有防虫、防腐等多种效果，可有效延长果蔬产品在常温下的保鲜期。方法：先将甘藻聚糖保鲜剂溶于水，配制成 5% 的水溶液，使用时再加 9 倍的沸水，配制成 0.5% 的水溶液。再与干燥细沙均匀拌和，使沙的含水量为 30%～40%，然后将刚收获出土的鲜花生去根去土，挑选老嫩适中、籽粒饱满的鲜嫩花生，不必水洗，进行 1 层湿沙 1 层鲜花生，堆积保鲜贮藏。贮藏过程不必控温控湿，但要严防蚂蚁和鼠害。

如何进行莲藕保鲜贮藏？

莲藕保鲜贮藏方法：当莲藕采收后应尽快预冷贮藏于 10℃ 左右的暗处。若暴露在光照之下，贮存数日后表皮会呈现绿色而降低商品性。莲藕的最适贮存温度为 8～10℃，相对湿度为 90%～95%。若温度在 7℃ 以下易发生冻害，使藕肉变得极白，出库后易被细菌感染。鲜藕如果需要大量长期贮藏或运输，可用 60 毫克/千克的焦亚硫酸钠，加 1500 毫克/千克浓度的柠檬酸，再加 600 毫克/千克的氯化钙和 300 毫克/千克的明矾的水溶液作为贮藏介质，在贮存或装运容器中应能达到所需的低温条件并密封。据试验表明，可保存 2 个月以上，其色泽、味道如同鲜藕。

如何进行茭白保鲜？

茭白含水量大，采后 2～3 天，即会出现糠心、红变，严重的腐烂。通过保鲜贮藏可以错开集中上市时期，以提高经济效益。作为保鲜贮藏的茭白，首先应做好前处理，即：要求适时采收，当茭白膨大到一定程度，叶梢即将开始破裂，即“露白”前采收，过老或太嫩的都不利于贮藏。采收时留薹管长 1～2 厘米，否则茭白会转变青色，降低质量。采收时间宜在早晨，采收后堆放或运输过程，避免暴晒。并及时按外形、大小等挑选分级，选取大小一致、茭肉坚实粗壮、无病虫害、无机械损伤的茭白作为贮藏。剪掉过长的薹管，去掉外鞘，留下2~3片外壳，不可破坏最内层细薄的直接包裹肉质茎的茭壳。常用的贮藏方法有以下几种：

（1）仓库堆贮法　经前处理的茭白放在阴凉通风处充分摊晾，然后摊放在仓库地面上，最多叠放3~4层。因在室温下贮藏，一般用于采收后分销前短时间临时贮藏，对均衡供应有一定的作用。

（2）窖藏法　用于北方的晚熟茭白，经前处理后，直接摊放在地窖内货架或菜架上，保持窖温0~8℃。茭白在干燥和低温条例下可短期贮存，但易引起失水萎蔫。

（3）盐封法　选择缸或水泥池作容器，在底部铺上一层5~10厘米的食盐，将茭白平铺在容器内，堆至距离口部5~10厘米处，再用食盐密封好。此法适于空气干燥、气温较冷地区贮藏。

（4）清水贮法　把茭白盛放在水缸或水泥池中，放满清水后压上石块，使茭白浸入水中，以后经常换水，始终保持水的清洁度。用这种方法短期贮藏茭白，质地新鲜，外观和肉质均较好。

（5）明矾水贮法　把茭白按次序分层铺在水缸或水泥池内，堆至距离池口15~20厘米处，用经过消毒的竹片呈井字形夹好，压上石块，把茭白压实。按每50千克清水加明矾0.5~0.6千克的比例配制好明矾水，倒入池内，使水面高于茭白10~15厘米。每隔3~4天检查1次，发现水面有泡沫，需及时清除，若泡沫过多，水色发黄，应及时换水，以防茭白腐烂。此法使用简便，但只适合短期贮藏，效果不佳。

（6）简易冷藏法　采收后清洗干净，不剥去叶鞘，贮藏前基部在明矾粉中蘸一下，扎成7.5千克左右的小捆，堆放在冷库内的货架上或骑马式堆藏。库温控制在0~3℃，湿度90%左右。每隔7天除霜1次，以稳定库温。也可以用0.12毫米厚的聚乙烯薄膜大帐，自制简易气调，加强密闭。保持帐内二氧化碳气体含量在14%~16%，以控制贮藏过程中茭白发生病害和减少其自身呼吸造成的损耗。

（7）保鲜因子调控法　此方法适用于较大规模商业贮藏。操作方法：茭白在预处理时要清洗干净，清除泥土杂质。然后立即进行预冷，可采用水预冷方式。即：将盛满洁净水的容器放入保鲜冷库内，当水温达到1℃左右时，将茭白放入水中降温。并配制0.1%浓度的专用生物保鲜剂溶液，将茭白放入保鲜溶液中浸泡1分钟。也可将保鲜剂放入预冷水中，使茭白预冷和保鲜剂处理同时进行。然后捞出晾干，再将茭白整齐地横装入保鲜专用袋，不能竖放和挤压，每袋装10~15千克，袋口敞开。放入经硫磺熏蒸消毒的SMCS、NSS型保鲜库，24小时后封好袋口。茭白入库后，库内温度控制在0~3℃，防止库温急剧变化，相对湿度保持在90%以上，保持库内及保鲜袋内氧气浓度5%以下，二氧化碳浓度15%左右，若二氧化碳、氧气浓度过高或有浓郁的茭肉味时，为防止变质腐烂，则应及时打开袋口，并采用通风措施。

如何进行洋葱保鲜贮藏？

首先在采收前2~3周，用0.25%的新鲜素溶液喷洒洋葱，或在洋葱收获后用0.25%的新鲜素蘸根，以抑制贮藏后期发生抽芽。作为贮藏的洋葱应选择黄皮、扁圆形、水分含量低、辛辣味浓、鳞茎颈部细的为宜。适宜收获期为洋葱最下方的1~2片叶干枯、地上部开始倒伏时。收后进行晾晒，将洋葱斜向排列，使每一排茎叶正好盖在前一排的泮葱鳞茎上，以免鳞茎受阳光直接暴晒，2~3天翻1次，经4~6天晒至叶子发黄，然后以30只鳞茎为1束将葱叶编成约1米长的“辫子”，两条“辫子”结在一起成为1挂，每挂约60只鳞茎。编好“辫子”的洋葱再晾晒5~6天，直至鳞茎充分干燥，颈部完全变成皮质时为止。洋葱在晾晒期间，如受雨淋，就很难再晒干燥，而且容易腐烂，所以晾晒期间应避免雨淋。经上述处理后的洋葱应随即入贮，通常将其挂在屋檐下或室内。挂藏场所要求通风良好、保持干燥。也可用堆藏法，即在地势高、排水好的地方，以稻草或麦秆垫底，再垫两层苇席，然后将一挂一挂堆高至1.5米，顶部盖3~4层苇席，四周用苇席围起，再用绳子横竖扎紧，避免阳光直晒或雨水渗入。也可除去葱叶平铺在菜架上贮藏。贮藏前期洋葱易腐烂，要求保持干燥；贮藏后期要注意防抽芽。如果发现洋葱抽芽，应及时剔除，立即食用。

如何保存鲜蛋类？

鲜蛋保存方法很多，主要的有：

（1）谷糠干存法　在容器内铺1层谷糠，放1层鸡蛋，反复相间摆放，最上面再盖1层谷糠。装满后放置在干燥、通风、凉爽的场所，每10天翻蛋1次，每月检照蛋1次，把变质的蛋挑出来。同时，容器必须保持干燥清洁。可以保存几个月。

（2）豆类贮藏法　用干燥的黄豆、绿豆、豇豆、黑豆等豆类作垫盖物，方法如上，每半个月检查1次。可贮藏8~12月。

（3）小米贮藏法　方法同上，一般能贮藏6~8个月。夏季要每月将小米放在太阳下晒6小时，以避免虫蛀。小米仍可食用。

（4）草木灰贮藏法　以陶瓷缸作容器，用干燥草木灰作垫盖物，方法同上，每月检查1次，可贮藏1年。

（5）砂粒贮藏法。用晒干凉透的砂粒作为垫盖物，方法同上，可贮藏3~4个月。

（6）石灰水贮藏法　生石灰1千克，兑水50千克，放在缸内，如果浓度过大石灰质不易粘在蛋壳上，浓度过小不起作用。若再加入白矾100克，石膏150克，更好。然后搅拌均匀，待冷却、澄清后，倒入准备贮蛋的容器内，再将蛋轻轻放入，至距水面10～20厘米为止。容器加盖，以防尘和水分蒸发。

（7）开水热烫法　将经挑选的新鲜蛋放进95～100℃的开水中，浸泡5～7秒钟，立刻捞出晾干。以此把蛋壳表面的细菌、微生物杀灭，防止其从蛋壳气孔进入蛋内而引起腐败变质。等温度降低后放入贮蛋容器，置于通风、干燥、凉爽的地方。可贮藏几十天。

上述贮藏法要求采用蛋壳无破损的鲜蛋，贮藏适宜温度10～15℃，最高不超过25℃，最低不低于0℃。并每月检查1次。

第二节　农产品加工技术

如何进行柿饼加工？

（1）选料去皮　用于制作柿饼的柿果，宜选择硬熟，果皮中黄色转为火红色的鲜柿。用利刀手工去皮，去皮要薄而净，萼片基部周围保留宽度约1厘米的果皮。

（2）熏蒸晾晒　柿果去皮后放入密闭室或密闭容器内，进行硫磺熏蒸，按每立方米用硫磺10～25克，点燃熏蒸20分钟左右。然后放在通风透光的地方，把柿果排列在晾席上，果顶朝上晾晒，每天翻动2～3次，以利干燥均匀。晾晒过程若遇阴雨潮湿天气，则需每天熏蒸1次，天晴立即取出晾晒。

（3）捏饼回软　晾晒半个月时间，进行捏饼使果肉松动，内部变软，再过1周左右，柿果成半透明状时，第2次捏饼，捍成中间薄，四周厚的碟状形，继续晾晒。当晾至果肉里外软硬均匀，并有弹性时，把柿饼装入缸内，厚度约40厘米，上面覆盖草席或塑料薄膜，经过4～5天柿饼即能变软，并上面有糖液渗出。

（4）上霜　将回软的柿饼摊在阴凉通风处，晾干果面，当柿饼干至含水量约30%左右时柿霜即可生成，出霜后的柿饼便为成品。

如何制作家酿葡萄酒？

（1）选料捣碎　选择充分成熟的含糖量高的葡萄，剔除青果、烂果及杂质，用清水冲洗2次，洗净摊晾使表皮干爽，然后脱粒清除穗梗等杂质，装入酿酒的容器，最好是陶瓷或玻璃缸、坛。一般是装至总容积的2/3，余下供发酵的空间再用木棒或手捏将葡萄充分捣碎。

（2）前发酵　酿造白葡萄酒只取其汁液进行发酵，酿红葡萄酒要采用皮、汁混合发酵。按葡萄与白糖以10∶2的比例，将白糖放入捣碎的葡萄中。葡萄酒的酒精含量一般12～16°，低于12°就很难保存。通常1.7°糖（即含糖1.7%）可转化为1°酒精，含糖量可用测糖仪测定，若含糖量不足，可多加入糖，使发酵后酒精度达到12°以上，若无测糖仪，可根据口感，估计糖度，适当多加些糖，对发酵有利无弊。白糖加入后，充分搅拌均匀，然后用纱布将容器口封好，让其自然发酵。红葡萄酒发酵温度20～25℃，时间7天左右，若温度低则时间延长，其中搅拌2～3次；白葡萄酒发酵适宜温度15～20℃，时间2周左右结束。前发酵一般经15天左右即可结束。

（3）后发酵　将前发酵的酒坯，用双层纱布过滤出酒液，装坛或瓶子密封；余下的残渣经挤压后，掖出的酒汁沉淀后仍然装瓶密封，一同放置阴凉通风处进行“后发酵”和陈酿。

（4）装瓶　经2～3月后发酵，用胶软吸管将酒虹吸出，装入贮藏容器，坛或瓶，容器口径宜小，装满不留空隙，密封贮藏。经贮藏后随时即可饮用。坛底沉淀物经过滤后，滤出的酒汁也可饮用。残渣倒掉。若需较长期存放，将装有葡萄酒的瓶子放入70℃热水中水浴处理30分钟，然后立即加盖，再用同样方法杀菌1次，即可长期保存。

如何加工绿色椪柑果脯？

椪柑疏果或自然落果，掉下的幼果，为了充分得到利用，可以用来制作绿色椪柑果脯。制作方法如下：

（1）选料热烫　取直径4厘米以上的椪柑幼果为原料（直径小于4厘米的椪柑幼果不宜加工，可晒干提取橙皮苷或作其他用途），幼果在摘下1～2天内宜从速进行“热烫”加工，因幼果不耐贮藏，不可延误时间。首先将椪柑幼果冲洗干净，然后放在95℃热水中热烫1分钟左右，即可取出，投入染色液中。

（2）染色切片。染色液中加0.05%叶绿素铜钠盐，0.02%柠檬酸，常温下浸泡24小时，取出幼果，用清水冲洗干净。主要作用是钝化氧化酶等酶类的活力，防止色变及产生异味。染色后将幼果切成1毫米厚的薄片。

（3）盐腌漂洗　切片后，先用盐腌处理。椪柑圆片与用盐量的比例为5∶1。将椪柑圆片放置于缸或木桶内，量大的可用水泥池，进行分层盐腌。即1层椪柑圆片，撒1层盐，如此反复交替，最上面再撒1层盐，然后盖上覆盖物，压上重物，待盐溶解后，可使椪柑圆片全部浸渍在盐溶液中，盐腌60小时。经过腌制可以脱去部分苦味及其他异味，并兼有脆化作用。然后将盐腌过的椪柑圆片漂洗24小时，中间换水4～5次，基本去掉盐分，口尝无盐为准。以使椪柑圆片容易吸收糖分。

（4）糖腌　由于椪柑圆片受热易发苦，不宜用糖煮，应采取糖腌的方法。又因椪柑圆片漂洗后吸足水分，为此糖腌时分次加糖，逐渐提高糖液浓度，以利渗透。糖腌时先加椪柑圆片重量的20%的糖，腌制方法同盐腌。腌制2天后，糖便全部溶解，糖分达到渗透平衡后，测定糖液浓度，再加糖腌制2天。合计糖腌90～96小时，最终糖液浓度达到45～47°为止。糖腌时加0.1%的六偏磷酸钠，可改良品质，有保护椪柑果脯色泽的作用。

（5）烘干防腐　将糖腌的椪柑圆片放入烘房，摊放均匀烘干，温度控制在60～70℃，烘3小时，即可取出。进行防腐处理，用尼泊金乙酯（对羟基苯甲酸乙酯）15 克，酒精 50 毫升，充分溶解，注入喷雾器内，椪柑圆片放置盆中，边喷边拌，使均匀一致，50 毫升防腐液可喷椪柑圆片 30 千克。

（6）包装　根据圆片大小分级包装。每袋圆片大小要求基本一致。利用真空包装，有利延长保质期。做成的绿色椪柑果脯，圆片外缘暗绿色，中间呈半透明的浅米黄色。橘片圆形，厚薄均匀，橘片韧性有咬劲感。甜酸适口，有柑橘清香味，略带椪柑特有的苦味。

如何制作南枣？

（1）原料选择　选用果大核小，含糖量高的品种，于 8～9 成熟时采收。取大小均匀的鲜枣，剔除虫蛀枣和破头枣。用清水冲洗干净。

（2）烫红　将鲜枣盛在竹篮内，每次装 2 千克左右，量多分次进行。把水烧开后，再加入适量冷水，当水冒气泡而发出吱吱响声时，迅速将鲜枣连同篮子浸入热水中，烫漂、及时翻滚几秒钟，使枣表面全部烫透后，很快将篮子提起，捞出枣，随即盛入箩筐中，在上面覆盖草席或麻袋等覆盖物，保温 1～2 小时。

（3）晒红　将经烫红的枣子铺在晒帘上在阳光下曝晒半天。晒时，要不断轻轻翻动，避免出现阴阳面或皮纹不均匀，晒至枣皮转为花红色，手捻能起皱纹为宜。

（4）煮枣　将晒红的枣子用清水洗净，倒进沸水中煮。最好用 86 厘米口径的紫铜锅或不锈钢锅，每次可煮 25 千克。煮沸后经常翻动，经 15 分钟，枣子全部下沉，即煮熟，当枣皮出现深而多的皱纹，手捏枣身果肉发软，并能触到枣核时，即可捞起放入箩筐，在枣果上覆盖草袋、麻袋等保温约 30 分钟，使枣果熟透均匀。

（5）焙烘　将煮过的枣子在阳光下曝晒 1 天，收进屋内摊晾。摊晾后的枣子铺在烘坑上，烘焙 24 小时，烘时要均匀翻动 2～3 次。重复烘焙 2 次。晴朗天气将烘焙 2 次的枣子连续日晒 10 天左右即可，晒制过程中，如果南枣晚间返软，则先用草帘盖 1 小时后再揭帘日晒，以免枣皮起壳影响质量。阴雨天则烘焙至干燥。用手捍压枣皮坚硬，手握枣子摇动，能听出枣核声，即表明已晒干燥。一般干南枣重量为鲜枣重量的 1/3 左右。

如何制作樱桃果脯？

（1）选果　加工果脯的樱桃，宜选择具有良好离核性，果粒大，风味较浓，色泽鲜的品种。果实要充分成熟，也可以九成熟采后置于室内，在常温下让其后熟 12 小时，也可达到全部离核要求。

（2）脱色去核　樱桃经挑选后，先用 0.03% 氯化钙和 0.3% ～0.4% 的亚硫酸氢钠浸泡 24 小时。经此处理，可使果实脱去红色，使成品果脯色泽鲜艳、均匀、黄色。然后进行樱桃去核去梗，方法用人工或机械操作均可，但应注意不要把果肉弄破碎。

（3）糖煮　经去核后，按每千克樱桃用糖 0.5 千克的比例，加糖进行糖拌。待糖溶化后放在铝锅内煮沸，直至樱桃完全溶糖发亮时，连糖汁带樱桃一同取出，置于盆内浸泡 24 小时。

（4）晒干　将浸泡过的樱桃沥干糖水，日晒 1～2 天，放到密闭的容器中使其返潮回软，回软的果脯经整形和剔除不合格品后，继续晒干为止。

如何制作无花果蜜饯？

（1）原料选择　选取 7～8 成熟，色泽相同，果形一致，无疮疤，无病虫害的果实，当天采摘当天制作。将果柄切除后用清水洗净，沥干。

（2）烫漂处理　将无花果倒入沸水中，水量约果实的 2～3 倍，立即搅动使之受热均匀，待 5～10 分钟，果皮色素褪尽，手捏感觉柔软即可。果实捞出立即用冷水冷却。为减少烫漂造成的营养流失，可以把烫漂处理的水作为化糖水使用。

（3）浸泡糖煮　烫漂处理后立即放入 5% 亚硫酸氢钠溶液中浸泡 10～20 分钟。沥干后再放入含糖 30%、柠檬酸 0.4% 的糖溶液中（以淹没为度）浸泡 24 小时。捞出再放入含糖 50%、柠檬酸 0.4% 的煮沸糖溶液中，根据无花果的成熟度煮 30～60 分钟，并分次加入白糖，直至糖液的糖度达到 70°左右，捞出滤去多余的糖液。

（4）烘干　将煮糖过的无花果，置于烘盘内。放入烘箱进行烘干，温度控制在 50～65℃左右。并进行整形，至果肉不粘手、稍带韧性即为成品。

贝母采收后如何加工？

5 月份当贝母植株枯萎后便可采收，选择晴天挖出鳞茎，从畦的一端采挖，避免挖伤鳞茎。挖出的贝母鳞茎用水洗去泥土，然后挑选大的鳞茎掰开，挖去心芽，加工成元宝贝，挖下的心芽可加工成贝蕊。直径 2 厘米以下的鳞茎不去心，整个加工成珠贝。一般珠贝约占 10%～15%，贝蕊约占 5%～10%，其他为元宝贝。

加工方法：

（1）脱皮　将鳞茎装在特制的柴桶（木桶）中进行来回振动，使鲜贝母相互碰撞摩擦，经 15～20 分钟，当有 50%～60% 鳞茎脱皮时，加入贝壳灰或石灰，加灰的作用是将鳞茎内部的水分吸到外表来，以及起到防腐的效果，每 50 千克鲜贝母加贝壳灰 2 千克左右，然后继续振动擦皮，约 15 分钟，让贝母全部粘满贝壳灰为止。

（2）晒干　经脱皮的贝母取出，摊薄曝晒 3～4 天后用麻袋装起，放置 1～3 天，让内部水分渗到表面来，再晒 1～2 天，即可以晒干。在晒干的过程中，每天用筛子（筛眼的孔径约 0.5 厘米）将脱落的贝壳灰及杂物等筛去。贝母干燥的标准是折断时松脆，断面白粉状，颜色一致，中心无玉色。如断面中心三色者，说明未干，需要再晒。贝母去皮后，若遇到阴天应马上摊开，放在通风处，不要堆在一起。在连续阴雨的情况下，可用火烘干。烘的温度不可过高，以不超过70℃为宜，并要经常翻动，避免使贝母发硬成为“僵子”而造成损失。

（3）脱水加工法　将元宝贝洗净，用切片机横切成3～4毫米的薄片，再用水冲洗去浆液，晒干或用75℃温度烘6～8小时成干片，再经冷却后包装。

玄参如何进行加工？

立冬前后当玄参植株茎叶枯萎时为适宜采收时期。采收时先割去茎秆、残枝，用齿耙将根挖起，抖净须根泥沙，掰下子芽供留种用，切下块根进行加工。加工方法有晒干和烘干两种。

（1）晒干法　将采收的玄参块根摊放在晒场上曝晒4～6天，经常翻动，使块根受热均匀。每天晚上堆积起来，盖上稻草或其他覆盖物，避免受冻使块根内心空泡。待晒至半干时，修去芦头和须根，堆积4～5天，使块根内部逐渐变黑，水分外渗，然后再晒，如此反复堆晒，大约经过40～50天可达八成干。如块根内部还有白色，需继续堆晒，直至发黑。当块根肉质变黑、干燥，即成商品。

（2）烘干法　先晒至半干，修剪芦头和须根，放入白术柴囱灶中文火烘烤，并适时翻动，烘至5～6成干时，取出堆积2～3天，用草帘盖严，使块根肉质变黑，再用文火烘烤，反复几次，至全干，即成商品。一般鲜干玄参折率为5∶1。如遇连续阴雨天，也可采用火烘干加工。

白芍收后如何进行加工？

白芍种植3～4年后，即可采收，过早采收产量低，过迟采收芍根心空，不仅产量低，品质也会受到影响。一般3年采收。采收季节对药材的品质、产量也有较大影响，当植株枯苗后为采收适期，一般采收期最早不能早于6月下旬，否则会影响产量，最迟不能迟于10月上旬，再迟根内淀粉转化，干燥后不坚实，重量减轻。采收时先割去茎叶，挖去四周泥土，翻掘深度约0.3～0.5米，再挖尾部泥土，防止主根被挖断。待主根全部挖出后，抖掉泥土，割下芍根，把根头放在另处，以供作种用。剪去侧根或须根，切去头尾，削平两端及表面凸出部分，使表面平整。按大中小分成3级。然后在室内堆2～3天，每天翻堆两次，促使芍根水分蒸发，质地变得柔软，便于加工。加工方法分为擦皮、煮芍、干燥、做直等4步骤：

（1）搓皮　将芍根浸泡于流水或塘水中2～3小时，搓去表皮洗干净，使芍根成白色。

（2）煮芍　芍根去皮后倒入80℃左右热水锅中，水浸没芍根为度，煮时不断翻动，煮沸时间根据芍根粗细而定，一般掌握芍根切面色泽一致，无白心时立即捞出。

（3）干燥　煮过的芍根，置太阳下曝晒，经常翻动，晾晒过程中，晒半天用麻袋或席子盖半天，如此反复晒3～4天，俗称发汗。不经发汗的白芍外干内湿，不仅不易干透，而且色泽不鲜艳，影响质量。然后放置室内堆放回潮2～3

天，再晒4～5天，这样反复3～4次晒至全干。若遇雨天，可用文火烘烤，摊放，每天烘1～2小时，待天晴时再晒燥。

（4）做直　晒干后再用水浸，然后放在铁帘上烘至发软，再用扁担压直，再晒干。

如何进行药用厚朴皮的采收加工？

厚朴一般生长15年后方可采皮，但年限越长，树皮质量越好，一般以20年左右为好。采收时期于5～6月，此时皮层与木质部接触松懈，树皮容易剥落，又利于新皮生长。厚朴剥皮方法：在树干分枝处的节下面横向环割半周，再离地面约10～15厘米处同一横向环割半周，宜不超过50%，以保证上部有机养分向根部输送；然后再纵向割一刀，深度掌握割断韧皮部，而不伤害形成层为度。每段长40厘米左右，沿纵割的刀痕将树皮向两侧撕裂，随撕随割断残连韧皮部，绕树干整块剥下。剥皮动作要轻、快，不要零撕碎剥，更不要用硬物或手指甲等损伤或触摸形成层。天旱时，在剥皮前3～5天适当浇水。树干被剥除皮的面部要用塑料薄膜或牛皮纸围护，上下两端交接处要用胶带纸封好，上紧下松，防止污染。剥后24小时内严禁日光直接照射、雨淋或喷洒农药。从树基部剥取的树皮称“蔸朴”（脑朴），脑朴以上的茎皮，即从树干和分枝上剥取的称“筒朴”，从根皮上剥取的称“根朴”。

厚朴加工方法：

（1）搭架　用木桩于通风干燥的室内、棚内地面搭架，搭架应分3～5层，架的层间用竹篱或木板铺上，保证较好的通风透气。

（2）分类排放　将采收的厚朴，即分别采收的脑朴、根朴、筒朴，卷紧后分别排放于支架上风干。但切忌在阳光下曝晒或堆放于地面上，以防油分香味过多挥发流失或产生霉变。

（3）风干　厚朴在风干过程中，要经常翻动和调整其位置，使其干燥均匀，不致霉变，并注意防止污物和有毒物质浸染。整个风干过程需15天左右。若遇连续阴雨天气，应在其周围增加温度或提高室温，或增设通风设备，如鼓风机、电风扇等，加大室内空气流动，防止霉变。

（4）包装　风干好的厚朴按品质和等级，分别打成捆，绑实，放入箩筐或木箱内包装好，置于干燥通风处贮藏以防虫蛀和发霉。或直接上市。

（5）朴花的加工　鲜朴花采回后，放置蒸笼中蒸煮5分钟左右，取出用文火烘干即成，朴花易遭虫蛀，应放入石灰瓮中贮藏，并经常查看。

如何进行玉竹加工？

玉竹一般栽种3周年后开始收获。北方于春季在萌动前采收。南方于秋季8～10月当地上部分茎叶枯萎时收获。选择晴天、土壤比较干燥时，先将茎叶割除，然后用齿耙顺行挖取，抖掉泥土，略晒后集中运回，注意不要折断。加工方法有生晒法和蒸煮法两种：

（1）生晒法　将挖出的根状茎，用清水洗去泥沙，去除杂质，按长、短、粗、细分级，然后分别摊晒，晒时经常翻动，夜晚待玉竹凉透后加覆盖物，切勿把未凉透的玉竹堆放或装袋，以免发热变质。一般晒2～3天，当玉竹既柔软又不易折断时，放入箩筐内去除须根，然后取出根状茎放在石板或木板上搓揉，搓揉时要先慢后快，由轻到重，直至粗皮去净、变软光滑、内无硬心、色泽金黄、呈半透明、手感有糖汁黏附时止。然后再晒干，呈黄白色时为晒燥，即成商品玉竹。

（2）蒸煮法　即先将鲜玉竹晒软后，蒸10分钟，促其“发汗”，使糖汁渗出，再用不透气的塑料袋盖好，再蒸约30分钟蒸透以后，用手揉或装入塑料袋整包用脚踩踏，直至变软、色黄、半透明为止，然后取出摊晒至干透。加工时要防止搓揉过度，否则色泽变深、变黑，影响商品质量。

如何加工白术？

白术采收适期于立冬前后，当茎秆黄褐色、其下部叶片枯黄、上部叶片已硬化、容易折断时采收。于晴天挖出地下根茎，抖去泥土，除去茎秆。留种的在种子成熟后再采收。加工方法有：烘干、晒干两种。烘干的称炕术，晒干的称生晒术。

（1）烘干法　将鲜术铺至烘灶的炕面，开始时火力稍大而均匀，约保持80℃左右。1小时后，待蒸汽上升，白术表皮已熟，便可压低火力。约2小时后，将白术上下翻转、耙动，使细根脱落。继续烘3～5小时后，将白术全部倒出，不断翻动，使须根全部脱落，再修除术秆，此时称“退毛术”。然后，将大、小白术分开，大的放底层，小的放上层，再烘8～12小时，温度60～70℃，约6小时翻1次，达7～8成干时，全部出炕，再次修去术秆，此时称“二复子”。最后，将大、小白术分别堆置室内6～7天（不宜堆高），使内心水分外溢，表皮软化。仍分大、小白术上炕，此时称“炕干术”，这时要用文火，温度50～60℃，约6小时翻1次，视白术大小，烘24～36小时，直至干燥为止。烘的过程要视白术的干湿度灵活掌握火候，既要防止高温急干，烘泡烘焦，又不能低温久烘，变成油闷霉枯。燃料切勿用松柴，以免影响外色。

（2）晒干法　将鲜白术抖净泥沙，剪去术秆，日晒至足够燥为止。在翻晒过程，要逐步搓擦去根须，遇雨天，要薄摊通风处，切勿堆高淋雨。不可晒后再烘，更不能晒晒烘烘，以免影响质量。

如何制作番茄酱？

制作番茄酱原料：番茄2500克，白砂糖200～300克，白醋150毫升，食盐150克，辣椒50克，月桂、五香粉、味精各10～15克，洋葱末、大蒜末各适量，胡椒粉少许。

制作方法：

（1）挑选无腐烂、无病虫害的成熟番茄洗净，放入锅中加水少许蒸沸，取出剥去皮，盛入筛中捏碎，压下果汁，滤去种子等杂质，留下肉浆。

(2) 白醋中放入五香粉，浸泡2小时，然后再加入白砂糖、食盐使其完全溶解，再与番茄肉浆混合均匀。

(3) 将月桂、辣椒、洋葱末、大蒜末用小布袋包起来与番茄肉酱一同放入锅内用文火煮沸，边煮边搅拌，再放入味精、胡椒粉，待煮至浓稠成酱，趁热装入清洁、干燥的玻璃瓶里，加盖密封。冷却后置于低温干燥处贮存。

另一种做法。原料：番茄2500克，白醋500毫升，大蒜150克，豆蔻1粒，生姜100克，辣椒50克，胡椒粉30～50克、食盐30～50克。制作方法：将番茄洗干净放入锅中加水煮软，然后去皮及萼片，切碎再放入锅中，加入白醋、食盐、胡椒粉等调料，而将生姜、豆蔻、辣椒、大蒜包在布袋内，一同煮至浓厚成酱，趁热装入干净的玻璃瓶中，即可食用。

如何制作无铅皮蛋？

制作无铅皮蛋的原料：生鸭蛋（鸡蛋、鹌鹑蛋也可）100只、食盐150～200克，生石灰300～400克，纯碱500克，红茶末50克，开水2千克，草木灰(豆秆灰) 1千克左右、砻糠（稻壳）适量。

制作方法：

(1) 将纯碱、红茶末、食盐、生石灰放入缸内，倒入开水，待石灰全部化开后充分调匀。然后逐渐加入草木灰，边加边搅拌，直到成为黏糊状为止，即包料备用。

(2) 把鸭蛋洗干净晾干，放进石灰糊的缸内，使石灰糊将整个鸭蛋包裹住，每只蛋包6毫米左右厚。再把包好的蛋放在砻糠上来回滚动，粘满砻糠后放入贮藏缸中。因纯碱、石灰是烈性碱，操作时必须戴上手套，防止损伤皮肤。

(3) 缸装满后密封，1星期后将缸中的蛋上下翻动1次。再用黄泥加食盐与水捣和的泥料将缸口密封放在凉处。一般春秋季节经过45～60天，夏季30天，即可取出食用。冬季要求保温15℃以上，才能制成皮蛋。此方法不用黄丹粉(中药)，即氧化铅，即为无铅皮蛋。

另一种浸液制法。原料：生鸭蛋（或鸡蛋）100只、食盐50克，生石灰300～400克，纯碱250克，红茶末50克，薄荷油、柠檬油各10滴，开水5千克左右。

制作方法：把鸭蛋洗干净晾干，将红茶末煎汁滤出，加入开水、食盐、纯碱、生石灰，使之完全溶化后，加入薄荷油、柠檬油。待溶液冷却后将蛋浸入，溶液淹没蛋面超出2～3厘米。密封贮藏，夏天15～20天，冬天浸渍时间稍长些，即可凝固成皮蛋。此法不用泥灰包裹，由浸液中取出即可食用，或用玻璃纸等包装保存。

如何制作咸蛋？

制作咸蛋有泥粘法和浸渍法两种。方法如下：

（1）泥粘法　原料：鲜鸭蛋（或鸡蛋）100 只，食盐 800 克，黄酒 300 克，黄土或草灰 5 千克，冷开水适量。

制作方法：先将鸭蛋洗干净，晾干，并挑选无裂纹的完好鸭蛋备用。再把上述配料调成厚泥浆状，逐个涂在蛋上，放入缸或钵内，上面再撒一层粗盐。再将缸口加盖。约经 1 个月即腌制成咸鸭蛋。

（2）浸渍法　原料：鲜鸭蛋（或鸡蛋）100 只，食盐 1.5 千克，热开水 1～1.5 千克。

制作方法：先将食盐和热开水倒入陶钵或缸内，泡成盐水，待盐溶化冷却后，把盐水的上下盐分捣均匀。再将经洗净、晾干、挑选过的完好鸭蛋浸入盐溶液。约经 20 多天，即制成咸鸭蛋。若将鲜蛋浸渍在上等酱油或腌咸肉的盐卤中，约经 1 个月后也能制成咸鸭蛋。

参 考 文 献

[1] 王良仟，许岩，顾益康主编. 浙江农事手册 [M]. 北京：中国农业科技出版社，2000.

[2] 刘乾开主编. 新编农药使用手册 [M]. 上海：上海科学技术出版社，1993.

[3] 徐孝银主编. 浙江果品生产新技术 [M]. 北京：中国农业科技出版社，2001.

[4] 秦遂初编著. 作物营养障碍的诊断及其防治 [M]. 杭州：浙江科学技术出版社，1988.

[5] 徐贵禄等编著. 佛手无公害栽培与应用 [M]. 北京：中国农业出版社，2002.

[6] 张鸿芳主编. 水稻轻型栽培技术研究与推广 [M]. 北京：中国农业科技出版社，1998.

[7] 马岳主编. 多熟高效种植模式 180 例 [M]. 北京：金盾出版社，2000.

[8] 郁怡文主编. 梨栽培新技术 [M]. 杭州：杭州出版社，2013.

[9] 张雅主编. 茄果类蔬菜栽培新技术 [M]. 杭州：杭州出版社，2013.

[10] 孙家华主编. 甘蓝类蔬菜栽培新技术 [M]. 杭州：杭州出版社，2013.

[11] 张尚法，叶自新主编. 水生蔬菜栽培新技术 [M]. 杭州：杭州出版社，2013.

[12] 查永成主编. 葡萄栽培新技术 [M]. 杭州：杭州出版社，2013.

[13] 叶自新主编. 竹笋栽培新技术 [M]. 杭州：杭州出版社，2012.

[14] 吕家龙主编. 蔬菜栽培学各论（南方本）[M]. 北京：中国农业出版社，2006.

[15] 陈杰忠主编. 果树栽培学各论（南方本）[M]. 北京：中国农业出版社，2011.

[16] 杨文钰，屠乃美主编. 作物栽培学各论（南方本）[M]. 北京：中国农业出版社，2011.

[17] 岳文斌主编. 畜牧学 [M]. 北京：中国农业大学出版社，2002.

[18] 董丽，包志毅编著. 园林植物学 [M]. 北京：中国建筑工业出版社，2013.

[19] 宛成刚，赵九州主编. 花卉学 [M]. 上海：上海交通大学出版社，2013.

[20] 刘心恕主编. 农产品加工工艺学 [M]. 北京：中国农业出版社，2010.